"十二五"普通高等教育本科国家级规划教材
普通高等教育艺术设计类专业"十二五"规划教材



# 室内照明设计（第2版）

李文华 编著

中国水利水电出版社
www.waterpub.com.cn

## 内 容 提 要

本书系统地介绍了室内照明设计的内容及方法，主要内容包括光的基本概念、电光源、室内照明灯具、室内照明设计基础、住宅空间室内照明设计、办公空间室内照明设计、博物馆与美术馆空间室内照明设计、商业空间室内照明设计、学校与图书馆室内照明设计、旅馆与饭店室内照明设计、会展中心室内照明设计、医院室内照明设计、观演建筑室内照明设计、室内设计中的应急照明、绿色照明与节能等。附录附有照明设计常用术语、常用电气图形符号、灯具国家标准目录等，方便读者参考使用。配套课件可从 http://www.waterpub.com.cn/softdown 下载。

本书内容新颖、全面系统、图文并茂，兼顾专业与普及两个方面，适应面较广，可作为高等院校、高职高专相关专业课程的教材，也可作为从事建筑设计、环境艺术设计、室内设计、照明设计、照明施工、照明安装、运行维护人员的参考书。

**图书在版编目（CIP）数据**

室内照明设计 / 李文华编著. -- 2版. -- 北京 : 中国水利水电出版社, 2012.7（2020.1重印）
普通高等教育艺术设计类专业“十二五”规划教材
ISBN 978-7-5084-9952-9

Ⅰ. ①室… Ⅱ. ①李… Ⅲ. ①室内照明－照明设计－高等学校－教材 Ⅳ. ①TU113.6

中国版本图书馆CIP数据核字(2012)第148500号

| | |
|---|---|
| 书　　名 | 普通高等教育艺术设计类专业“十二五”规划教材<br>**室内照明设计（第2版）** |
| 作　　者 | 李文华　编著 |
| 出版发行 | 中国水利水电出版社<br>（北京市海淀区玉渊潭南路1号D座　100038）<br>网址：www.waterpub.com.cn<br>E-mail：sales@waterpub.com.cn<br>电话：(010) 68367658（营销中心） |
| 经　　售 | 北京科水图书销售中心（零售）<br>电话：(010) 88383994、63202643、68545874<br>全国各地新华书店和相关出版物销售网点 |
| 排　　版 | 北京时代澄宇科技有限公司 |
| 印　　刷 | 天津嘉恒印务有限公司 |
| 规　　格 | 210mm×285mm　16开本　17.25印张　409千字 |
| 版　　次 | 2007年9月第1版　2007年9月第1次印刷<br>2012年7月第2版　2020年1月第7次印刷 |
| 印　　数 | 28001—32000册 |
| 定　　价 | 58.00元 |

# 第2版前言

《室内照明设计》一书面世数年来，承蒙各位读者的厚爱，广受欢迎，期间诸多专家、教授、学生等多有关注并为本书提供了宝贵的意见和建议，在此深表感谢，综合这些珍贵的反馈，梳理成为本次再版的指导思想。

近年来，我国照明事业有了飞跃性的发展，可喜可贺，为了与时俱进，本书再版特别针对时代和专业发展的需求做了部分章节及图例的更新和补充，其中第 11 章会展中心室内照明设计、第 12 章医院室内照明设计、第 13 章观演建筑室内照明设计、第 15 章绿色照明与节能等为全新扩充的内容。

今天，人们对于室内空间的认识已经跳脱装饰装修等初级概念，比拼昂贵饰材、繁缛造型、纷杂色彩、高档家私、名贵饰品的观念已经落伍，安全环保、高效低耗、宜人宜居等越发成为考核室内空间品质的重要指标，室内照明设计对于室内空间品质的重要性越发为人们所重视。这也是出版社积极顺应时代决定再版本书的重要原因之一。

本书作为专业教材"能与人规矩，不能使人巧"，这种制约也部分地源自室内照明研究本身，室内设计包括室内照明设计不同于艺术设计学科中的其他分支——科学技术与设计艺术并重、感性思维与理性思维交织、专业因素与社会因素共存的客观现实更为错综复杂。材料、技术、工艺、指标等的限制要求从业者必须更多、更严谨地学习"规矩"，巧者"习熟规矩后，乃愈益其巧耳"，不能巧者"依着规矩可以无大过"[❶]。因此，教材的编撰和学习自有其重要性，并非可以小觑。

再一次真诚感谢中国水利水电出版社的李亮老师、杨薇老师的支持与帮助，再版编辑过程中，他们表现出的专业、宽容、耐心、真诚令我印象深刻。

编　者

2012 年 5 月

---

❶ 丁文江，赵丰田．梁启超年谱长编［M］．上海：上海人民出版社，1983．

# 前　　言

自 1878 年爱迪生发明了白炽灯泡以来，照明技术已经历了漫长的发展历程。

时至今日，无论照明设计理念还是照明设备都已经有了长足的发展，照明设计已是室内设计中一个不可缺少的重要组成部分，它对完善建筑功能、营造空间氛围、强化环境特色、定位场所性质等都会起到至关重要的作用。

由于室内设计专业与照明设计有密切的关系，这就需要建筑师和室内设计师能正确看待照明设计工作，充分认识到照明设计在专业设计中的角色地位和重要性，切实地把照明纳入到整体设计中，同时，还要考虑到照明设计也是一门独立的专业，有其自身的规律特点和专业内容，要想让照明在专业设计中发挥应有的作用，就应该与专业照明设计师进行合作，就如同与结构、电气、空调等专业的合作一样。

坚持设计以人为本，技术服务艺术是本书编写过程中的指导思想。本书在编写时，力求简明扼要、深入浅出，以方便读者理解与接受为目标，在整体叙述上强调科学性、实用性和广泛性。为更加直观有效地说明相关理论，在本书中还有针对性地附加了大量的实景图片。

本书内容丰富，资料翔实，尽量反映当前照明设计的最新经验和最新研究成果，旨在为照明设计提供全面系统的新理念、新技术，从而推动我国室内照明设计水平的提高。全书共分 11 章，包括：光的基本概念，电光源，室内照明灯具，室内照明设计基础，住宅空间室内照明设计，办公空间室内照明设计，博物馆、美术馆空间室内照明设计，商业空间室内照明设计，学校与图书馆室内照明设计，宾馆、饭店空间室内照明设计，室内设计中的应急照明等内容。

另外，在本书中还有 4 个附录，分别是照明设计常用术语、常用电气图形符号、中华人民共和国国家标准室内灯具光度测试、灯具国家标准目录等，以方便读者查阅。

由于水平有限，加之编写时间仓促，书中难免有不妥之处，请专家、设计师及广大读者批评指正。

编　者

2007 年 5 月 1 日

目录

## 第5章　住宅空间室内照明设计/93



## 第6章　办公空间室内照明设计/109



## 第7章　博物馆与美术馆空间室内照明设计/123



## 第8章　商业空间室内照明设计/141



## 第9章　学校与图书馆室内照明设计/163



## 第10章　旅馆与饭店室内照明设计/179

# 第1章 光的基本概念

"设计空间就是设计光！"

——路易斯·康

# 1.1 光的性质

## 1.1.1 室内设计与光

光是自然的一个最基本的要素，它总是与空气、自然景观以及最美丽时刻的记忆联系在一起。人类对光有着本能的生理需求和心理依赖。在物质极大丰富、产品日新月异的今天，人们有条件追求更高质量的"光"，不仅要求照亮，更希望针对不同的场合对光线进行精确地控制，包括对它的数量和质量，这是功能上的要求。与此同时，人们对于光还有着越来越高的装饰和艺术感的需求。

人类的生活离不开光，良好的光环境是保证人们进行正常工作、生活、学习的必要条件，它对于劳动生产率、生理与心理健康等都有直接影响。对于室内设计而言，这一观点非常重要。

### 1.1.1.1 室内设计的定义

室内设计是根据建筑物的使用性质、所处环境和相应标准，运用物质技术手段和建筑美学原理，创造功能合理、满足人们物质和精神生活需要的室内环境。这一空间环境既具有使用价值，满足相应的功能要求，同时也反映了历史文脉、建筑风格、环境气氛等精神因素。

### 1.1.1.2 室内设计的内容

室内设计是一门综合性学科、专业含括面广，可以归纳为四个部分。

（1）空间形象的设计。

（2）室内装修设计。

（3）室内物理环境设计。对室内体感气候、采暖、采光、照明、通风、温湿调节等方面的设计处理，是现代室内设计中极为重要的方面，随着科技的不断发展与应用，它们已经成为衡量环境质量的重要内容。

（4）室内陈设艺术设计。主要是对家具、陈设艺术品、设备、装饰织物、照明灯具、绿化等方面的设计处理。

### 1.1.1.3 室内设计的基本观点

现代室内设计，从创造出满足现代功能、符合时代精神的要求出发，强调需要确立下述的一些基本观点。

*1. 以满足人和人际活动的需要为核心*

室内设计的目的是通过创造室内空间环境为人服务，设计者始终需要把人对室内环境的需求，包括物质使用和精神两方面，放在设计的首位。现代室内设计特别重视现代科学、人体工程学、环境心理学、审美心理学等方面的研究，以科学的态度深入地了解人们的生理特点、行为心理、视觉感受等方面对室内环境的设计要求。

2. 加强环境整体观

（1）室内环境是指包括室内空间环境、视觉环境、空气质量环境、声光热等物理环境、生理环境等诸多方面。在室内设计时不应局限于某个单一方面，而忽略其他方面，因为人们对室内环境的感受是综合的、全方位的。

（2）室内设计也应该被看做是自然环境—城乡环境（包括历史文脉）—社区街坊、建筑室外环境—室内环境，这一环境系列中的有机组成部分，它们之间有许多前因后果，或相互制约和提示的因素存在。

3. 科学性和艺术性的结合

现代室内设计在创造室内环境中高度重视科学性，高度重视艺术性，及其相互的结合。从建筑和室内发展的历史来看，具有创新精神的新的风格的兴起，总是和社会生产力的发展相适应。社会生活和科学技术的进步，人们价值观和审美观的改变，促使室内设计必须充分重视并积极运用当代科学技术的成果，包括新型的材料、结构构成和施工工艺，以及为创造良好声、光、热环境的设施设备。

4. 时代感与历史文脉并重

宏观而言，建筑物和室内环境，总是从一个侧面反映当代社会物质和精神生活的特征，刻有时代的印记，但是现代室内设计更需要强调自觉地在设计中体现时代精神，主动地考虑满足当代社会生活活动和行为模式的需要，分析具有时代精神的价值观和审美观，积极采用当代物质技术手段。

同时，人类社会的发展，不论是物质技术的，还是精神文化的，都具有历史延续性。追踪时代和尊重历史，就其社会发展的本质讲是有机统一的。

5. 动态和可持续的发展观

现代室内设计无论功能、艺术风格、环境氛围都更加明显地表现出因时、因地的变化。在室内设计中还应秉持“可持续发展”的观点，力求节能，节约空间，采用环保材料，以创造出人与环境、人工环境与自然环境的协调氛围。

从以上室内设计的定义、内容和基本观点中可以看出，在室内设计中紧扣时代脉搏，综合应用相关技术，创造健康、高效、优美的光环境相当重要，这是室内设计物质功能和精神功能的共同要求。这一专业观念，已被广大设计师和受众认可和接受。

室内照明设计是室内设计的重要组成部分，进行室内设计必须娴熟地掌握照明技术，高度重视照明艺术。照明技术的实质主要是光的控制与分配技术，因此，首先，有必要了解光的一些基本概念。

## 1.1.2 光的性质

光是一种电磁辐射能，是能量的一种存在形式。当一个物体（光源）发射出这种能量，即使没有任何中间媒质，也能向外传播。这种能量形式的发射和传播过程，就称为辐射。光在一种介质（或无介质）中传播时，它的传播路径是直线，称之为光线。

现代物理证实，光在传播过程中主要是显示出波动性，而在光与物质的相互作用中，主要显示出微粒性，即光具有波动性和微粒性的二重性。与之相对应的，关于光的理论也有两种，即光的电磁理论和光的量子理论。

### 1.1.2.1 光的电磁理论

光的电磁波波动理论认为光是能在空间传播的一种电磁波。电磁波的实质是电磁振荡在空间的传播。电磁波在介质中传播时，其频率由辐射源决定，将不随介质而变，但传播速度将随介质而变。将各种电磁波按波长（或频率）依次排列，可以画出电磁波的波谱图，如图1–1–1所示。波长不同的电磁波，其特性也会有很大的差别。通常不同波段的电磁波是由不同的辐射源产生，它们对物质的作用也不同，因此具有不同的应用和测量方法，但相邻波段的电磁波没有明显的界线，因为波长的较小差别不会引起特性的突变。

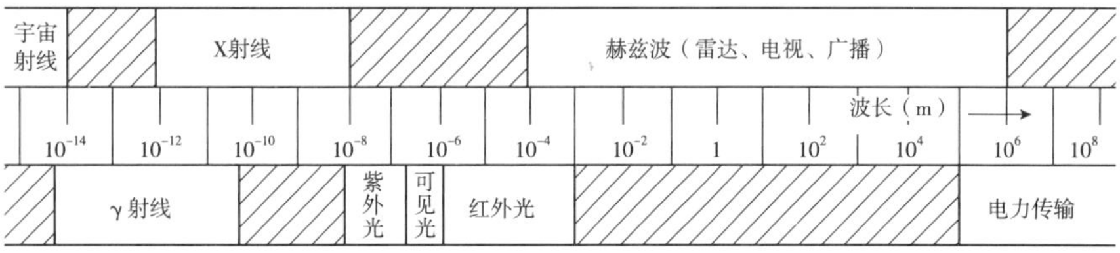


图1-1-1 电磁波波谱图

电磁波的波长范围极其宽阔，而可见光只占其中极狭窄的一个波段。可见光与其他电磁波最大的不同是它作用于人的肉眼时能引起人的视觉。可见光的波长范围约为380～780nm。可见光波长不同时会引起人的不同色觉。将可见光按波长从380～780nm依次展开，光将分别呈现紫、蓝、青、绿、黄、橙、红色，如图1–1–2所示。

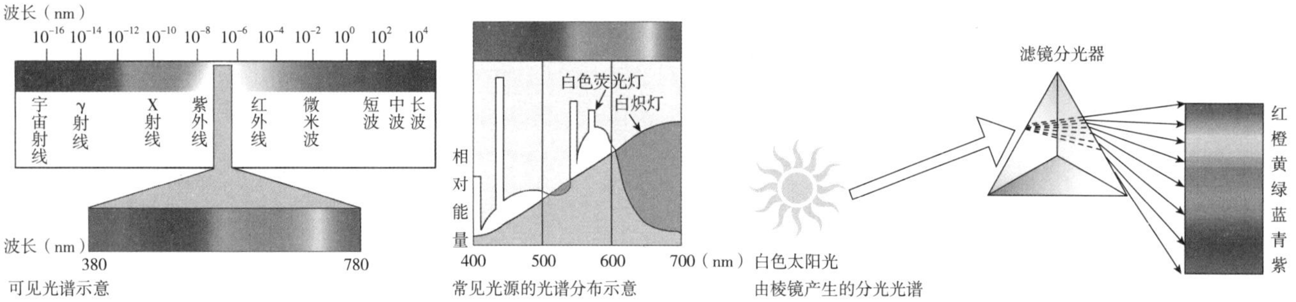


图1-1-2 可见光谱说明

波长小于380nm（约1～380nm）的电磁辐射叫紫外线，波长大于780nm（约780～1000nm）的辐射称为红外线。紫外线和红外线虽然不能引起人的视觉，但其他特性均与可见光极相似。通常把紫外线、红外线和可见光统称为光。

光的电磁理论可以解释光在传播过程中出现的一些现象，例如光的干涉、衍射、偏振和色散等。这说明光在传播过程中主要表现为波动性。

### 1.1.2.2 光的量子理论

光的量子理论认为光是由辐射源发射的微粒流。光的这种微粒是光的最小存在单位，称为光量子，简称光子。光子具有一定的能量和动量，在空间占有一定的位置，并作为整体以光速在空间移动。光子与其他实物粒子不同，它没有静止的质量。

光的量子理论可以解释一些用光的电磁理论无法解释的现象，例如光的吸收、散射及光电效应等。上述这些现象都和光与物质的相互作用有关，这说明光在与物质相互作用时，主要表现为微粒性。

入射：光线投射到表面为入射。

反射：光线或辐射热投射到表面以后又返回的现象。

折射：当光线倾斜地从一个介质射入另一个介质时改变了光线的方向，在两种介质中光线的传播速度不同，如图 1-1-3 所示。

反射定律：当光线或声波被光滑表面反射时，入射角等于反射角，入射光线、反射光线和表面的法线都在同一平面内。

入射角：当光线射到表面上时，该光线与入射点处表面的法线形成的夹角。

反射角：反射的光线与入射点处反射表面的法线形成的夹角，如图 1-1-4 所示。

漫射：光经过凹凸不平的表面的漫反射，或通过半透明材料的无规律的散射，如图 1-1-5 所示。

透射系数：透过物体并由物体发射的辐射能与入射到该物体上的总能量之比。

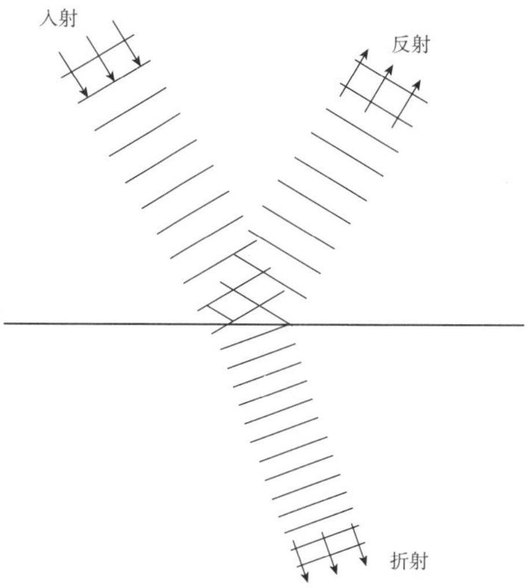

图 1-1-3 光的入射、反射和折射

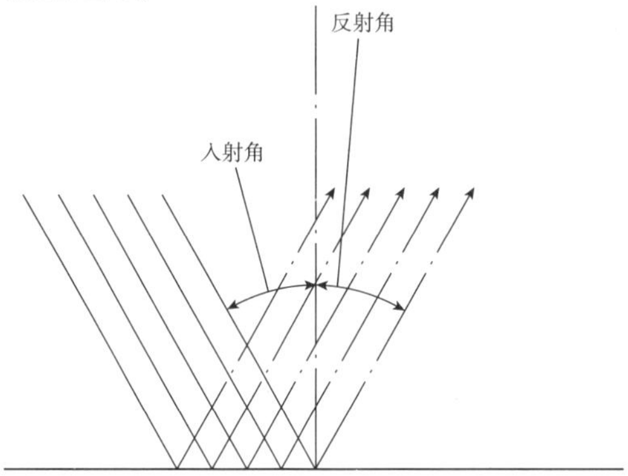

图 1-1-4 光的入射角和反射角

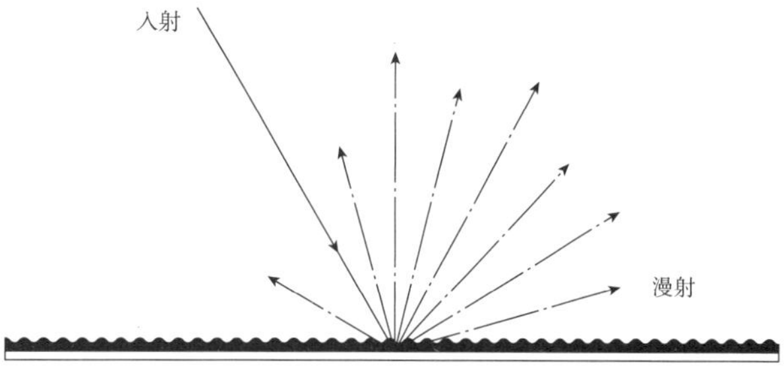

图 1-1-5 光的漫射

反射系数：表面反射的辐射能与入射到该表面上的总辐射能之比。

吸收系数：表面吸收的辐射能与入射到该表面上的总辐射能之比。

折射角：折射的光线与入射点处两种介质交界面的法线形成的夹角，如图 1-1-6 所示。

绕射：当光波或声波发生弯曲绕过障碍物时，光波或声波的调整，如图 1-1-7 所示。

不透明的：光不能穿透的。

半透明的：能透射和漫射光线，但不能看清另一面的物体。

透明的：能透射光线，因此能清楚地看到前面或后面的物体。

光的量子理论中光子的振动频率与相应的光的电磁理论中光波的振动频率是一致的。这是因为两种理论说明的是同一个物理现象，当然不能互相矛盾，只是前者主要从微观上讨论光，而后者则从宏观上研究光。

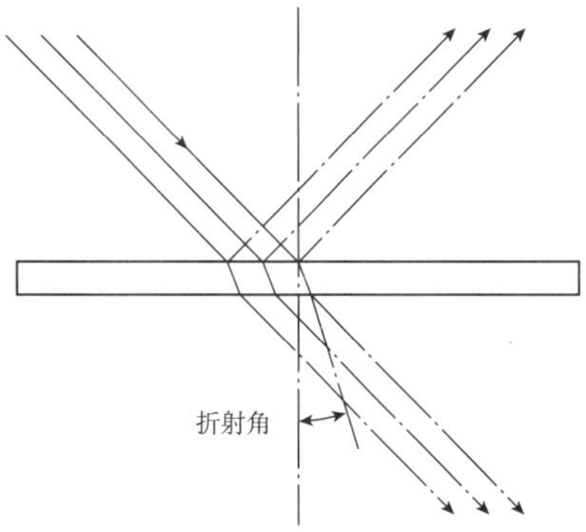

图 1-1-6 光的折射角

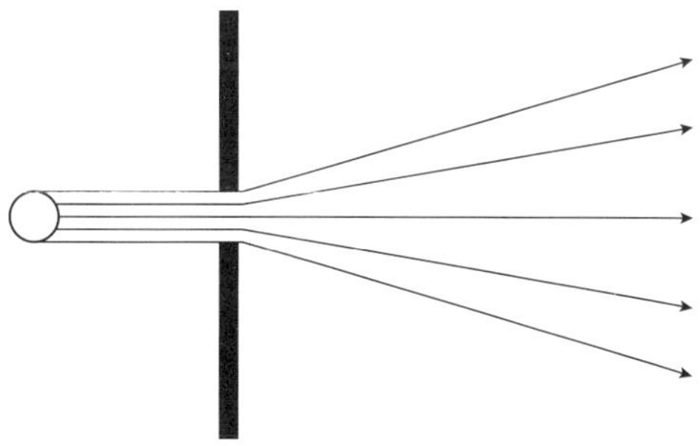
图 1-1-7 光的绕射

## 1.2 光度量

在照明设计和评价时离不开定量分析、测量和计算，因此在光度学中涉及到一系列的物理光度量，用以描述光源和光环境的特征。常用的有光通量、照度、发光强度、亮度等。

### 1.2.1 光通量

光通量（luminous flux）是光源在单位时间内发出的光的总量。它表示光源的辐射能量引发人眼产生的视觉强度。

光通量的物理量符号为 $\Phi$，单位为流明（lm），1lm=1cd·sr。

在国际单位制和我国规定的计量单位中，流明是一个导出单位。1lm是发光强度为1cd的均匀点光源在1sr立体角内发出的光通量。

在照明工程中，光通量是说明光源发光能力的基本量。例如，一只40W（W为电能功率的单位符号）白炽灯发出的光通量为350lm，一只40W荧光灯发出的光通量为2100lm，一只220V（V为电压的单位符号）、2000W溴钨灯的光通量为45000lm。

发光效率是照明工程中常用的概念。不同的电光源消耗相同的电能，其辐射出的光通量也并不相同，即不同的电光源具有不同光电转换效率。电光源所发出的光通量 $\Phi$ 与其消耗的电功率 $P$ 的比值称为该电光源的发光效率。由定义可得发光效率公式为：

$$\eta=\Phi/P$$

发光效率 $\eta$ 的单位是流明/瓦（lm/W）。

### 1.2.2 照度

照度是表示受照物体表面每单位面积上接收到的光通量。如果受照表面均匀受光，即受照表面上照度处处相等，则受照表面所接受的光通量为 $E=\Phi/A$，如图1-2-1所示。照度是客观存在的物理量，与被照物和人的感受无关。

照度是照明工程各项标准和规范中最常用的物理量。照度的物理量符号是 $E$，单位是勒克斯，其符号为lx。1lx等于1lm的光通量均匀分布在1m$^2$表面上所产生的照度。照度的数值可用照度计直接测量读出。照度可以直接相加。照度的另一个单位是烛光，即每平方英尺的光通量。如图1-2-2所示为数字照度计。

图1-2-1 照度定义

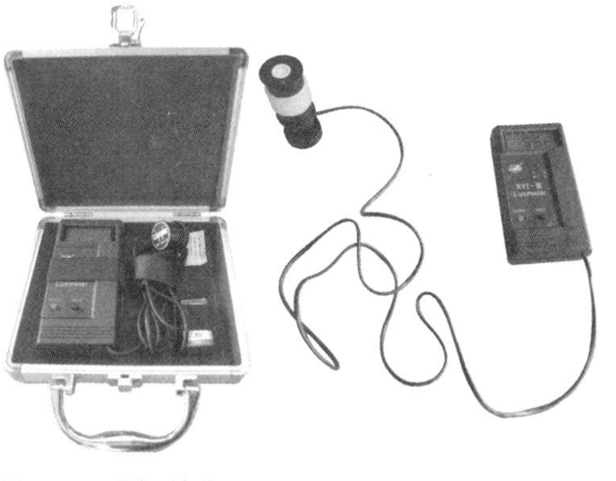

图1-2-2 数字照度计

各种环境条件下被照表面的照度参见表 1-2-1。

表 1-2-1　　　　　　　各种环境条件下被照表面的照度

| 被照表面 | 照度（lx） | 被照表面 | 照度（lx） |
|---|---|---|---|
| 朔日星夜地面上 | 0.002 | 晴天采光良好的室内 | 100 ~ 500 |
| 望日月夜地面上 | 0.2 | 晴天室外太阳散射光下的地面上 | 1000 ~ 10000 |
| 读书所需最低照度 | >30 | 夏日中午太阳直射的地面上 | 100000 |

## 1.2.3　发光强度

发光强度简称光强，其符号为 $I$，其单位名称是坎德拉（candela），单位符号为 cd，计算公式为 $I=\mathrm{d}\Phi/\mathrm{d}\omega$。

发光强度是表征光源发光能力大小的物理量，亦即是表示光源向空间某一方向辐射的光通密度。在数量上 1 坎德拉等于 1 流明每球面度（1cd=1lm/sr）。如图 1-2-3 所示。

坎德拉（cd）是我国法定单位制与国际单位制的基本单位之一，其他光度量单位都是由坎德拉导出的。

发光强度在不同的方向，其发光强度是不一样的，光强是光源本身所特有的属性，仅与方向有关，与到光源的距离无关，常用于说明光源和照明灯具发出的光通量在空间各方向或在选定方向上的分布密度，如图 1-2-4 所示。例如，一只 40W 白炽灯发出 350lm 光通量，它的平均光强为 350/4π=28cd。

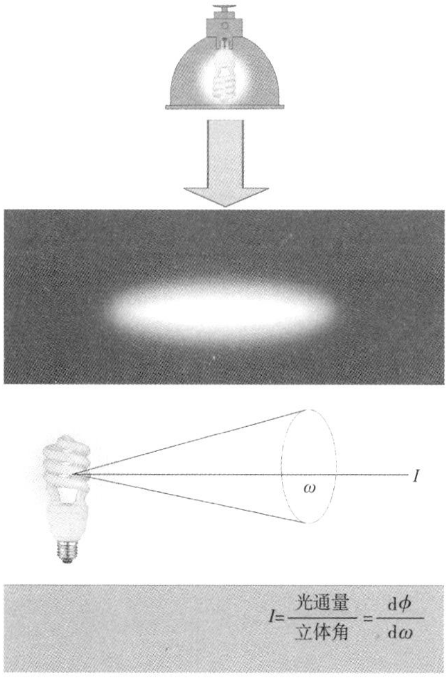


图 1-2-3　光强定义

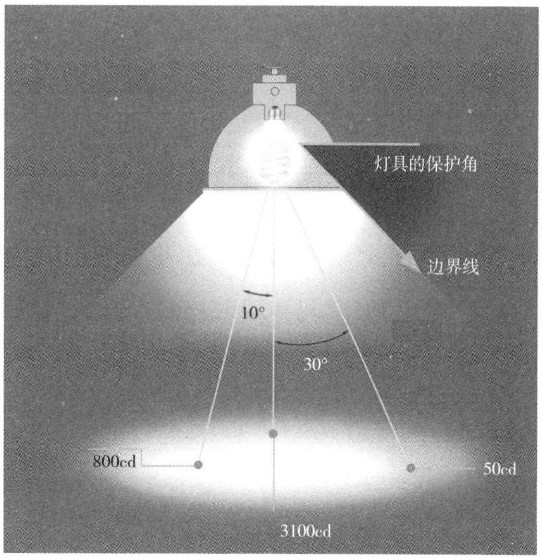


图 1-2-4　光强的意义

## 1.2.4　亮度

光源或受照物体反射的光线进入眼睛，在视网膜上成像，使人们能够识别物体的形状和明暗。视觉上的明暗知觉取决于进入眼睛的光通量在视网膜物像上的密度——物像的照度。这说明，确定物体的明暗要考虑两个因素：物体（光源或受照体）在指定方向上的投影面积——这决定物像的大小；物体在该方向上的发光强度——这决定物像上的光通量密度。根据这两个条件，可以建立一个新的光度量——亮度（luminance），如图 1-2-5 所示。

亮度的物理量符号为 L，单位名称为坎德拉每平方米，符号为 $cd/m^2$。

也可以说，光源的亮度是指光源表面沿法线方向上每单位面积的光强。通常，亮度在各方向上不相同，所以在谈到一点或一个有限表面的亮度时需要指明方向。图 1-2-6 是室内表面亮度分布的示意。

图 1-2-5 亮度的定义

图 1-2-6 室内亮度的分布

几种发光体的亮度值参见表 1-2-2。

表 1-2-2 几种发光体的亮度值

| 发光体 | 亮度（$cd/m^2$） | 发光体 | 亮度（$cd/m^2$） |
|---|---|---|---|
| 太阳表面 | $2.25\times10^9$ | 从地球表面观察月亮 | 2500 |
| 从地球表面（子午线）观察 | $1.60\times10^9$ | 充气钨丝白炽灯表面 | $1.4\times10^7$ |
| 太阳晴天的天空（平均亮度） | 8000 | 40W 荧光灯表面 | 5400 |
| 微阴天空 | 5600 | 电视屏幕 | 1700 ~ 3500 |

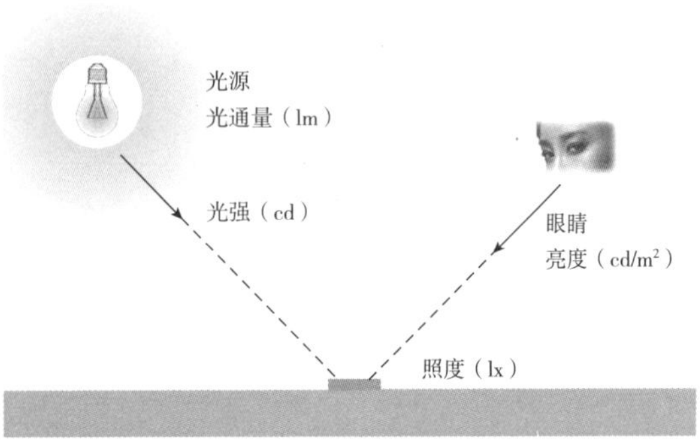


图 1-2-7 光通量、光强、照度和亮度的关系

上述四个光度量有不同的应用领域，并且可以互相换算，可用专门的光度仪器进行测量。光通量表征光源辐射能量的大小。光强用来描述光通量在空间的分布密度。照度说明受照物体的照明条件（受光表面光通密度），它的计算和测量都比较简单，在光环境设计中广泛应用这一概念。亮度则表示光源或受照物体表面的明暗差异。光通量、光强、照度和亮度的关系如图 1-2-7 所示。

# 1.3 光与视觉

“我们的眼睛是用来观看光线下的各种形式的。”

——勒·柯布西耶

视觉是光射入眼睛后产生的一种知觉，即视觉依赖于光。为了保证视觉功能的正常发挥，必须创造良好的光环境。因此，进行照明设计有必要了解视觉的形成、视觉的特性和视觉的功效等相关知识。

## 1.3.1 视觉的形成

人们的视觉感觉只能通过眼睛来完成，眼睛好像一部精密的光学仪器，在很多方面都与照相机相似。

眼睛主要有三部分组成，即眼球壁、成像系统和调节系统。其构造如图 1–3–1 所示。

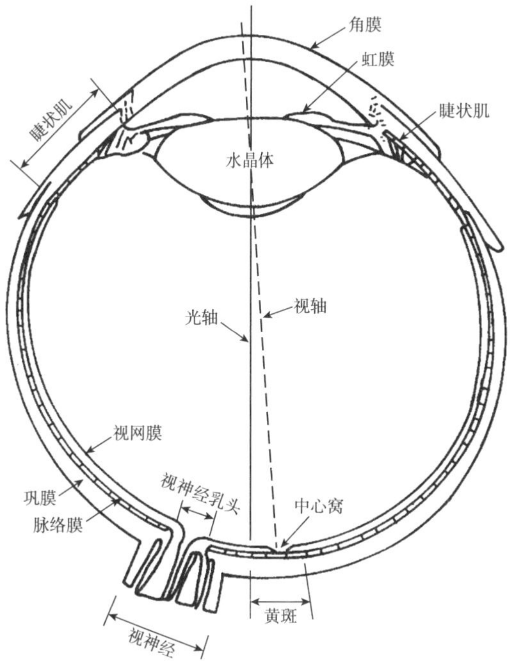

图 1–3–1 眼睛的构造

### 1.3.1.1 眼球壁

眼睛是一个直径约 24mm（21 ~ 25mm）的略带椭圆的球体，称为眼球。眼球的壁由三层薄膜组成：外层薄膜——角膜和巩膜，中层薄膜——虹膜、睫状体和脉络膜，内层薄膜——视网膜。

### 1.3.1.2 成像系统

眼睛的成像系统是指光在眼球中通过的路程，又称光路系统，它包括角膜、前房、晶状体和玻璃体四个部分，如图 1–3–2 所示。

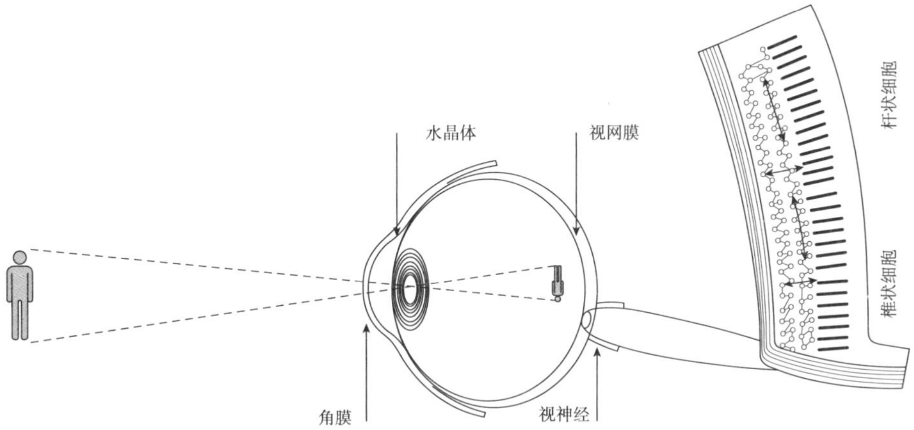

图 1–3–2 眼睛构造剖面图及成像原理

### 1.3.1.3 调节系统

为了看清目标，就必须调节眼睛的各有关部位，以控制射入眼球的光的强弱，并使目标物能成像于视网膜的中央凹处，因为只有中央凹区域内才有高的分辨率和视觉灵敏度。眼睛的调节系统在瞳孔的调节、晶状体的调节、眼球的转动三个方面进行调节。调节瞳孔的目的主要是控制射入眼球的光线强度。当视野亮度较高时，瞳孔自行缩小，反之则会自行放大；当观察目标很远时，瞳孔也会略有缩小，以增大景深，而看近的物体时，瞳孔又会略有放大。晶状体是由睫状肌通过悬韧带调节的，调节的目的就是改变晶状体的屈光度。眼球转动的目的是为了迅速地捕捉到观察目标。通常，也可以通过扭动头部，甚至躯干，使人们的视觉范围大大地扩大。

## 1.3.2 视觉的特性

### 1.3.2.1 视觉阈限

视觉系统极其复杂，它有很大的自调能力，但这种能力有一定的限度。例如视觉器官可以在很大的强度范围内感受到光的刺激，但也有一个最低的限度，当低于这一限度时，就不再能引起视觉器官对光的感觉了。能引起光觉的最低限度的光量，就称为视觉的阈限，一般用亮度来度量，故又称为亮度阈限。

视觉的亮度阈限与诸多因素有关：

（1）视觉的亮度阈限与目标物的大小有关。目标物的大小一般用目标物对眼睛所张的角度表示，称为视角。视角越小，则亮度阈限越高；视角越大，亮度阈限就越低，但当视角超过 30° 时，亮度阈限不再降低。

（2）视觉的亮度阈限与目标物发出的光的颜色也有关系。在相同的视角下，对波长较长的光，例如红光、黄光，其亮度阈限就高；对波长较短的光，例如蓝光，则亮度阈限值要低一些。这是因为在暗视觉条件下，光谱光效率向短波方向偏移的缘故。

（3）在上述讨论中，对观察时间未作限制，也即观察者可以无限制地长时间观察目标物。如果对观察时间作一定的限制，或目标物的呈现时间有一定的限制，例如不超过 0.1s，而目标物又较小，视角不超过 1°，则目标物呈现时间将影响亮度阈限值。即目标物呈现时间越短，亮度阈限值就越高；呈现时间越长，亮度阈限值就越低。

一般来说亮度越高，越有利于视觉。但当亮度超过 $10^6$cd/m$^2$ 时，视网膜可能被灼伤，所以人们只能忍受不超过 $10^6$cd/m$^2$ 的亮度。

#### 1.3.2.2 视力

视力定性含义是眼睛区分精细部分的能力。视力定量含义是指人眼睛能够识别分开的两个相邻物体的最小张角 $D$ 的倒数（$1/D$）。生理因素、年龄因素都是影响视力的因素。

#### 1.3.2.3 视觉速度

光线进入眼睛，作用于视网膜并形成视觉，是需要一定时间的。从物体出现到形成视觉所需要的时间 $t$（s）的倒数称为视觉速度。视觉速度与照明有直接关系，良好的照明条件可以缩短形成视觉所需的时间，也即提高了视觉速度，从而提高了工作效率。视觉速度受目标物尺寸（即视角大小）、亮度对比、环境亮度与背景亮度等因素影响。

#### 1.3.2.4 视野

当人面向正前方，眼睛水平地正视前方时，除了能看到正前方的目标外，还能模糊地看到周围一个很大的范围，称为视野或视场。视野的大小与环境亮度等客观因素有关，同时与生理因素，尤其是人种有关。

图 1-3-3 所示是人眼的视野范围，中央白色部分为双眼看到的范围，斜线部分为单眼看到的其余范围，黑色部分是被睑、眉、颊和鼻遮挡的范围。

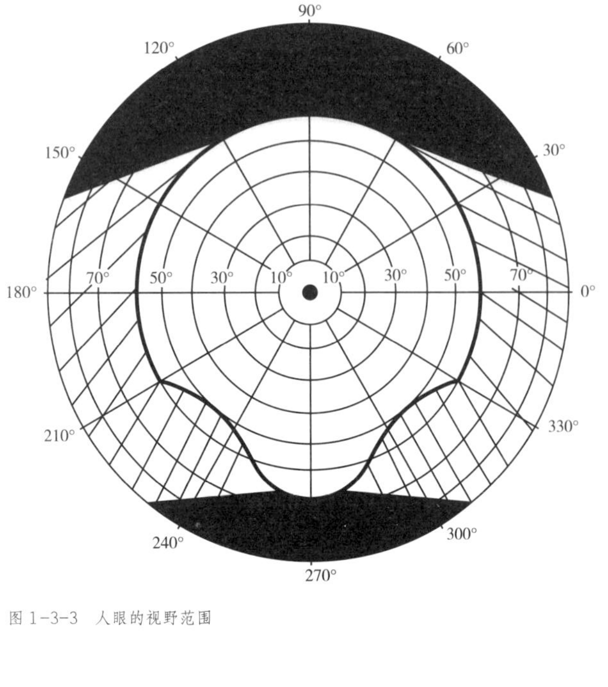

图 1-3-3 人眼的视野范围

#### 1.3.2.5 明视觉与暗视觉

由于锥体、杆体细胞分别在不同的明、暗环境中起主要作用，故形成明、暗视觉。明视觉是指在明亮环境中（大于几个 cd/m$^2$ 以上的亮度水平），主要由视网膜的锥体细胞起作用的视觉。明视觉能够辨认很小的细节，此时人眼具有颜色感觉，而且对外界亮度变化的适应能力强。暗视觉是指在黑暗环境中（0.001cd/m$^2$ 以下的亮度水平），主要由视网膜杆体细胞起作用的视觉。暗视觉只有明暗感觉而无颜色感觉，也无法分辨物件的细节，对外部变化的适应能力低。

当环境亮度在 0.03 ~ 3cd/m$^2$ 之间时将同时存在锥体视觉和杆体视觉，这时的视觉特性既不同于明视觉，也不同与暗视觉，此时介于明视觉和暗视觉之间，这种环境条件常称为中间视觉或介视觉。明视觉、中间视觉及暗视觉与其相对应的光环境之间的关系可参见图 1-3-4 中所示。

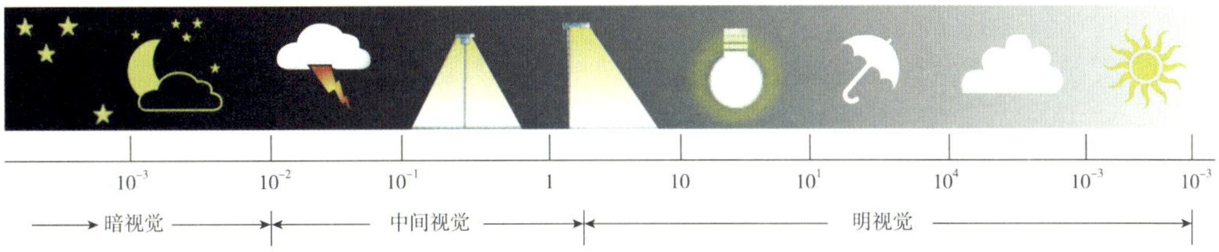


图 1-3-4　明视觉、中间视觉及暗视觉与其相对应的光环境

### 1.3.2.6　颜色感觉

在明视觉时，人们对于 380 ~ 780nm 范围内的电磁波会引起不同的颜色感觉。如表 1-3-1 所示。

表 1-3-1　　　　光谱颜色中心波长及范围

| 颜色感觉 | 中心波长（nm） | 范围（nm） | 颜色感觉 | 中心波长（nm） | 范围（nm） |
|---|---|---|---|---|---|
| 红 | 700 | 640 ~ 750 | 蓝 | 510 | 480 ~ 550 |
| 橙 | 620 | 600 ~ 640 | 绿 | 470 | 450 ~ 480 |
| 黄 | 580 | 550 ~ 600 | 紫 | 420 | 400 ~ 450 |

### 1.3.2.7　光谱光视效率

人眼观看同样功率的辐射，在不同波长时感觉到的明亮程度不一样。人眼的这种特性常用光谱光视效率［$V(\lambda)$］曲线来表示，如图 1-3-5 所示。它表示获得相同视觉感觉时，波长 $\lambda_m$ 和波长 $\lambda$ 的单色光辐射通量的比。辐射源在单位时间内发出的能量，一般用 $\Phi_e$ 表示，单位为 W。

由于在明、暗环境中，分别由锥体和杆体细胞起主要作用，所以它们具有不同的光谱光视效率曲线。这两条曲线代表等能光谱波长 $\lambda$ 的单色辐射所引起的明亮感觉程度。明视觉曲线 $V(\lambda)$ 的最大值在波长 555nm 处，即在黄绿光部位最亮，愈趋向光谱两端的光显得愈暗。$V'(\lambda)$ 曲线表示暗视觉时的光谱光视效率，它与 $V(\lambda)$ 相比，整个曲线向短波方向推移，长波端的能见范围缩小，短波端的能见范围略有扩大。在不同光亮条件下人眼感受性不同的现象称为“普尔钦效应（Purkinje effect）”。在室内设计中的颜色协调时，就应根据它们所处环境的明暗可能变化程度，利用上述

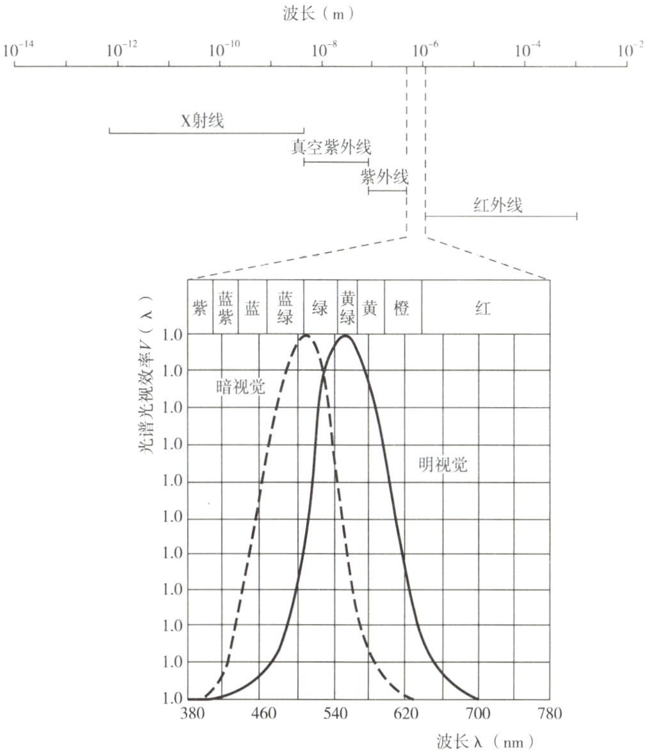


图 1-3-5　光谱光视效率曲线

效应，选择相应的亮度和色彩对比。

1.3.2.8 明适应与暗适应

从黑暗处进入明亮的环境时，人们最初会感到非常刺眼，睁不开眼，因此无法看清周围的景物。大约经过 1min 后才能恢复正常的视觉工作。眼睛的这种由暗到亮环境的适应过程就称作明适应。

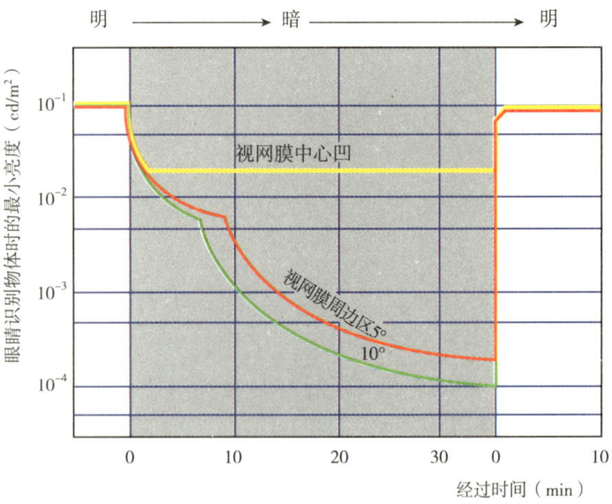


图 1-3-6 明适应与暗适应

人从明亮的环境进入暗处时，在最初阶段会什么都看不见，逐渐适应了黑暗后，才能区分周围物体的轮廓，这种从亮处到暗处，人们视觉阈限下降的过程就称为暗适应。一般人要在暗处逗留 30 ~ 40min，视觉阈限才能稳定在一定水平上，如图 1-3-6 所示。

暗适应的长短与适应前后的光环境有关，适应前后两种光环境的亮度之差越大，则适应的时间也就越长。另外，年龄大小、营养状况、是否缺氧、有无夜盲症等生理因素也是影响暗适应长短的重要因素。

在室内照明设计时，要充分考虑到人的明适应和暗适应因素，加强过渡空间和过渡照明的设计以起到视觉导向或氛围营造的作用，确保人的视觉达到健康舒适的程度。

1.3.2.9 恒常现象

一个物体在照明的性质与强度发生变化的情况下，人对该物体还保持原有的认知状态，这种现象叫恒常现象。在室内设计中，同一界面的驼色乳胶漆，在白天的阳光下看和在夜晚的灯光下看会是同样的颜色，就是这个道理。

1.3.2.10 后像

物体对人的视觉神经刺激消除之后，在视网膜上仍残留着原物体的影像，这种现象称为后像。后像又分正后像和负后像。正后像也叫积极后像，是与原物体的亮度和色调相同的后像。负后像，也叫消极后像，是与原物体的亮度和色调正好相反的后像。

## 1.3.3 视觉功效

人们完成视觉工作的功效称为视觉功效，它包含两方面的内容，即视觉功效潜力和视觉功效状态。前者是人们完成某项视觉工作的能力，主要取决于视觉的生理特性和物理特性；后者是人们完成某项视觉工作的状态，它可能会涉及到社会学和心理学等学科。

1.3.3.1 可见度

人们在观察目标物时，除了与人的视力有关，即与人的视觉功效潜力有关外，还与该目标物的物理条件及其所处的物理环境有关。为了定量地表示人们观察目标物时看清楚的程度，引入可见度的概念。可见度又称能见度，或简称为视度。

可见度取决于视角、背景亮度和亮度对比三个因素。

1.3.3.2 视功效特性

视角、背景亮度（或照度）和临界亮度对比的关系称为视功效，它们之间的关系可以用视功效特性表示，这是制定照度标准的主要依据。视功效特性由实验求得。

#### 1.3.3.3 视觉满意度

视觉满意度属于心理度量范畴，只有通过实验才能获得所需的结论。全部被测试者都认为满意的照度是不存在的。在室内设计中，室内照度达到略低于2000lx时，一般不会使人感到不满意，实际上，考虑到经济性，只要照明器布置得当，室内相关表面的亮度合适，一般照明有1000lx的照度就不会引起任何不满。

## 1.4 光与颜色

光源的颜色和环境的色彩通过视觉影响着人们。它不仅直接影响视觉的生理机能，还将影响着人的心理状态。颜色同光一样，是构成光环境的要素。照明质量的评价不止考虑光的强度，还要顾及光源和环境的颜色。颜色设计需要运用物理学、心理学及美学等多方面的规律。

### 1.4.1 颜色的基本特性

#### 1.4.1.1 颜色的形成

颜色来源于光。可见光包含的不同波长单色辐射在视觉上反映出不同的颜色。在两个相邻颜色范围的过渡区，人眼还能看到各种中间颜色。

一个光源发出的光经常是由许多不同波长单色的辐射组成的，每个波长单色的辐射功率也不一样。光源的各单色辐射功率，按波长进行的相关分布称作光源的光谱功率分布（或称光谱能量分布），它决定着光的色表和显色性能。

物体色是物体对光源的光谱辐射有选择地反射或透射对人眼所产生的感觉。物体色决定于物体表面的光谱反射率，同时，光源的光谱组成对于显色也是至关重要的。

#### 1.4.1.2 颜色的基本特征

1. 颜色的分类

颜色可分为无彩色和彩色两大类。

（1）无彩色：指白色、黑色和中间深浅不同的灰色。它们只有明度变化，没有色调和彩度的区别。从黑色开始，依次逐渐到灰色、白色，这个系列称作无色系列。

（2）彩色：指黑白以外的各种颜色。按照波长，彩色可以依次排列组成一个系列，称为彩色系列。

2. 色彩三要素

任何一种有彩色的表观颜色，都可以按照三个独立的主观属性分类描述，这就是色调、明度和色饱和度，称为色彩三要素。

（1）色调（也称色相，符号为H）：指各彩色彼此区分的特性，如红、橙、黄、绿、蓝等。可见光谱不同波长的辐射，在视觉上表现为各种色调取决于该种颜色的主要波长。各种单色光在白色背景上呈现的颜色，就是光谱色的色相。光谱色按顺序和环型排列及组合成色相环，色相环包括六个标准色以及介于这六个标准色之间的颜色，即红、橙、黄、绿、青、蓝、紫以及红橙、橙黄、黄绿、青绿、红紫12种颜色，也称12色相。

（2）明度（符号为V）：指颜色相对明暗的特性。彩色光的亮度愈高，人眼愈感觉明亮，它的明度就愈高。物体色的明度则反映为光反射比的变化，反射比大的颜色明度高，反之明度低。它通常有两方面的具体含义：其一，不同色相的明暗程度是不同的，光谱中的各种色彩，以黄色的明度为最高，由黄色向两端发展，明度逐渐减弱，以紫色的明度为最低；其二，同一色相的明度，由于受光强弱的不同，也是不一样的。光越强，明度越高；反之，就越低。

（3）色饱和度（也称彩度，符号为C）：指彩色的纯洁性，是描述颜色的深浅程度的物理量。可见光谱的各种单色光彩度最高，黑白系列的彩度为零，或可认为黑白系列无彩度。光谱色中加白，则彩度降低，明度提高；加黑，则彩度降低，明度也降低。

## 1.4.2 颜色的混合

颜色的混合是指将两种或更多种不同的颜色混合，从而产生一种新的颜色。光源色的混合与物体色（颜料）的混合有很大的不同，光源色的混合遵循加法混色，物体色的混合遵循减法混色。

实践证明，人眼能够感知和辨认的每一种颜色都能从红、绿、蓝三种颜色匹配出来，而这三种颜色中无论哪一种都不能由其他两种颜色混合产生，因此，在色度学中将红（700nm）、绿（546.1nm）、蓝（435.8nm）称为三原色。

在三原色中，若将红色光与绿色光混合可得出另一种中间色。将红、绿两种光强度任意调节，可得出一系列的中间色，如红橙色、橙黄色、橙色、黄橙色、黄色、黄绿色、绿黄色等。当绿色光与蓝色光混合时，可得出一系列介于绿与蓝之间的中间色。蓝与红混合时，可得出一系列介于蓝与红之间的中间色。上述光色只要比例合适，相加可得出：

红色 + 绿色 = 黄色

绿色 + 蓝色 = 青色

蓝色 + 红色 = 品红色

红色 + 绿色 + 蓝色 = 白色

光的混合遵循以下规律：

（1）补色律。凡两种颜色按适当比例混合能产生白色或灰色，这两种颜色称为互补色。如黄色光和蓝色光混合可获得白色光，故黄色光与蓝色光为互补色，黄色是蓝色的补色，蓝色也是黄色的补色。同样，红和青、绿和品红为互补色。

（2）中间色律。两种非互补色的光混合，可产生中间色。色调取决于两种光色的相对比例，偏向于比重大的光色。

（3）替代律。表观颜色相同的光，不管其光谱组成是否相同，在颜色相加混合中具有同样的效果。

（4）亮度叠加律。由几种颜色光组成的混合色的亮度，是各种颜色光亮度的总和。颜色光学混合是由不同颜色的光线引起眼睛同时兴奋的结果。它与颜料混合完全不同。颜料混合是利用不同波长的光线在所混合的颜料微粒中逐渐被吸收而引起的变化。

颜色的光学混合定律在装饰与艺术照明中可以得到实际应用。例如，可以利用几种光色不同的光源的混合光来得到光色优良的混光照明、舞台照明等，这是获得良好照明很经济的办法。三基色荧光灯、钠—铊—铟灯等新光源的制造也是应用颜色光学混合定律的实例。

### 1.4.3 颜色显示

物体表面的颜色由从物体表面所反射出来的光的成分和它们的相对强度决定。当反射光中某一波长最强时，物体便显示这种色调。这个最强的波长就决定了该物体的色彩。显然，物体所显现的颜色与物体的反射特性（光谱反射比）以及光源的辐射光谱有关。

现代照明的人工光源种类很多，它们的光谱特性各不相同，所以，同一颜色的样品在不同光源照射下会显现不同的颜色，即产生颜色变化。为了对各种光源进行比较和评价，通常用色表和显色性来说明光源的光谱特性。

光源的色表是指光源的表观颜色，用 CIE1931 标准色度图表示光源的颜色性质。CIE193l 色度图基本上是一个三角形，周边线表示光谱色，中间黑线是完全辐射体的轨迹，即表示黑体的色度与温度的关系，如图 1–4–1 所示。在照明技术中一般用色温或相关色温来表示光源的色表。当某一光源的色度与某温度下的完全辐射体（黑体）的色度相同时，完全辐射体（黑体）的温度（绝对温度，单位为开尔文，符号为 K）即为该光源的色温。低色温光源发红色、黄色光，高色温光源发白色、蓝色光（表 1–4–1、表 1–4–2）。

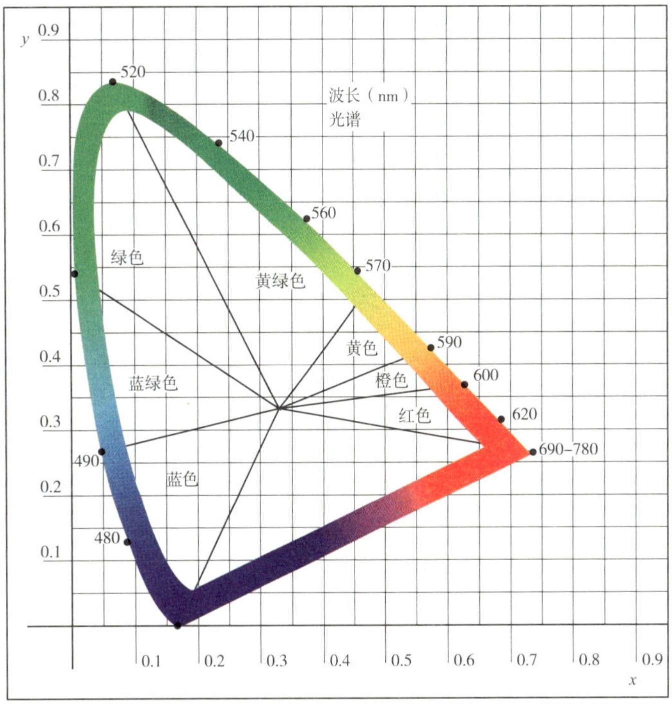

图 1–4–1 国际照明委员会（CIE）色度图

表 1–4–1 色温与光的颜色的关系

| 黑体辐射温度（K） | 光谱功率辐射颜色 | 备 注 |
|---|---|---|
| 800 ~ 900 | 红色 | 无实用价值 |
| 3000 | 黄白色 | 比白炽灯色温高，比卤钨灯色温低 |
| 5000 | 白色 | 气体放电灯 |
| 8000 ~ 10000 | 淡蓝色 | 无实用价值 |

表 1–4–2 各种光源的色温

| 光 源 | 色温（K） | 光 源 | 色温（K） |
|---|---|---|---|
| 蜡烛 | 1900 ~ 1950 | 月光 | 4100 |
| 高压钠灯 | 2000 | 日光 | 5300 ~ 5800 |
| 白炽灯 | 2700 ~ 2900 | 昼光（日光 + 青天天空） | 5800 ~ 6500 |
| 弧光灯 | 3780 | 全阴天空 | 6400 ~ 6900 |
| 钨丝白炽灯 | 2740 | 晴天蓝色天空 | 10000 ~ 26000 |
| 镝灯 | 5000 ~ 7000 | 荧光灯（白色） | 4500 |
| 钠铊铟灯 | 4200 ~ 5500 | 荧光灯（暖白色） | 3500 |

光源色表的选择取决于光环境所要形成的气氛。光源色温不同，给人的感觉也不同。低色温有暖的感觉，高色温有冷的感觉。红色光和橙色光使人联想到火，白光和蓝光使人联想到水。CIE 把灯的色表分成三类，参见表 1–4–3，其中第一类暖色调适用于居住类场

所，如住宅、旅馆、饭店，以及特殊作业或寒冷气候条件；第二类在工作场所应用最为广泛；第三类冷色调适用于高照度场所、特殊作业或温暖气候条件下。

表 1-4-3　　光源色表分组

| 色表分组 | 色表特征 | 相关色温（K） | 适用场所距离 |
|---|---|---|---|
| Ⅰ | 暖 | < 3300 | 客房、卧室、病房、酒吧、餐厅 |
| Ⅱ | 中间 | 3300 ~ 5300 | 办公室、教室、阅览室、诊室、检查室、机加工车间、仪表车间 |
| Ⅲ | 冷 | > 5300 | 热加工车间、高照度场所 |

人对光色的爱好与照度水平有关。1941 年德国克吕道夫根据实验，首先定量地提出光色舒适区的范围，后人的研究进一步证实了他的结论。

克吕道夫提出的第一个准则是：为了显示所视对象的正常颜色，应当根据不同照度选用不同颜色的光源。低照度时采用暖色；高照度时采用冷色。例如：低照度下用粉红、浅橙或淡黄色等暖色调的光，人的肤色显得“温和”自然，而用冷色调会使人的肤色苍白可怕；高照度下用近似日光的冷色，会使人的皮肤颜色显得自然、真实。

克吕道夫的第二个准则是：只有在适当的高照度下，颜色才能真实反映出来，低照度不可能显出颜色的本性。低照度时低色温的光使人感到愉快、舒适，高照度则有刺激感；高色温的光在低照度时使人感觉阴沉、昏暗、寒冷，在高照度时感觉舒适、愉快。因此，在低照度时宜用暖色光，接近黄昏情调，在室内创造亲切轻松的气氛；在高照度时宜用冷色光，给人以紧张、活泼的气氛。照度、色温与感觉的适应关系参见图 1-4-2。

显色性是指在某种光源的照明下，与作为标准光源的照明相比较，各种颜色在视觉上的变化（失真）程度。CIE 是用显色指数来评价光源的显色性的。CIE 使用 14 种色样用于计算显色指数，如图 1-4-3 所示，测试方法是考察色样在参考条件下与测试条件下的色彩偏差，色差越大，光源的显色性越差。特殊显色指数是对每个色样的色差进行计算。一般显色指数用 $R_a$ 表示，是 CIE 所推荐的前八个色样的特殊显色指数的平均值。如高压钠灯的显色指数 $R_a$=23，荧光灯管的显色指数 $R_a$=60 ~ 90。通常大部分照明环境多要求光源的显色指数在 70 以上。

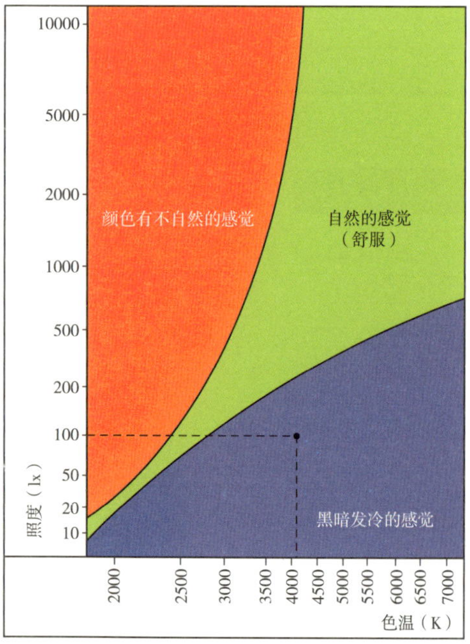


图 1-4-2　照度、色温与感觉的关系

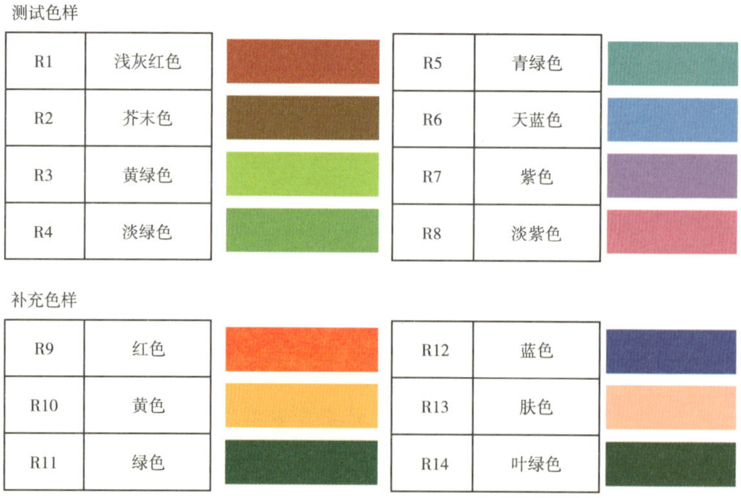


图 1-4-3　用于定义光源显色性的标准色样

根据 GB 50034—2004《建筑照明设计标准》规定，长期工作或停留的房间或场所，照明光源的显色指数（$R_a$）不宜小于 80。在灯具安装高度大于 6m 的工业建筑场所，$R_a$ 可以低于 80，但必须能够辨别安全色。

光源的色温与显色性之间没有必然的联系，因为具有不同的光谱分布的光源可能有相同的色温，但显色性可能差别很大。同样，色温有明显区别的光源，在某种情况下，还可能具有大体相等的显色性。自然光与人工光的色温如图 1-4-4 所示。电光源的显色指数及色温见表 1-4-4。

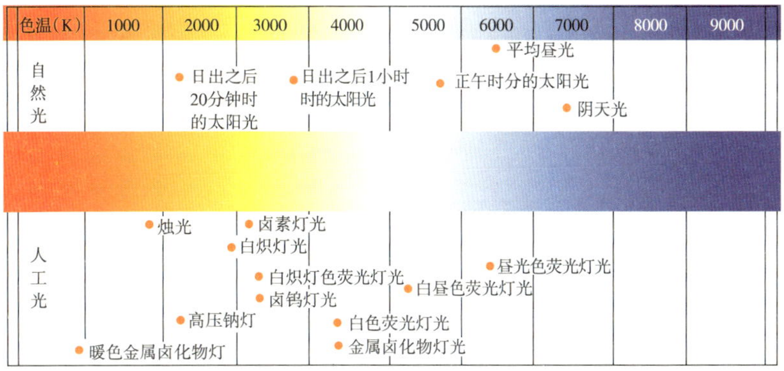

图 1-4-4　自然光与人工光的色温

表 1-4-4　　　　电光源的显色指数及色温

| 光源名称 | CIE 色坐标 | 色温（K） | $R_a$ |
|---|---|---|---|
| 白炽灯（500W） | $x$=0.447　$y$=0.408 | 2900 | 95 ~ 100 |
| 荧光灯（日光色 40W） | $x$=0.310　$y$=0.339 | 6600 | 70 ~ 80 |
| 荧光高压汞灯（400W） | $x$=0.334　$y$=0.412 | 5500 | 30 ~ 40 |
| 镝灯（1000W） | $x$=0.369　$y$=0.367 | 4300 | 85 ~ 95 |
| 高压钠灯（400W） | $x$=0.516　$y$=0.386 | 2000 | 20 ~ 25 |

## 1.4.4　颜色定量

从视觉的观点来描述自然界的颜色时，可用白、灰、黑、红、黄、橙、绿、蓝、紫等颜色来表示。但是，即使颜色辨别能力正常的人对于颜色的判断也不完全相同。有人认为完全相同的两种颜色，如换一个人判断，就可能会认为有些不同。

随着科学技术的进步，颜色在工程技术方面得到广泛应用，为了精确地规定颜色，就必须建立定量的表色系统。所谓表色系统，就是使用规定的符号，按一系列规定和定义表示颜色的系统，亦称为色度系统。表色系统有两大类：一是用以光的等色实验结果为依据的，由进入人眼能引起有彩色和无彩色感觉的光辐射表示的体系，即以色刺激表示的体系，国际照明委员会（CIE）1931 标准色度系统就是这种体系的代表由图 1-4-5 所示；二是建立在对表面颜色直接评价基础上，用构成等感觉指标的颜色图册表示的体系，如孟塞尔表色系统等，如图 1-4-6 所示。

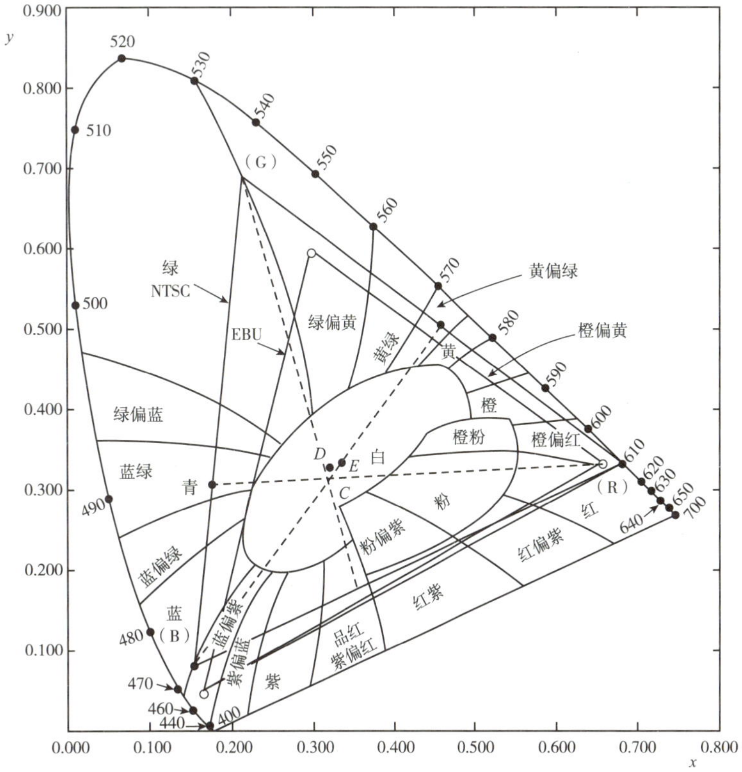

图 1-4-5　CIE 1931 色品图上的颜色区域

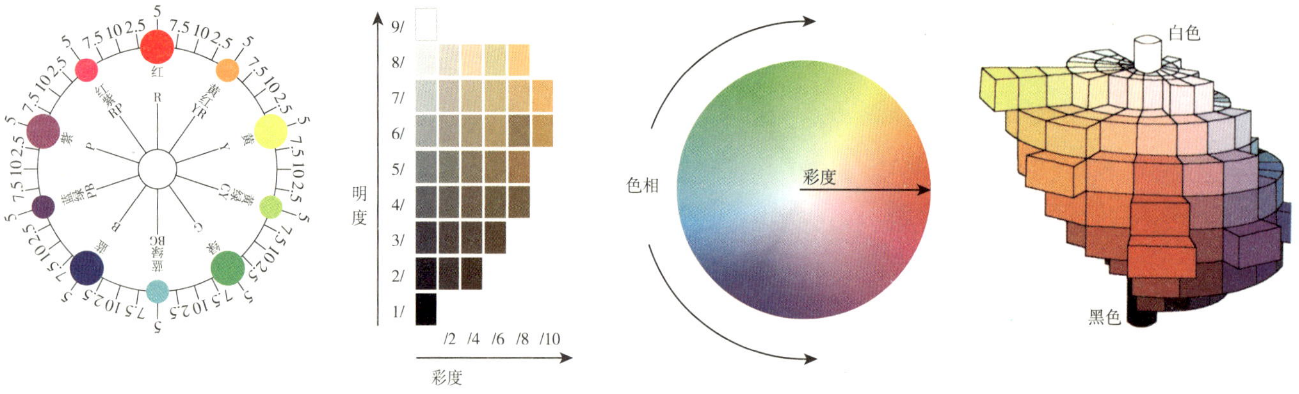


图 1-4-6 孟塞尔色标图

## 1.4.5 颜色效应

色彩通过视觉器官为人们感知后，可以产生多种作用和效果。它可以直接影响到人的情绪、心理状态，甚至工作效率，色彩还可以改变空间体量，调节空间情调。正确运用色彩对于提高室内的视觉感受，创造一个良好的视觉环境具有重要的作用。

### 1.4.5.1 色彩的物理效应

1. 温度感

色彩的温度感是人们长期生活习惯的反应。例如：人们看到红色、橙色、黄色产生温暖感；看到青色、蓝色、绿色产生凉爽感。通常将红、橙、黄之类的颜色称为暖色，把青、蓝、绿之类的颜色称为冷色，黑、白、灰称为中性色。

色彩的温度感是相对而言的。无彩色与有彩色比较，后者较前者暖；由无彩色本身来看，黑色比白色暖；从有彩色来看，同一色彩含红、橙、黄等成分偏多时偏暖，含青的成分偏多时偏冷。

色彩的冷暖与明度有关。含白的明色具有凉爽感，含黑的暗色具有温暖感。色彩的冷暖还和彩度有关。在暖色中，彩度越高越具有温暖感；在冷色中，彩度越高越具凉爽感。色彩的冷暖还与物体表面的光滑程度有一定的联系。一般说来，表面光滑时色彩显得冷，表面粗糙时，色彩就显得暖。

2. 重量感

重量感即通常所说的色彩的轻重。色彩的重量感主要取决于明度。明度高的色轻，低的色重。明度相同，彩度高的显重，低的显轻。

3. 体量感

体量感是指由于颜色作用使物体看上去比实际的大或者小。从体量感的角度看，可将色彩划分为膨胀色和收缩色。物体具有某种颜色，使人看上去增加了体量，该颜色即属膨胀色；反之，缩小了物体的体量，该颜色则属收缩色。色彩的体量感取决于明度，明度越高，膨胀感越强；明度越低，收缩感越强。面积大小相同的色块，黄色看起来最大，其他依次为橙、绿、红、蓝、紫。

4. 距离感

明度高的颜色给人以前进的感觉，称作前进色，暖色属前进色；明度低的颜色给人以后退的感觉，称作后退色，冷色属后退色。就彩度而言，彩度高者为前进色，彩度低者为后退色；在色相方面，主要色彩由前进色到后退色的排列次序是：红 > 黄 > 橙 > 紫 > 绿 > 蓝。

#### 1.4.5.2 色彩的心理和生理效果

色彩的心理效果主要表现为两个方面：一是悦目性；二是情感性。所谓悦目性，就是它可以给人以美感；所谓情感性说明它能影响人的情绪，引起联想，乃至具有象征的作用。

不同年龄、性别、民族、职业的人，对于色彩的爱好是不同的；在不同时期内，人们喜欢的色彩也不相同。所谓流行色，就是表明当时色彩流行的总趋势。

色彩的情感性主要表现在它能给人以联想。色彩给人的联想可以是具体的，有时也可以是抽象的。所谓抽象，指的是联想起某些事物的品格和属性。例如，红色最富有刺激性，很容易使人联想到热情、热烈、美丽、吉祥，也可以联想到危险、卑俗和浮躁。蓝色是一种极其冷静的颜色，最容易使人联想到碧蓝的海洋。抽象之后，会使人从积极的方面联想到深沉、远大、悠久、纯洁、理智；但从消极的方面联想，容易激起阴郁、贫寒、冷淡等情感。绿色是森林的主调，富有生机。它可以使人联想到新生、青春、健康和永恒，通常是公平、安详、宁静、智慧、谦逊的象征。白色能使人联想到清洁、纯真、神圣、光明、平和等，也可使人联想到哀怜和冷酷。色彩的联想作用还受历史、地理、民族、宗教、风俗习惯的影响。

除此之外，色彩还会引起人的生理变化，也就是由于颜色的刺激而引起视觉变化的适应性问题。色适应的原理经常运用到室内色彩设计中，一般的做法是把器物色彩的补色作为背景色，以消除视觉干扰，减少视觉疲劳，使视觉感官从背景色中得到平衡和休息。正确地运用色彩将有益于身心的健康。例如，红色能刺激和兴奋神经系统，加速血液循环，但长时间接触红色却会使人感到疲劳，甚至出现筋疲力尽的感觉，所以起居室、卧室、会议室等不宜过多地运用红色。橙色能产生活力，诱人食欲。绿色有助于消化和镇静，能促进身心平衡。

蓝色能帮助消除紧张情绪，调整体内平衡，形成使人感到幽雅、宁静的气氛，所以在办公室、教室、治疗室等处经常用到。

#### 1.4.5.3 色彩的标志作用

色彩的标志作用主要体现在安全标志、管道识别、空间导向和空间识别等方面。

（1）色彩用于安全标志。用红色表示防火、停工、禁止和高度危险，用绿色表示安全、进行、通过和卫生等。用不同的色彩来表示安全标志，对建立正常的工作秩序、生产秩序，保证生命财产安全，提高劳动效率和产品质量等具有十分重要的意义。

（2）色彩可以导向。在大厅、走廊及楼梯间等场所沿人流活动的方向铺设色彩鲜艳的地毯、设计方向性强的彩色地面，可以提高交通线路的明晰性，更加明确地反映各空间之间的关系。

（3）色彩可用于空间识别。高层建筑中，可用不同色彩装饰楼梯间及过厅、走廊的地面，使人们容易识别楼层；商店的营业厅，可用不同色彩的地面显示各种营业区。

## 1.5 室内装饰材料的光学特性

“体块和表面是建筑借以表现自己的要素……建筑是一些搭配起来的体块在光线下辉煌、正确和聪明的表演，光和影显示为形式。”

——勒·柯布西耶

人们在建筑物内看到的光，绝大多数是经各种物件及壁面反射或透射的光。所以，如果选用不同的装饰材料，就会在室内形成不同的光效果。例如透光，如果窗户装的是透明玻璃，那么从室内就可以清晰地看到室外的景观，但如果用的是磨砂玻璃，效果就完全不同了，不仅看不清室外景物，而且室内的采光效果也相差很多：前者是阳光射入室内，光射到处很亮，但其余地方就较暗；后者使光线向各个方向扩散，整个房间都较明亮。由此可见，设计师应该了解各种装饰材料的光学性质，根据不同的要求，选取不同的材料，以获得理想的室内光环境。

光对被照物的外观及颜色表现有直接的影响，因为不同的光源其光谱组成不同。光与被照物的表观如图 1-5-1 所示。

| 光源种类 | 钠灯 | 金卤灯 | 陶瓷金卤灯 |
|---|---|---|---|
| 色温·显色性 / 材料种类 | 色温：1950K<br>显色性：$R_a$>25 | 色温：3000K<br>显色性：$R_a$>80 | 色温：4200K<br>显色性：$R_a$>80 |
| 砖 |  |  |  |
| 混凝土 |  |  | 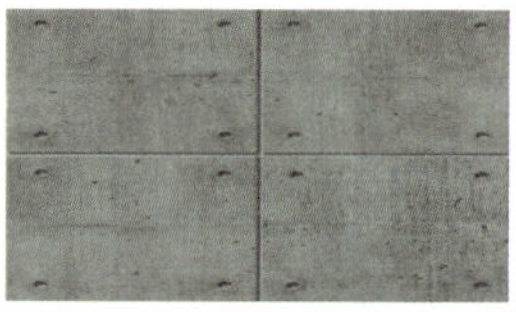 |
| 石材 |  |  |  |
| 金属板 |  |  |  |
| 植物 |  |  |  |

图 1-5-1　光与被照物的表观

通过肉眼人们可以观察到材料的表面材质状况，或粗糙或光滑等。通过光影，照明可以改变材料表面的外观，改变光源的位置或照射角度可以强化或者弱化材料表面的质感。如图 1-5-2 所示。

图 1-5-2　光与材质的关系

光在传播过程中遇到介质时，其入射的光通量一部分被介质吸收，一部分被反射，另一部分被透射。这三部分光通量占总的入射光通量的比例，分别称为反光系数 $r$、吸收系数 $a$ 及透光系数 $t$。三者的关系如图 1–5–3 所示。要做好室内采光和照明设计，就需要了解各种材料对光的反射、透射及吸收的特性，同时，还要了解光线经过这些材料的反射和透射后，在空间分布上的规律。

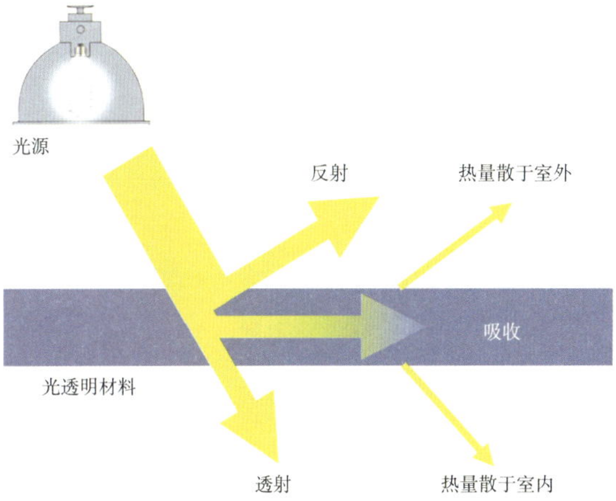

图 1–5–3　入射光与反射光、吸收光和投射光的关系

## 1.5.1　反光材料与反光系数

### 1.5.1.1　室内装饰材料的反光系数

表 1–5–1 中列出了常见的室内装饰材料的反光系数值，可供采光及照明设计时参考。但如果是特定材料，在使用前还要进行反光及透光系数的测定。

表 1–5–1　　常用饰面材料的反光系数

| 序号 | 材料 | 反光系数 $r$ 值 | 序号 | 材料 | 反光系数 $r$ 值 |
|---|---|---|---|---|---|
| 1 | 石膏 | 0.91 | 12 | 塑料墙纸<br>黄白色<br>蓝白色<br>浅粉白色 | <br>0.72<br>0.61<br>0.65 |
| 2 | 大白粉刷 | 0.75 | | | |
| 3 | 水泥砂浆抹面 | 0.32 | | | |
| 4 | 白水泥 | 0.75 | | | |
| 5 | 白色乳胶漆 | 0.84 | 13 | 胶合板 | 0.58 |
| 6 | 调和漆<br>白色及米黄色<br>中黄色 | <br>0.70<br>0.57 | 14 | 广漆地板 | 0.10 |
| | | | 15 | 菱苦土地面 | 0.15 |
| | | | 16 | 混凝土地面 | 0.20 |
| 7 | 红砖 | 0.33 | 17 | 沥青地面 | 0.10 |
| 8 | 灰砖 | 0.23 | 18 | 铸铁、钢板地面 | 0.15 |
| 9 | 瓷釉面砖<br>白色<br>黄绿色<br>粉色<br>天蓝色<br>黑色 | <br>0.80<br>0.62<br>0.65<br>0.55<br>0.08 | 19 | 浅色织品窗帷 | 0.30 ~ 0.50 |
| | | | 20 | 粗白窗纸 | 0.30 ~ 0.50 |
| | | | 21 | 一般白灰抹面 | 0.55 ~ 0.75 |
| | | | 22 | 水磨石<br>白色<br>白色间黑灰色<br>白色间绿色<br>黑灰色 | <br>0.70<br>0.52<br>0.66<br>0.10 |
| 10 | 马赛克地砖<br>白色<br>浅蓝色<br>浅咖啡色<br>深咖啡色<br>绿色 | <br>0.59<br>0.42<br>0.31<br>0.20<br>0.25 | 23 | 塑料贴面板<br>浅黄色木纹<br>中黄色木纹<br>深棕色木纹 | <br>0.36<br>0.30<br>0.12 |
| 11 | 大理石<br>白色<br>乳色间绿色<br>红色<br>黑色 | <br>0.60<br>0.39<br>0.32<br>0.08 | 24 | 无釉陶土地砖<br>土黄色<br>朱砂 | <br>0.53<br>0.19 |

### 1.5.1.2　反射

反射后光线的空间分布，取决于材料表面的光洁程度和材料内部的结构。一般有如下几种形式。

1. 定向反射

光线射到非常光滑的不透明材料表面时，就会发生定向反射，也称镜面反射。它遵循定向反射定律：入射光线、反射光线与反射面的法线在同一平面上，入射角等于反射角，如图 1-5-4 所示。但是反射光的亮度和发光强度都比入射光有所降低，因为有一部分被吸收或透射。

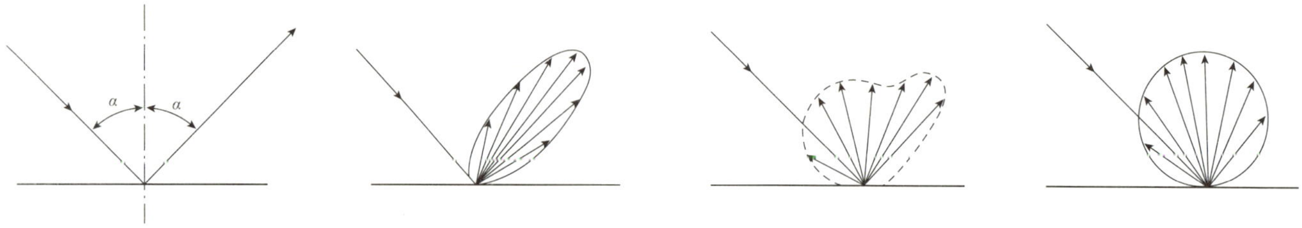


图 1-5-4 反射光的分布形式
（a）定向反射；（b）定向扩散反射；（c）混合反射；（d）均匀漫反射

光滑密实的表面，如玻璃镜面和磨光的金属表面能形成定向反射，这时，在反射光线的方向上，人们可以较清晰地看到光源的形象，但如果稍稍偏离这个方向，就看不见了。在照明工程中常利用定向反射进行精确的控光，如制造各种曲面的镜面反光罩获得需要的发光强度分布，提高灯具效率。几乎所有的节能灯具都使用这类材料做反光罩，其中有阳极氧化或抛光的铝板、不锈钢板、镀铬铁板、镀银或镀铝的玻璃和塑料等。光与材料表面的关系如图 1-5-5 和表 1-5-2 所示。

图 1-5-5 光与材料表面

表 1-5-2 不同材料的光学性质

| 表面粗糙材料 | | 表面光滑材料 | |
|---|---|---|---|
| 粗砖<br>混凝土<br>低光泽的平涂料<br>石灰石<br>白灰粉刷<br>低光泽的塑料制品<br>（丙烯腈丁、三聚氰胺、甲醛塑料、聚氯乙烯）<br>砂石<br>粗木材 | 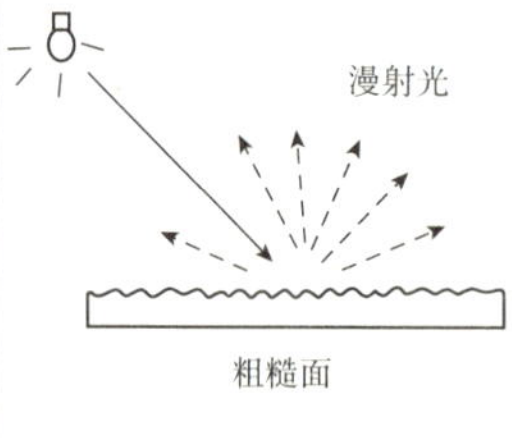  | 抛光铝<br>亮（磁）漆<br>玻璃<br>磨光大理石<br>抛光塑料<br>不锈钢<br>水磨石<br>马口铁<br>油光木材 | 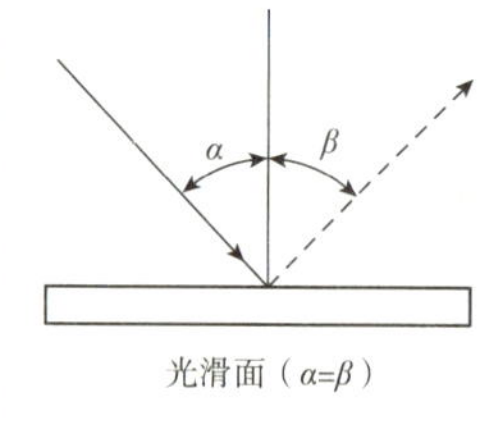  |

2. 扩散反射

扩散反射材料可以使反射光线不同程度地分散在比入射光线更大的立体角范围内。根据材料扩散程度的不同，又可分为均匀扩散反射材料和定向扩散反射材料两种。经过冲砂、酸洗、锤点处理的毛糙金属表面、油漆等具有定向扩散反射的特性。

3. 漫反射

漫反射的特点是反射光的分布与入射光的方向无关，在宏观上没有规则反射，反射光不规则地分布在所有方向上，如图 1-5-4 所示。无光泽的毛面材料或由微细的晶粒、颜料颗粒构成的表面会产生漫反射。可以把这些微粒看作是单个的镜反射器，但是由于微粒的表面处在不同的方向，所以将光反射到许多角度上。

若反射光的发光强度分布与入射光的方向无关，而且正好是切于入射光线与反射表面交点的一个圆球，这种漫反射称为均匀漫反射。室内装饰工程中常用的大部分无光泽饰面材料，如涂料、乳胶漆、哑光墙纸、陶板面砖等都可以近似地看做是均匀漫反射材料。

4. 混合反射

多数材料的表面兼有定向反射和漫反射的特性，称为混合反射。室内装饰工程中常选用的玻化砖、镜面大理石饰材等都呈现出这种综合特性。

## 1.5.2 透光材料与透光系数

光线通过介质时，组成光线的单色分量的频率不变，这种现象称为透射。玻璃、晶体、某些塑料、纺织品、水等都是透光材料，能透过大部分入射光。材料的透光性能不仅取决于它的分子结构，还与它的厚度有关。

材料透射光的分布形式可分为定向透射、定向扩散透射、漫透射和混合透射四种。如图 1-5-6 所示。透射材料的透射比如表 1-5-3 所示，透射系数如表 1-5-4 所示。

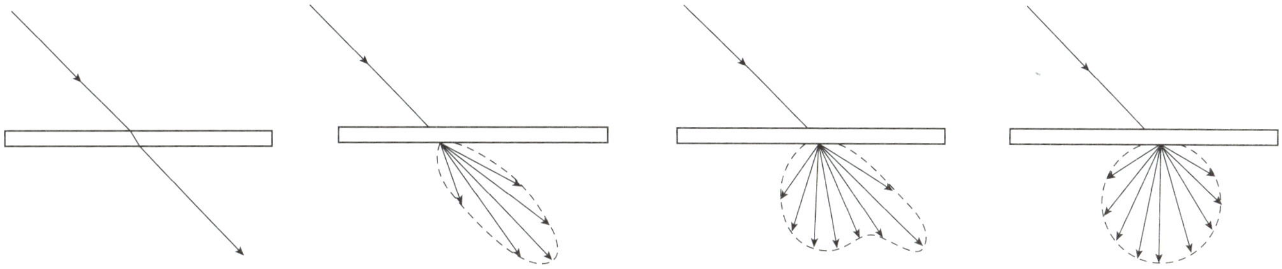

（a） （b） （c） （d）

图 1-5-6 透射光的分布

（a）定向透射；（b）定向扩散透射；（c）漫透射；（d）均匀漫透射

表 1-5-3 常用透光材料的透射比 $t$

| 材料 | 厚度（mm） | 透射比 | 材料 | 厚度（mm） | 透射比 |
|---|---|---|---|---|---|
| 普通玻璃 | 3 ~ 6 | 0.78 ~ 0.82 | 聚苯乙烯板 | 3 | 0.78 |
| 钢化玻璃 | 5 ~ 6 | 0.78 | 聚氯乙烯板 | 2 | 0.60 |
| 磨砂玻璃 | 3 ~ 6 | 0.55 ~ 0.60 | 聚碳酸酯板 | 3 | 0.74 |
| 乳白玻璃 | 1 | 0.60 | 聚酯玻璃钢板 | 3 ~ 4 层布 | 0.73 ~ 0.77 |
| 压花玻璃、花纹深密 | 3 | 0.57 | 钢纱窗（绿色） | — | 0.70 |
| 压花玻璃、花纹稀浅 | 3 | 0.71 | 白色半透明塑料 | — | 0.30 ~ 0.50 |
| 无色有机玻璃 | 2 ~ 6 | 0.85 | 深色半透明塑料 | — | 0.35 ~ 0.50 |
| 乳白有机玻璃 | 3 | 0.20 | 茶色玻璃 | 3 ~ 6 | 0.08 ~ 0.50 |
| 玻璃砖 | — | 0.40 ~ 0.50 | 安全玻璃 | 3+3 | 0.84 |
| 夹层安全玻璃 | 3+3 | 0.78 | 吸热玻璃 | 2 ~ 5 | 0.52 ~ 0.64 |

表 1-5-4 透明材料的透射系数

| 透 明 材 料 | | 透射系数（%） |
|---|---|---|
| 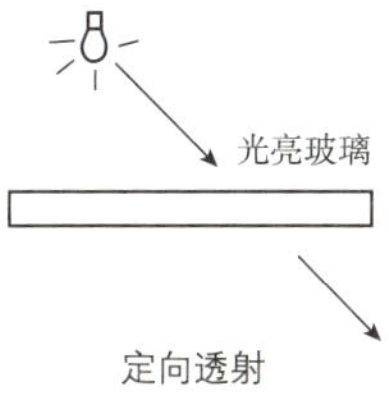 | 透明玻璃或塑料<br>透明的颜色玻璃或塑料<br>蓝色<br>红色<br>绿色<br>淡黄色 | 80 ~ 94<br><br>3 ~ 5<br>8 ~ 17<br>10 ~ 17<br>30 ~ 50 |

续表

| 透 明 材 料 | | 透射系数（%） |
|---|---|---|
| 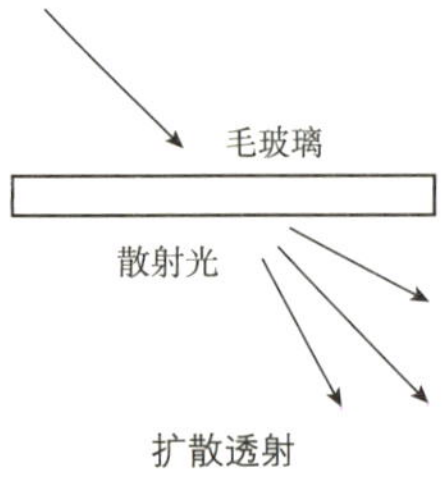 | 毛玻璃，朝向光源<br>毛玻璃，远离光源 | 82 ~ 88<br>63 ~ 78 |
| 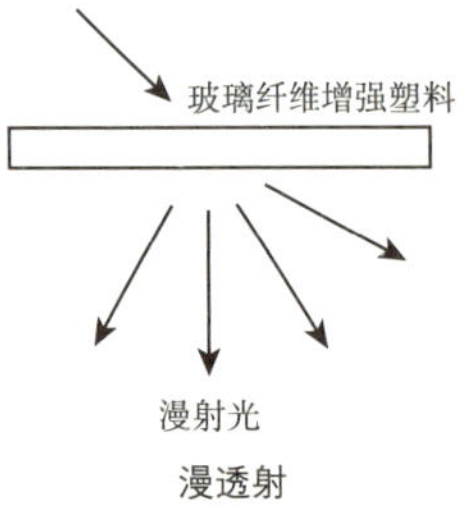 | 细白石膏<br>玻璃砖<br>大理石<br>塑料（丙烯酸、乙烯基、玻璃纤维增强塑料） | 20 ~ 50<br>40 ~ 75<br>5 ~ 40<br>30 ~ 65 |

1. 定向透射

光线射到很光滑的透明材料上，会发生定向透射。若材料的两个表面互相平行，则透过材料的光线与入射方向保持一致，但是透射后的亮度和发光强度都将减弱。

2. 定向扩散透射

定向扩散材料有方向性和扩散性两种特性。如磨砂玻璃，透过它可以看到光源的大致情况，但轮廓不清晰。

3. 漫透射

半透明材料可使入射光线发生扩散透射，即透射光线所形成的立体角比入射光线有所放大。可以将入射光线均匀地向四面八方透射，各个方向所看到的亮度相同，但看不到光源的形象的材料，具有均匀漫透射特性，乳白玻璃、半透明塑料等就属于这种材料。常用于灯罩及发光顶棚的透光，它们可以降低光源的亮度，减少对眼睛的强烈刺激，也可以使透过的光线均匀分布。

4. 混合透射

多数透光材料兼有定向透射和漫透射的特性，称为混合透射。

## 1.5.3 污染对材料光学特性的影响

由于受到环境污染，装饰材料的光学性质会随着时间的推移而受到影响。例如：在天然采光中，随着使用时间的增加，窗玻璃会积累各种尘垢等污染物，使其透射比降低；室内的饰面如果受到污染会褪色，也会降低其反射比。

各种材料由于环境污染的影响而使其光学特性降低的程度，称之为污染减光系数 $t_w$（%）。

# 第2章 电光源

# 2.1　电光源的分类

## 2.1.1　电光源的分类

凡可以将其他形式的能量转换成光能，从而提供光通量的设备、器具统称为光源，而其中可以将电能转换成光能，从而提供光通量的设备、器具则称为照明电光源。

照明用灯种类繁多，外观各异。照明用灯由灯具和电光源两部分组成，根据其不同的特性及功能用于各种不同的室内环境中。电光源是照明灯的核心部分，由于电光源的发光条件不同，其光电特性也各异。对光源的了解将有助于根据环境的特性选择合适的光源，利用它们的特性和长处，充分发挥其优势。

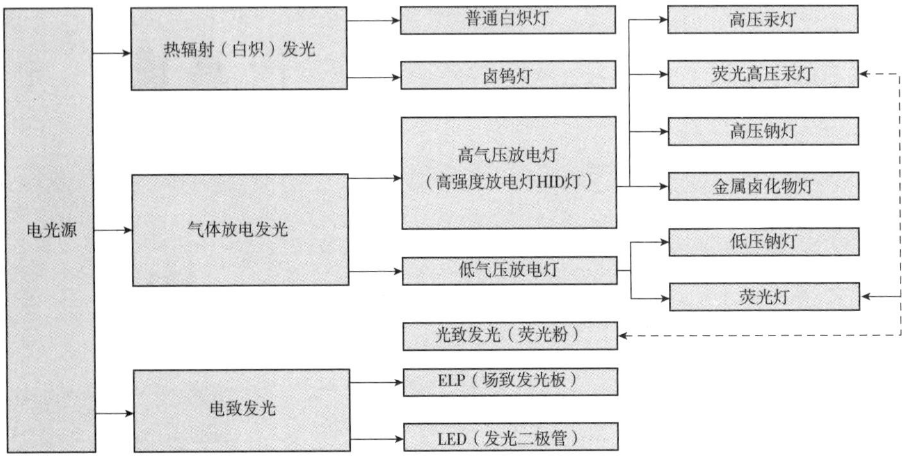

图 2-1-1　电光源分类示意图

根据光的产生原理，电光源的主要分类如图 2-1-1 所示。

其中，以热辐射作为光辐射原理的电光源，包括白炽灯和卤钨灯，它们都是以钨丝为辐射体，通电后使之达到白炽温度，产生热辐射。这种光源统称为热辐射光源，目前仍是重要的照明光源，生产数量极大。

各种气体放电光源，则主要以原子辐射形式产生光辐射。根据这些光源中气体的压力，又可分为低压气体放电光源和高压气体放电光源。这种光源具有发光效率高、使用寿命长等特点，应用极其广泛。

低压气体放电光源包括荧光灯和低压钠灯。因为这类灯中气体压力低，组成气体（主要是汞蒸气和钠蒸气）的原子距离比较大，互相影响较小，因此它们的光辐射可以看做是孤立的原子产生的原子辐射，这种原子辐射产生的光辐射是以线光谱形式出现的。

高压气体放电光源的特点是灯中气压高，原子之间的距离近，相互影响大，电子在轰击原子时不能直接与一个原子作用，从而影响了原子的辐射。即使在轰击原子时产生了光辐射，又有可能被其他原子吸收，形成另外的光辐射。因此这类辐射与低压气体放电光源有较大的区别。但高压气体放电光源的辐射原理仍是气体（或汽体）中原子辐射产生光辐射，但产生的辐射将包括强的线光谱成分和弱的连续光谱成分。

高压气体放电光源管壁的负荷一般比较大，也就是灯的表面积不大，但灯的功率较大，往往超过 3W/cm$^2$，因此又称为高强度气体放电灯，简称 HID 灯。

## 2.1.2 电光源的性能指标

电光源根据其名称就可知它主要有电与光两方面的性能指标，这两方面的性能指标当然有着密切的联系。但作为光源，主要还是光的性能指标，而对电的指标也往往注重于它对光性能的影响，如表 2–1–1 所示。

表 2–1–1　　常用照明光源的主要光特性指标

<table>
<tr><th>照明光源种类</th><th>光视效能（lm/W）</th><th>显色指数 $R_a$</th><th>色温（K）</th><th>色表</th><th>频闪效应</th><th>寿命（h）</th><th>再点燃时间</th></tr>
<tr><td>白炽灯</td><td>6.5 ~ 20</td><td>95 ~ 99</td><td>2800</td><td rowspan="3">暖色</td><td rowspan="2">无</td><td>1000</td><td rowspan="2">瞬间</td></tr>
<tr><td>卤钨灯</td><td>20 ~ 40</td><td>95 ~ 99</td><td>2800 ~ 3300</td><td>1500</td></tr>
<tr><td>暖白色荧光灯</td><td>30 ~ 80</td><td>50 ~ 60</td><td>2900</td><td rowspan="8">有</td><td rowspan="6">0 ~ 5000</td><td rowspan="3">1 ~ 4s</td></tr>
<tr><td>冷白色荧光灯</td><td>20 ~ 50</td><td>0 ~ 58</td><td>4300</td><td>中间色</td></tr>
<tr><td>日光色荧光灯</td><td>25 ~ 72</td><td>70 ~ 80</td><td>6500</td><td rowspan="2">冷色</td></tr>
<tr><td>荧光高压汞灯</td><td>40 ~ 60</td><td>30 ~ 40</td><td>5500 ~ 6000</td><td rowspan="2">4 ~ 8min</td></tr>
<tr><td>高压钠灯</td><td>80 ~ 100</td><td>21 ~ 27</td><td>1900 ~ 2800</td><td rowspan="2">暖色</td></tr>
<tr><td>低压钠灯</td><td>90 ~ 160</td><td>0 ~ 48</td><td>0 ~ 1900</td><td>8 ~ 10min</td></tr>
<tr><td>金属卤化物等</td><td>64 ~ 80</td><td>85 ~ 95</td><td>4000 ~ 6500</td><td rowspan="2">冷色</td><td>0 ~ 1500</td><td>4 ~ 8min</td></tr>
<tr><td>氙灯</td><td>24 ~ 34</td><td>0 ~ 94</td><td>5000 ~ 6000</td><td>1000</td><td>1 ~ 2min</td></tr>
</table>

1. 光通量

光源的光通量表征着光源的发光能力，是光源的重要性能指标。光源的额定光通量是指光源在额定电压、额定功率的条件下工作，并能无约束地发出光的工作环境下的光通量输出。

2. 发光效率

光源的光通量输出与它取用的电功率之比称为光源的发光效率，简称光效，单位是 1m/W。在照明设计中应优先选用光效高的光源。

3. 显色性

通常情况下光源用一般显色指数衡量其显色性，在对某些颜色有特殊要求时则应采用特殊显色指数。具体应用示例如表 2–1–2 所示。

表 2–1–2　　光源的显色指数应用示例

<table>
<tr><th rowspan="2">显色性组别</th><th rowspan="2">显色指数范围</th><th rowspan="2">色表</th><th colspan="2">应 用 示 例</th></tr>
<tr><th>优 先 的</th><th>允 许 的</th></tr>
<tr><td>1A</td><td>$R_a \geq 90$</td><td>暖<br>中间<br>冷</td><td>颜色匹配、医疗诊断、画廊</td><td rowspan="3"></td></tr>
<tr><td rowspan="2">1B</td><td rowspan="2">$80 \leq R_a < 90$</td><td>暖<br>中间</td><td>家庭、旅馆、餐馆、商店、<br>办公室、学校、医院</td></tr>
<tr><td>中间<br>冷</td><td>印刷、油漆、纺织工业、<br>视觉费力的工业生产</td></tr>
<tr><td>2</td><td>$60 \leq R_a < 80$</td><td>暖<br>中间<br>冷</td><td>工业生产</td><td>办公室、学校</td></tr>
<tr><td>3</td><td>$40 \leq R_a < 60$</td><td></td><td>粗加工工业</td><td>工业生产</td></tr>
<tr><td>4</td><td>$20 \leq R_a < 40$</td><td></td><td></td><td>粗加工工业，显色性要求低的工业生产</td></tr>
</table>

4. 色表

光源的色表是指其表观颜色，它和光源的显色性是两个不同的概念。

5. 寿命

电光源的寿命是电光源的重要性能指标，用燃点小时数表示，可分为平均寿命和有效寿命两种。一般光通量较小的光源用平均寿命作为其指标，例如卤钨灯。荧光灯一般采用有效寿命作为其寿命指标。

6. 启燃与再启燃时间

电光源启燃时间是指光源接通电源到光源达到额定光通量输出所需的时间。热辐射光源的启燃时间一般不足1s，可认为是瞬时启燃的；气体放电光源的启燃时间从几秒钟到几分钟不等，取决于光源的种类。

电光源的再启燃时间是指正常工作着的光源熄灭后再将其点燃所需要的时间。大部分高压气体放电光源的再启燃时间比启燃时间更长，这是因为再启燃时要求这种光源冷却到一定的温度后才能正常启燃，即增加了冷却所需要的时间。

电光源的启燃和再启燃时间影响着光源的应用范围。例如频繁开关光源的场所一般不用启燃和再启燃时间长的光源，且启燃次数对光源寿命的影响很大。应急照明用的光源一般应选用瞬时启燃或启燃时间短的电光源。

7. 其他

电光源还有其他一些特性，如电压特性、温度特性等，且光源性质不同，对其他性能的要求也不同。

# 2.2 常见的电光源

## 2.2.1 热辐射发光电光源

### 2.2.1.1 白炽灯

普通的白炽灯是最早出现的电光源，属于第一代光源，已经有一百多年的历史，其结构和常见的外形如图2-2-1和图2-2-2所示。白炽灯的发光是由于电流通过钨丝时，灯丝热至白炽化而发光的。为了提高灯丝温度，防止钨丝氧化燃烧，以便发出更多的可见光，提高其发光效率，增加灯的使用寿命，一般将灯泡内抽成真空（40W以下）或充以氩气等惰性气体（60W以上）。白炽灯的寿命一般在1000h左右。由于白炽灯有高度的集光性、便于控光、适于频繁开关、点燃与熄灭对性能、寿命影响小、辐射光谱连续、显色性

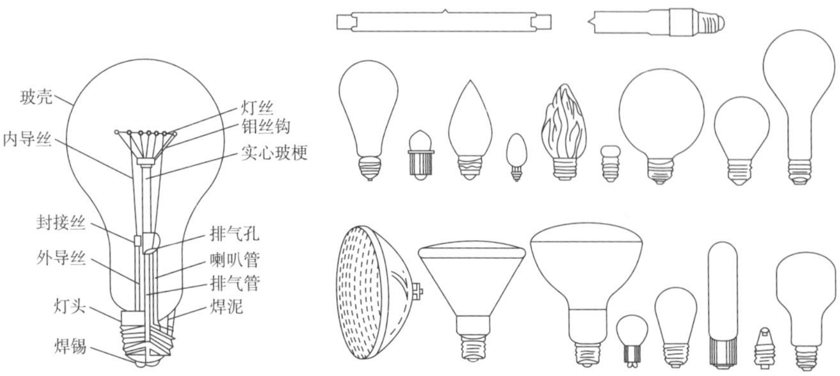


图2-2-1 白炽灯的构造与外形

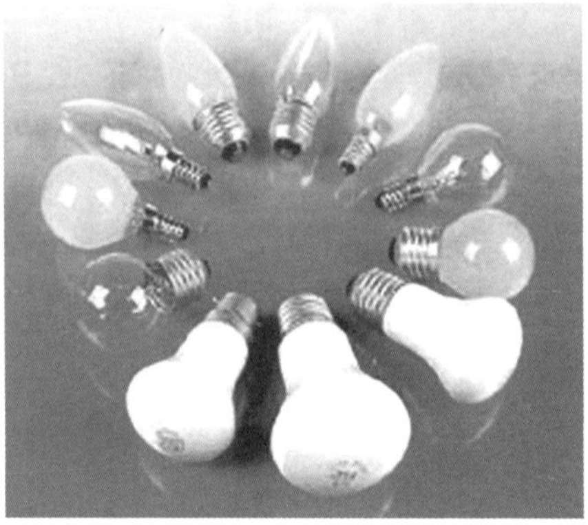

图2-2-2 常见的白炽灯

好（平均显色指数在 95 以上，可以认为是目前人造光源中最好的）、价格低廉等特点，所以，它至今仍是应用范围最为广泛的一种光源。由于白炽灯是根据热辐射原理制成的，灯丝在将电能转变成可见光的同时，还产生大量的红外辐射，所以它的发光效率相对而言不高。白炽灯的光通分布如图 2-2-3 所示，图 2-2-4 给出了一个白炽灯应用案例。

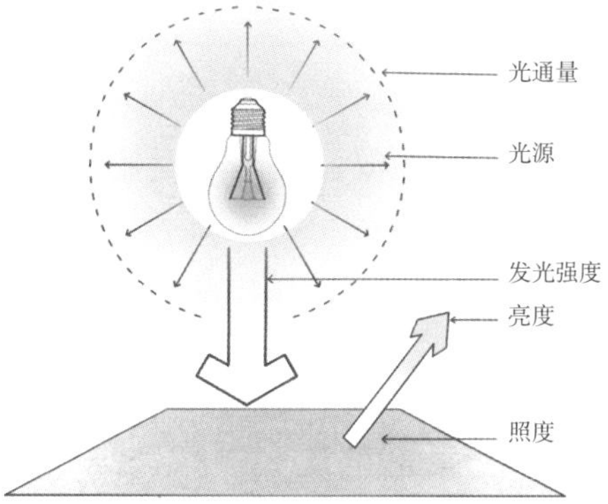

图 2-2-3　白炽灯的光通分布

图 2-2-4　白炽灯在室内空间中的应用

白炽灯根据结构的不同，又可分为普通照明用白炽灯、装饰灯、反射型灯和局部照明灯四类。

1. 普通照明用白炽灯

普通照明用白炽灯是住宅、宾馆、商店等照明用主要光源，一般采用梨形、蘑菇形玻壳。玻壳主要是透明的，也有磨砂的及涂乳白色的。

常用普通照明用白炽灯的光、电参数如表 2-2-1 所示。

表 2-2-1　　常用普通照明用白炽灯的光、电参数

| 型　号 | 电压（V） | 功率（W） | 光通量（lm） | 寿命（h） | 灯头型号 | 玻壳形状 |
|---|---|---|---|---|---|---|
| PZ110—15 | 110 | 15 | 125 | 1000 | E27/27 | 梨形 |
| PZ110—40 | | 40 | 445 | | | |
| PZ110—60 | | 60 | 770 | | | |
| PZ220—15 | 220 | 15 | 110 | | | |
| PZ220—25 | | 25 | 220 | | | |
| PZ220—40 | | 40 | 350 | | | |
| PZ220—60 | | 60 | 630 | | | |
| PZ220—100 | | 100 | 1250 | | | |
| PZ220—500 | | 500 | 8300 | | | |
| PZ220—1000 | | 1000 | 18600 | | E40/45 | |
| PZM220—40 | | 40 | 345 | | | |
| PZM220—60 | | 60 | 600 | | E27/27 | 蘑菇形 |
| PZM220—100 | | 100 | 1200 | | | |

2. 装饰灯

装饰灯的主要特点是玻壳外形形式多样，色彩多变，与装饰灯具和室内空间的界面、

造型、陈设等相配合，为界定室内设计的艺术风格、营造室内的整体氛围起到画龙点睛的作用。

3. 反射型灯

这种灯采用内壁镀有反射层真空蒸镀铝的玻壳制成，能使光束定向发射，适用于灯光广告、橱窗、体育场馆、展览馆及舞台回光灯等需要光线集中的场合。

4. 局部照明灯

局部照明灯的结构外形与普通照明用白炽灯相似，所设计的额定电压较低，通常有36V和12V两种。这类灯主要用于必须采用安全电压（36V或12V）的场所的照明，如便携式手提灯、台灯等。

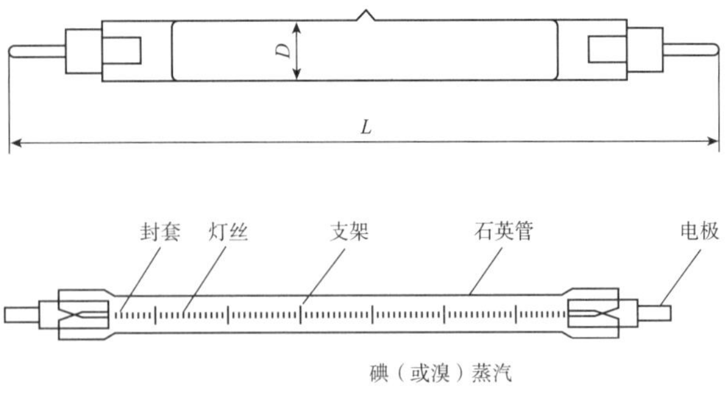

图2-2-5 管形卤钨灯的结构与外形

### 2.2.1.2 卤钨灯

卤钨灯是在硬质玻璃或石英玻璃制成的白炽灯泡或灯管内充入少量卤化物，利用卤钨循环原理，以卤素作媒介，将由灯丝蒸发的附着在玻壳内壁的钨迁回灯丝，从而提高卤钨灯的光效和使用寿命，而体积又比白炽灯大为缩小。卤钨灯按其外形可分为管形卤钨灯（见图2-2-5）、单端卤钨灯（见图2-2-6）、聚光卤钨灯和封闭形投影卤钨灯等多种。常用的卤钨灯如图2-2-7所示。

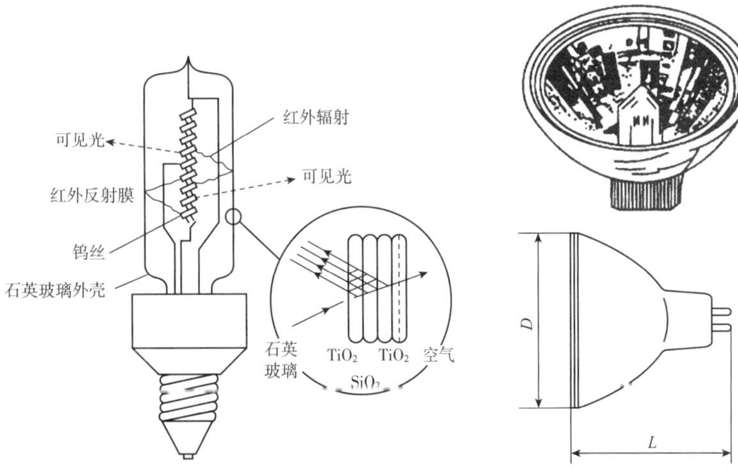

图2-2-6 单端卤钨灯的结构与外形

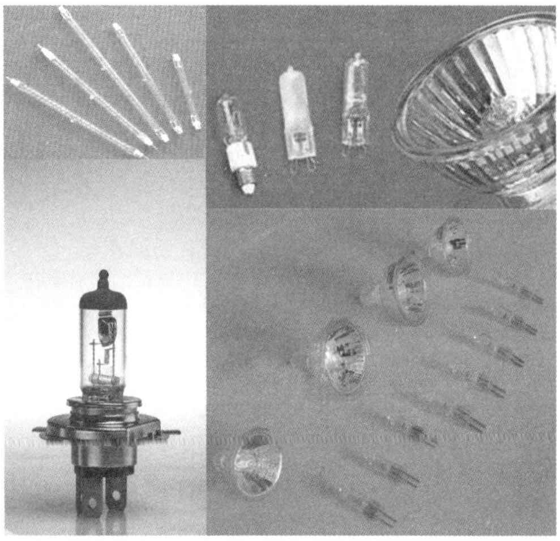
图2-2-7 常用的卤钨灯

常见主要品种卤钨灯的光、电参数如表2-2-2所示。

普通照明用白炽灯在使用过程中，由于从灯丝蒸发出来的钨沉积在灯壁上而使玻壳黑化，透光性降低，造成灯的光效低。卤钨灯则将卤族元素（氟、氯、溴、碘）充到石英灯管中去，有效地改善了普通照明用的白炽灯的黑化现象。目前技术比较成熟而广泛使用的是碘钨灯和溴钨灯两种。

卤钨灯保持了白炽灯的优点的同时，它的体积更小、功率集中，其寿命更长达1500～2000h，是白炽灯的1.5倍，卤钨灯的光效为10～30lm/W，为普通白炽灯的2倍。卤钨灯的色温（2800～3000K）特别适合于舞台照明及剧场、画室、摄影棚等的照明。但是，相对白炽灯而言，卤钨灯的价格较高，耐震性较差，不适合用在振动的环境中、易燃易爆及灰尘较多的场合，在使用的过程中应注意保持灯管与水平面的倾角不大于4°。

表 2-2-2　　常见主要品种卤钨灯的光、电参数

| 类型 | 型号 | 电压（V） | 功率（W） | 光通量（lm） | 色温（K） | 寿命（h） |
|---|---|---|---|---|---|---|
| 硬质玻璃卤钨灯 | LJY220—500 | 220 | 500 | 9800 | 300 | 100 |
| | LJY220—1000 | | 1000 | 22500 | | |
| | LJY220—3000 | | 3000 | 70500 | | |
| | LJY220—5000 | | 5000 | 122500 | | |
| | LJY110—1000 | 110 | 1000 | 23000 | | |
| | LJY110—5000 | | 5000 | 125000 | | |
| 石英玻璃卤钨灯 | LPD6—50 | 6 | 50 | 1000 | | 500 |
| | LYQ12—50 | 12 | | 1500 | | 50 |
| | LYQ12—100 | 12 | 100 | 3000 | | 50 |
| | LPD24—200 | 24 | 200 | 4800 | | 500 |
| | LSY15—350 | 15 | 350 | 9800 | | 4 |
| 管型卤钨灯 | LZC220—500 | | 500 | 8500 | | 1000 |
| | LZC220—1000 | | 1000 | 20000 | | 1500 |
| | LZC220—2000 | | 2000 | 40000 | | 1000 |

## 2.2.2　气体放电发光电光源

### 1. 荧光灯

荧光灯是在发光原理和外形上都有别于白炽灯的气体放电光源，是在室内照明中应用最广泛的光源。与白炽灯相比较，具有发光效率高、发光表面亮度低、光色好且品种多、显色性好、寿命较长（国产普通荧光灯的寿命约为 3000 ~ 5000h）、灯管表面温度低等明显的优点，所以，在大部分的室内照明工程中取代了白炽灯。

荧光灯的内壁涂有荧光物质，管内充有稀薄的氩气和少量的汞蒸气。灯管两端各有两个电极，通电后加热灯丝，达到一定温度就发射电子，电子在电场作用下逐渐达到高速，轰击汞原子，使其电离而产生紫外线。紫外线射到管壁上的荧光物质，激发出可见光。根据荧光物质的不同配合比，发出的光谱成分也不同。荧光灯的构造与电路如图 2-2-8 所示，其工作原理如图 2-2-9 所示，其基本参数如表 2-2-3 所示。

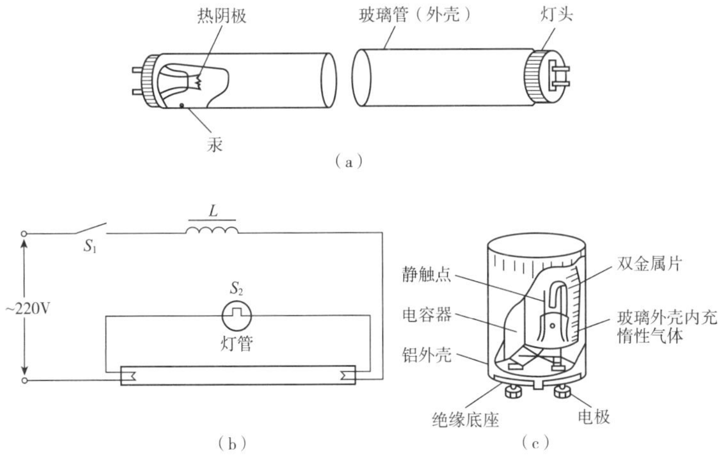


图 2-2-8　荧光灯的构造与电路

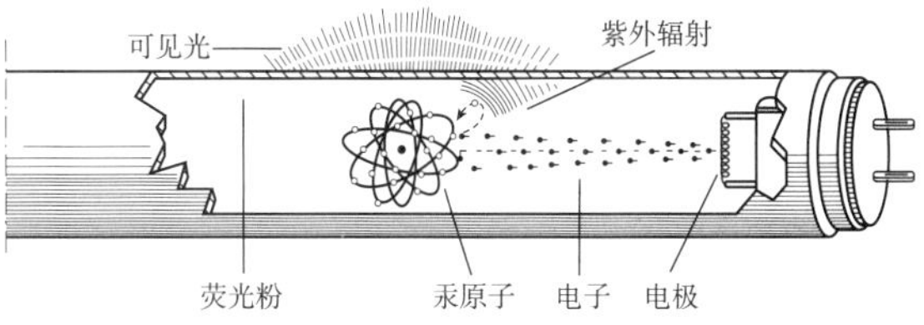


图 2-2-9　荧光灯的工作原理

表 2-2-3　　荧光灯基本参数

| 型号 | 功率（W） | 标称管径（mm） | 管长（mm） | 光通量（lm） | 寿命（h） |
|---|---|---|---|---|---|
| YZ6RR（日光色）<br>YZ6RL（冷白色）<br>YZ6RN（暖白色） | 6 | 15 | 226.3 | 190<br>240<br>240 | 1500 |
| YZ8RR<br>YZ8RL<br>YZ8RN | 8 | 15 | 302.6 | 280<br>350<br>350 | 1500 |
| YZ15RR<br>YZ15RL<br>YZ15RN | 15 | 32 | 451.6 | 510<br>560<br>580 | 3000 |
| YZ20RR<br>YZ20RL<br>YZ20RN | 20 | 32 | 604.0 | 880<br>1020<br>1060 | 3000 |
| YZ30RR<br>YZ30RL<br>YZ30RN | 30 | 32 | 908.8 | 1580<br>1860<br>1930 | 5000 |
| YZ40RR<br>YZ40RL<br>YZ40RN | 40 | 32 | 1213.6 | 2300<br>2440<br>2540 | 5000 |

为了使光线更集中往下投射，可采用反射型荧光灯，即在玻璃管内壁上半部先涂上一层反光层，然后再涂荧光物质。它本身就是直射型灯具，光通利用率高，灯管上部积尘对光通的影响小。

荧光灯也有明显的不足，例如点燃迟、造价高、有霎光效应、功率因数低、受环境温度的影响大等。

月光色的荧光灯（色温 6500K）多用于办公室、会议室、设计室、阅览室、展览展示空间等，给人明亮自然的感觉；冷白色的荧光灯（色温 4300K）多用于商店、医院、候车亭等室内空间，给人愉快、安详的感觉；暖白色的荧光灯（色温 2900K）多用于家居空间、医院、宿舍、餐厅等室内空间，给人以健康温暖的感觉。

荧光灯应用广、发展快，所以类型较多，常见的有直管型荧光灯、异型荧光灯和紧凑型荧光灯等，如图 2-2-10 ~ 图 2-2-12，部分线型荧光灯管的符号标示见图 2-2-13，在空间中的应用如图 2-2-14 和图 2-2-15 所示。

2. 金属卤化物灯

金属卤化物灯的灯泡构造，是由一个透明的玻璃外壳和一根耐高温的石英玻璃放电内管组成。壳管之间充氢气或惰性气体，内管充惰性气体。放电管内除汞外，还含有一种或多种

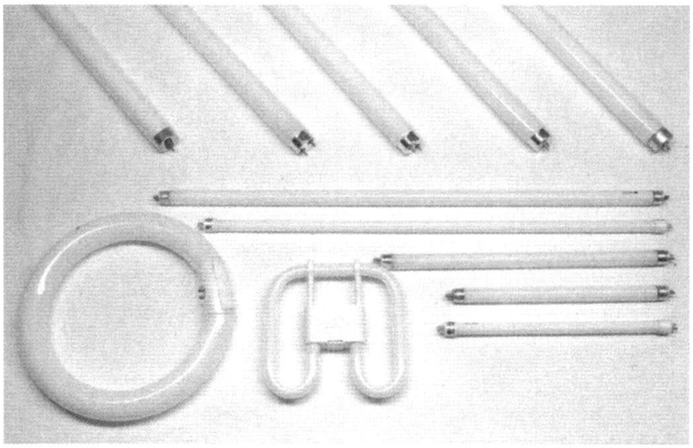

图 2-2-10　荧光灯的常见灯型

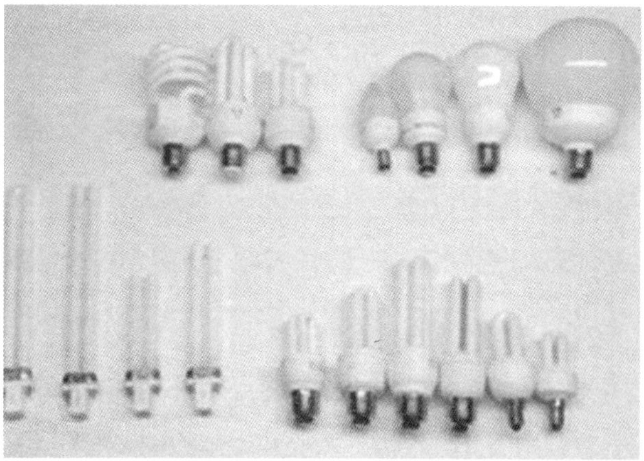

图 2-2-11　紧凑型荧光灯

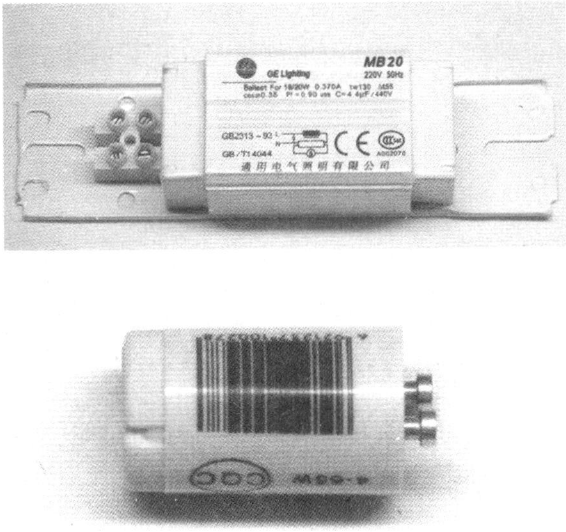


图 2-2-12 荧光灯的镇流器和启辉器

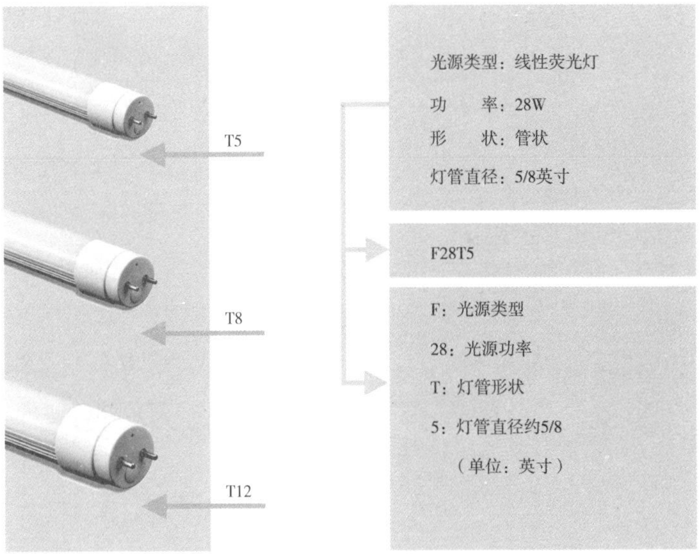


图 2-2-13 部分线型荧光灯管的符号标示

图 2-2-14 荧光灯在商业空间中的应用

图 2-2-15 荧光灯在办公空间中的应用

金属卤化物（碘化钠、碘化铟、碘化铊等）。卤化物在灯泡的正常工作状态下，被电子激发，发出与天然光谱相近的可见光。常见的金属卤化物灯如图 2-2-16 和图 2-2-17 所示。

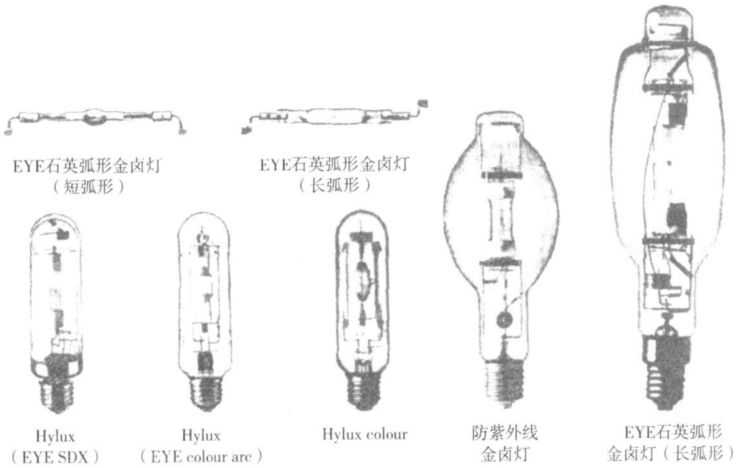


图 2-2-16 常见的金属卤化物灯

图 2-2-17 金属卤化物灯

金属卤化物灯的特点：

（1）金属卤化物灯尺寸小、功率大（250 ~ 2000W），发光效率高，但寿命较低。

（2）有较长时间的启动过程，从启动到光电参数基本稳定一般需要 4 ~ 8min，而完全达到稳定需 15min。

（3）在关闭或熄灭后，须等待 10min 左右才能再次启动，这是由于灯工作时温度很高，放电管压力很高，启动电压升高，只有待灯冷却到一定程度后才能再启动。采用特殊的高频引燃设备可以使灯能够迅速再启动，但灯的接入电路却因此而复杂。

（4）光色很好，接近天然光，常用于电视、摄影、绘画、体育场、体育馆、高大厂房、较繁华的街道、广场及要求高照度显色性好的室内空间，如美术馆、展览馆、饭店等。

3. 钠灯

钠灯是利用钠蒸气放电的气体放电灯的总称。该光源不刺眼，光线柔和，发光效率高。主要有低压钠灯、高压钠灯两大类。

（1）低压钠灯。低压钠灯的光色呈现橙黄色。低压钠灯的光视效能极高，一般光视效能可达 75lm/W，先进水平可达 100 ~ 150lm/W。一个 90W 的钠灯光通量为 12500lm，相当于 4 个 40W 的日光灯，或一个 750W 的白炽灯，或一个 250W 高压汞灯的效果，是至今为止所有光电源中光效最高的一种光源。具体如图 2-2-18 和图 2-2-19 所示，其技术参数如表 2-2-4 所示。

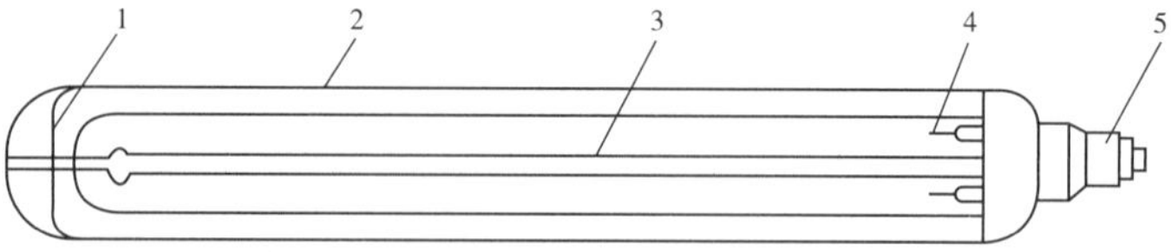


图 2-2-18 低压钠灯结构

1—固定弹簧；2—外玻壳；3—放电内管；4—电极；5—灯头

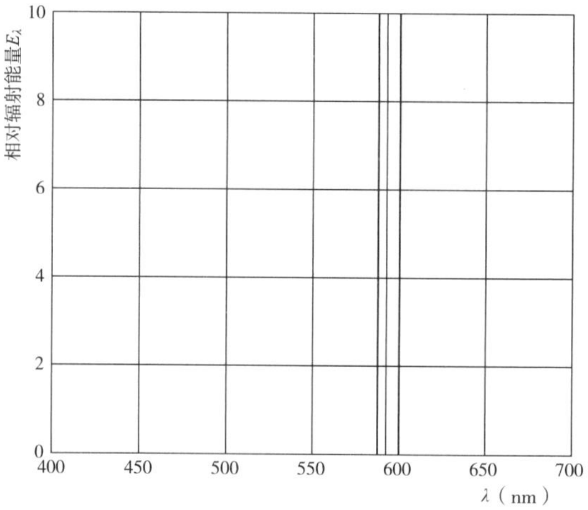


图 2-2-19 低压钠灯的光谱能量分布

表 2-2-4 常用低压钠灯技术参数

| 型号 | 电源电压（V） | 功率（W） | 启动电压（V） | 光通量（lm） | 寿命（h） | 灯头型号 |
|---|---|---|---|---|---|---|
| ND18 | 220 | 18 | | 1800 | 3000 | BY22d |
| ND35 | | 35 | 390 | 4600 | | |
| ND55 | | 55 | 410 | 8000 | | |
| ND90 | | 90 | 420 | 12500 | | |
| ND135 | | 135 | 540 | 21500 | | |
| ND180 | | 180 | 575 | 31500 | | |

低压钠灯的启动电压高，目前大多数灯利用开路电压较高的漏磁变压器直接启动。从启动到稳定需要 8 ~ 10min，即可达到光通量最大值。低压钠灯一般应水平安装，这样钠分布均匀，光视效能高，对有贮钠小窝的钠灯，可允许在偏离水平位置 ±20° 以内点燃。由于低压钠灯具有耗电少、光视效能高、穿透云雾能力强等优点，常用于铁路、公路、隧道、广场照明。

（2）高压钠灯。低压钠灯在低的蒸气压力之下，出现单一的黄光。为进一步增加灯的谱线宽度，改善灯的光色，必须提高钠的蒸气压力，这样就发展成为高压钠灯。目前实用的高压钠灯内充以少量的汞，主要为黄色、红色光谱。色温为 2300K，显色指数为 30，光视效能为 110 ~ 120lm/W。高压钠灯的寿命很长，我国生产的在 5000h 左右，美国生产的可达 20000h，是长寿命光源之一。如图 2-2-20 ~ 图 2-2-22 所示，其技术参数如表 2-2-5 所示。

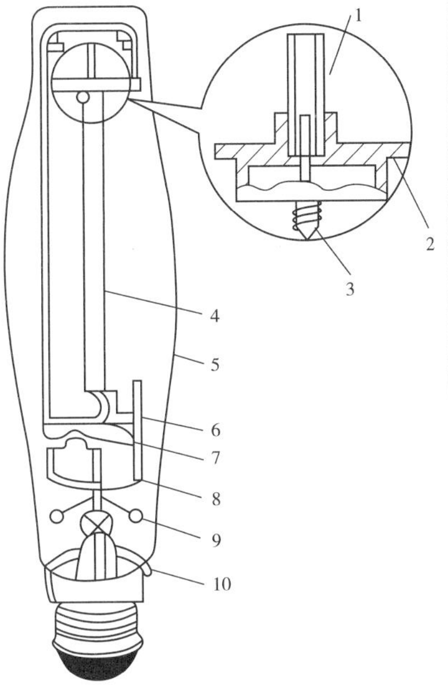


图 2-2-20 高压钠灯结构

1—金属排气管；2—铌帽；3—电极；4—陶瓷放电器；5—硬玻璃外壳；6—管脚；7—双金属片；8—金属支架；9—钡消气剂；10—焊锡

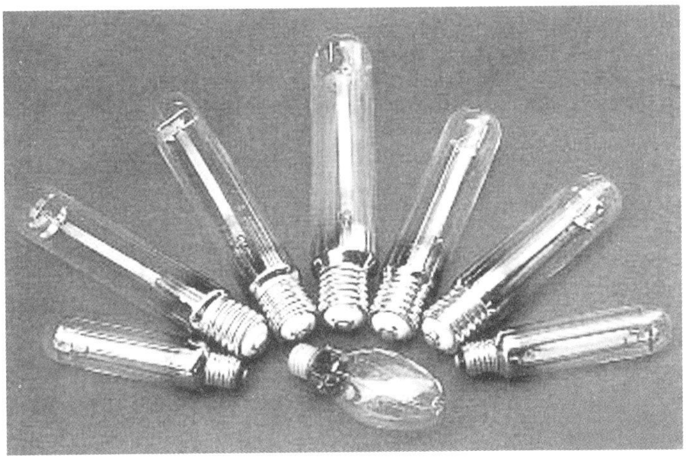

图 2-2-21 高压钠灯

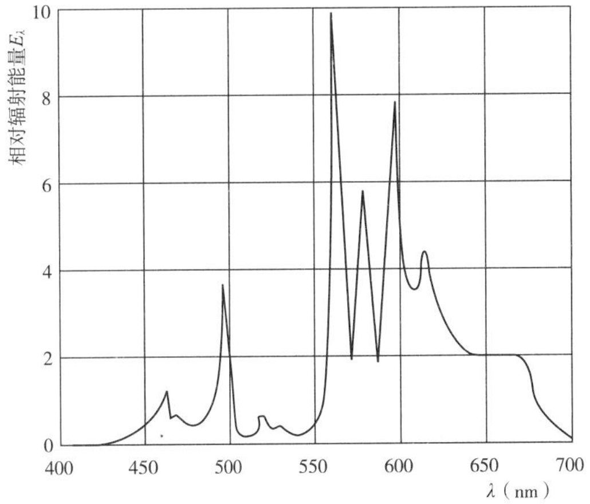


图 2-2-22 高压钠灯的光谱能量分布

表 2-2-5 常用高压钠灯主要技术参数

<table>
<tr><th>名称</th><th>型号</th><th>功率（W）</th><th>光通量（lm）</th><th>电压（V）</th><th>显色指数（%）</th><th>寿命（h）</th></tr>
<tr><td rowspan="8">普通直管型</td><td>NG35</td><td>35</td><td>2250</td><td rowspan="12">220</td><td rowspan="2">23</td><td rowspan="12">5000</td></tr>
<tr><td>NG50</td><td>50</td><td>4000</td></tr>
<tr><td>NG70</td><td>70</td><td>6000</td><td rowspan="6">25</td></tr>
<tr><td>NG100</td><td>100</td><td>9000</td></tr>
<tr><td>NG150</td><td>150</td><td>16000</td></tr>
<tr><td>NG250</td><td>250</td><td>28000</td></tr>
<tr><td>NG400</td><td>400</td><td>48000</td></tr>
<tr><td>NG1000</td><td>1000</td><td>130000</td></tr>
<tr><td rowspan="4">显色指数<br>改进型</td><td>NGX100</td><td>100</td><td>7200</td><td rowspan="4">60</td></tr>
<tr><td>NGX150</td><td>150</td><td>13000</td></tr>
<tr><td>NGX250</td><td>250</td><td>22500</td></tr>
<tr><td>NGX400</td><td>400</td><td>38000</td></tr>
</table>

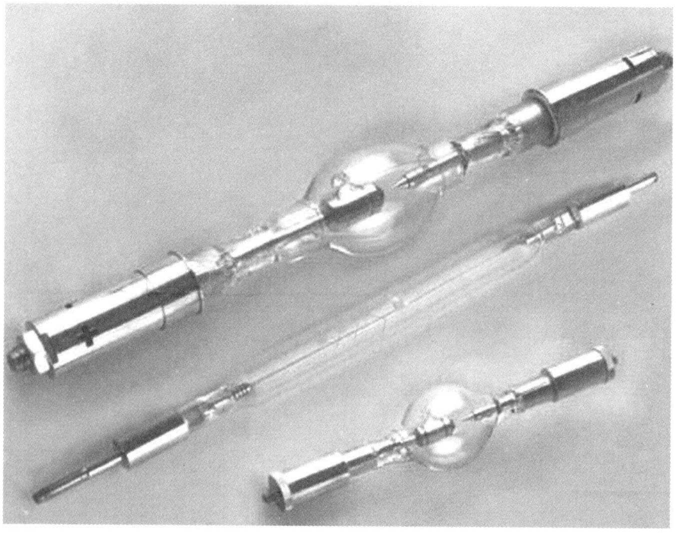

图 2-2-23 氙灯

高压钠灯的启动要借助触发器。当灯接入电源后，电流经双金属片和加热线圈，使双金属片受热后由闭合转为断开，在镇流器 L 两端产生脉冲高压，使灯点燃。灯点亮后，放电所产生的热量使双金属片保持在断开状态。高压钠灯由点亮到稳定工作约需 4 ~ 8min，它的镇流器也可用相同规格的荧光高压汞灯的镇流器来代替。当电源切断、灯熄灭后，无法立即点燃，需经过 10 ~ 20min，待双金属片冷却并回到闭合状态时，才能再启动。

4. 氙灯

氙灯是利用高压氙气产生放电现象制成的高效率电光源，如图 2-2-23 所示。

氙灯有以下几个特点：

（1）光色很好，接近日光，显色性好。

（2）启动时间短，氙灯点燃瞬间就有 80%的光输出。

（3）光效高，发光效率达 22 ~ 50lm/W，被称做“人造小太阳”。

（4）寿命可达 1000h 以上。

（5）氙灯的功率大、体积小，是目前世界上功率最大的光源，可以制成几千、几万甚至几十万瓦，一支 220V、2 万 W 的氙灯，体积相当于一支 40W 日光灯那么大，而它的总光通量是 40W 日光灯的 200 倍以上。

（6）不用镇流器，灯管可直接接在电网络上，其功率因数近似等于 1，使用方便，节省电工材料。

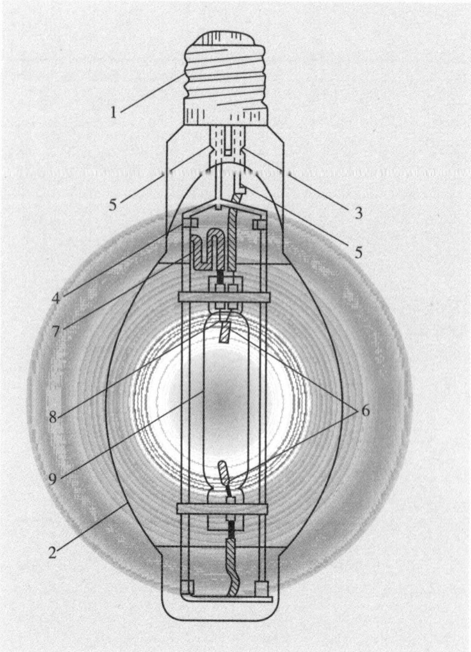


图 2-2-24 荧光高压汞灯结构示意

1—灯头；2—玻壳；3—抽气管；4—支架；5—导线；6—主电极；7—启动电阻；8—辅助电极；9—石英玻璃管

（7）氙灯紫外线辐射比较大，在使用时不要用眼睛直接注视灯管，用作一般照明时，要装设滤光玻璃，以防止紫外线对人们视力的伤害。

（8）氙灯的悬挂高度，视功率大小而定，一般为达到均匀和大面积照明的目的，选用 3000W 灯管时不低于 12m，选用 1 万 W 灯管时不低于 20m，选用 2 万 W 灯管时，不低于 25m。

氙灯按性能可分为直管形氙灯、水冷式氙灯、管形汞氙灯、管形氙灯四种。

氙灯按工作气压可分为脉冲氙灯（工作气压低于 100kPa）、长弧氙灯（工作气压约为 100kPa）和短弧氙灯（工作气压为 500 ~ 3000kPa）三类。

5. 荧光高压汞灯

荧光高压汞灯是利用汞放电时产生的高气压来获得高发光效率的一种光源，它的光谱能量分布和发光效率主要由汞蒸气来决定。汞蒸气压力低时，放射短波紫外线强，可见光较弱，当气压增高时，可见光变强，光效率也随之提高。其结构示意图如图 2-2-24 所示。

按照汞蒸气压力的不同，汞灯可以分为三种类型：第一种是低压汞灯，汞蒸气压力不超过 0.0001MPa 大气压，发光效率很低；第二种是高压汞灯，汞蒸气压力为 0.1MPa，气压越高，发光效率也越高，发光效率可达到 50 ~ 60lm/W；第三种是超高压汞灯，汞蒸气压力达到 10 ~ 20MPa 或以上。按照结构的不同，高压汞灯可以分为外镇流和自镇流两种形式。

荧光高压汞灯的特点：

（1）必须串接镇流器。

（2）用于 220V 电流网时使用电感镇流即可，如用于低电压电网时（如 110V），则必须采用高漏磁电抗变压器式镇流器。

（3）整个启动过程从通电到放电管完全稳定工作，大约需 4 ~ 8min。

（4）高压汞灯熄灭后不能立即启动，需 5 ~ 10min 后才能再启动。

（5）荧光高压汞灯的闪烁指数约为 0.24，再加上启动时间过长，故不宜用在频繁开关或比较重要的场所，也不宜接在电压波动较大的供电线路上。

（6）光色为蓝绿色，与日光的差别较大，显色性差，需在内表壁上涂敷荧光粉，以改善它的显色性。

（7）有效寿命可达到 5000 ~ 24000h 左右。

（8）频繁开关对灯的寿命很不利，启动次数多，灯的寿命就减少，启动一次对寿命影响相当于燃点 5 ~ 10h。

（9）价格低，但在能源消耗上不如高压钠灯。

## 2.2.3 电致发光电光源

### 2.2.3.1 发光二极管（LED）及 LED 模块

LED（Light Emitting Diode）是一种能够将电能转化为可见光的半导体，采用电场发光。LED 是当前发展最快，被认为拥有广阔前景的新型光源。其工作原理和结构如图 2-2-25 ~图 2-2-27 所示。商用 LED 的特性参数见表 2-2-6。

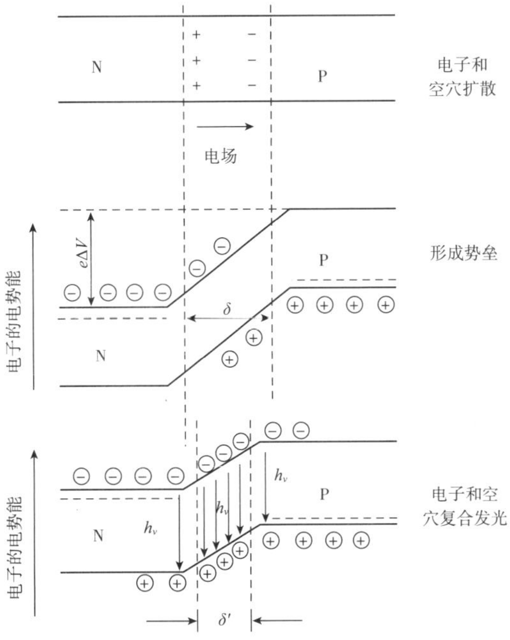


图 2-2-25 LED 的工作原理

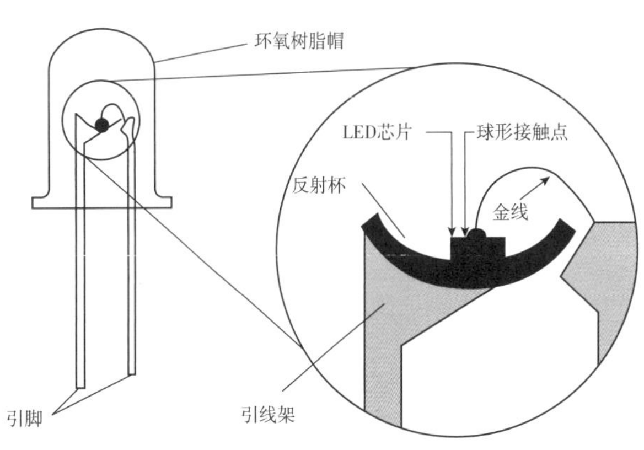


图 2-2-26 LED 的结构示意图

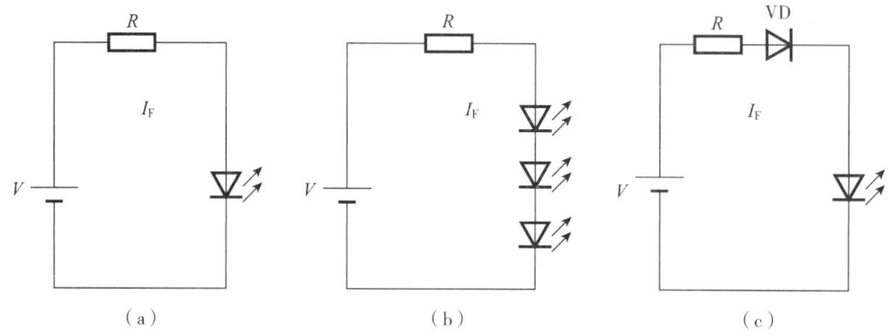


图 2-2-27 LED 的工作电路

（a）直流供电；（b）LED 串联工作；（c）交流供电

表 2-2-6 商用 LED 的特性参数

| 材料 | 颜色 | 色度坐标（x，y） | 峰值波长（nm） | 半宽度（nm） | 光效（lm/W） |
|---|---|---|---|---|---|
| InGaN/YAG | 白（6500K） | 0.31，0.32 | 460/555 | | 10 |
| InGaN | 蓝 | 0.13，0.08 | 465 | 30 | 5 |
| InGaN | 蓝绿 | 0.08，0.40 | 495 | 35 | 11 |
| InGaN | 绿 | 0.10，0.55 | 505 | 35 | 14 |
| InGaN | 绿 | 0.17，0.70 | 520 | 40 | 17 |
| GaP-N | 黄绿 | 0.45，0.55 | 565 | 30 | 2.4 |
| AlInGaP | 黄绿 | 0.46，0.54 | 570 | 12 | 6 |
| AlInGaP | 黄 | 0.57，0.43 | 590 | 15 | 20 |
| AlInGaP | 红 | 0.70，0.30 | 635 | 18 | 20 |
| GaAlAs | 红 | 0.72，0.28 | 655 | 25 | 6.6 |

LED 模块是一种组合式照明光源装置。除一个或多个发光二极管（LED）外，还包括其他元件，例如光学、电气、机械和电子元件，要求连接 GB 19510.14—2009《灯的控制装置》第 14 部分规定的控制装置工作。LED 模块又有自镇流 LED 模块（设计为直接连接到供电电源的 LED 模块，如果自镇流 LED 模块装有灯头，则认为其是自镇流灯）、整体式 LED 模块、整体自镇流 LED 模块、内装式 LED 模块、内装式自镇流 LED 模块、独立式 LED 模块、独立式自镇流 LED 模块等不同组合形式。如图 2-2-28 所示。

1. 发光二极管（LED）的特点

（1）寿命长。LED 的使用寿命可以长达 10 万 h，光衰为初始的 50%，传统的光源在这方面无法与之相比。因此，在一些维护和换灯困难的场合，使用 LED 作为光源，可大大降低人工费用。

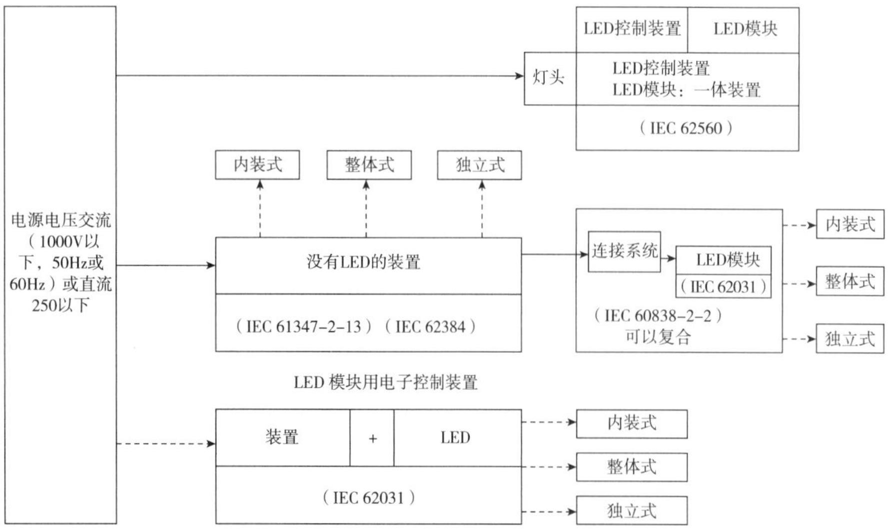


图 2-2-28 含 LED 和控制装置的系统示意图

（2）响应时间短。LED 的响应时间为纳秒级，在一些需要快速响应或高速运动的场合，应用 LED 作为光源非常合适。

（3）结构牢固。LED 是用环氧树脂封装的采用半导体发光的固体光源，是一种实心的全固体结构，因此能经受震动、冲击而不致损坏，适用于使用条件较为苛刻和恶劣的场合。

（4）功耗低。目前，白光 LED 的光效已经达到 50lm/W，消耗能量比同光效的白炽灯减少 80%。

（5）适用性强。每个单元 LED 小片是 3 ~ 5mm 的正方形，所以可以制备成各种形状的器件，并且适合于易变的环境。LED 的发光体芯片尺寸很小，在进行灯具设计时基本上可以把它看作“点”光源，这样能给灯具设计带来许多方便。

（6）可以做成薄型灯具。LED 发光的方向性很强，很多情况下只需用透镜将其发出的光线进行准直、偏折，而不需要使用反射器，可以做成薄型、美观的灯具。

（7）使用低压电源。LED 的供电电压在 6 ~ 24V 之间，根据产品不同而异，所以它是一种比使用高压电源更安全的电源。

（8）有助于减少环境污染。LED 无有害金属汞。

（9）颜色丰富。改变电流可以变色，发光二极管方便地通过化学修饰方法，调整材料的能带结构和带隙，实现红、黄、绿、蓝、橙多色发光。

（10）价格相对较贵：LED 的价格比较昂贵，相对于白炽灯，几只 LED 的价格就可以与一只白炽灯的价格相当，而通常每组信号灯需由上 300 ~ 500 只二极管构成。

综上所述，由于 LED 具备多项优点，尤其是省电和长寿的特点，LED 被认为是继白炽灯、荧光灯和 HID（高压放电灯）光源之后的第四代光源，在未来的照明设备中将发挥重要作用。

2. 发光二极管（LED）在照明领域的应用

（1）信号指示应用。信号照明是 LED 单色光应用比较广泛也是比较早的一个领域，约占 LED 应用市场的 4% 左右。

（2）显示应用。指示牌、广告牌、大屏幕显示等，LED 用于显示屏幕的应用约占 LED 应用的 20% ~ 25%，显示屏幕可分为单色和彩色。

（3）照明应用。

1）便携灯具。手电筒、头灯、矿工灯、潜水灯等。

2）汽车用灯。高位刹车灯、刹车灯、转向灯、倒车灯等，大功率的 LED 已被大量用于汽车照明中。

3）特殊照明。太阳能庭院灯、太阳能路灯、水底灯等；由于 LED 尺寸小，便于动态的亮度和颜色控制，因此比较适合用于建筑装饰照明。

4）背光照明。普通电子设备功能显示背光源、笔记本电脑背光源、大尺寸超大尺寸 LCD 显示器背光源等，LED 作为手机显示的背光源是 LED 应用最广泛的领域。

5）投影光源。投影仪用 RGB 光源。

6）普通照明。各类通用照明灯具、照明光源等。

3. 目前市场上常见的 LED 光源

（1）LED 灯泡。

（2）LED 聚光灯。

（3）LED 射灯。

（4）LED 投光灯。

（5）LED 埋地灯。

（6）LED 舞台地板灯（发光地砖）。

（7）LED 吸顶灯。

（8）LED 彩虹管。

（9）LED 数字管形灯等。

以 LED 为光源的灯具如图 2-2-29 所示。

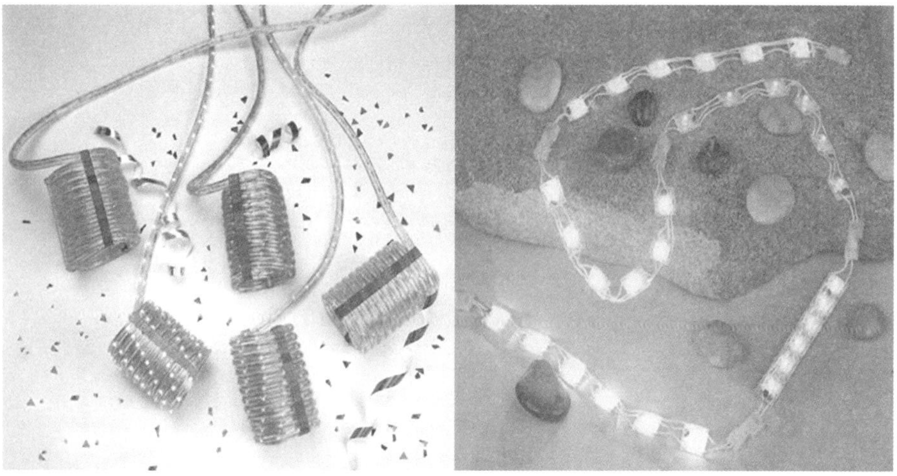

图 2-2-29 以 LED 为光源的灯具

#### 2.2.3.2 激光灯

激光是一种特种光源，具有单色性好、相干性好、方向性强和光强大等特点。能产生激光的器件称为激光器，又称为激光灯或镭射灯，它能产生细窄、艳丽及平行直进的光束。适当利用不同的反射镜，可使激光束在空中转折反射而汇合成一片交织的立体光网；或在空中扫成片状的光板、立体的光锥、隧道等，再加上计算机及其他光学系统，可以使激光点在银幕、烟幕、水幕或云层中显现文字、商标和彩色图案等。大型歌舞晚会、舞会、节日庆祝及商业宣传等都可应用激光，配合音乐节拍来制造特殊视觉效果，价格比较昂贵。

激光束由充入特殊气体的玻璃管中产生，通常低功率激光器充入氯气和氖气（发红光），高功率激光器充入氩气（发绿光）或氪气（发蓝绿光），新型的双气体激光器可以转换发出不同的光色。使用“绕射格栅”来分解光束可以进一步获得多种颜色。

我国文化部制定的 WH 0201—94《歌舞厅照明及光污染限定标准》规定：激光一般不应射向人体，尤其是眼部。激光波长限制在 380 ~ 780nm 之间，最大容许辐射照度为 $1.4 \times 10^{-6}W/cm^2$。

## 2.2.4 艺术照明用电光源

#### 2.2.4.1 霓虹灯

霓虹灯又称氖灯，是一种冷阴极放电灯。它是把透明的或涂有各种颜色荧光粉的玻璃管（称为粉管）在高温下弯制成文字或图形，抽真空后充入氩、氮、氖等气体，并在两端封接一对铜或不锈钢电极而成，如图 2-2-30 所示。

霓虹灯工作时必须配以霓虹灯变压器，将 220V 交流市电升高至 15000V，使气体放电而发出艳丽的光辉，有红、黄、绿、橙、蓝、白、粉红等多达十几种颜色可供选择。霓虹灯由于亮度高、颜色鲜艳，且能组成千变万化的各种文字和图形，因而是户外招牌、广告使用最多的电光源，同时也大量用于酒店、餐厅、歌舞厅作为室内装饰灯具。图 2-2-31 ~ 图 2-2-34 中所示的是霓虹灯的实际应用案例。

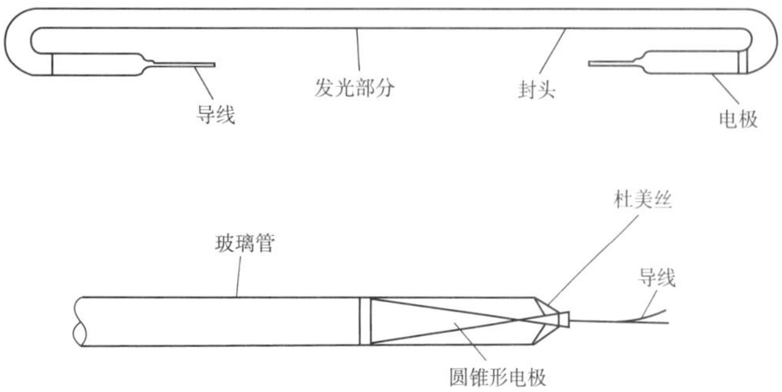


图 2-2-30 霓虹灯组成示意图

霓虹灯广告牌经常配用各种鼓式闪光器或电子逻辑电路，使广告产生多种闪光、变光、变色和变化图案等特殊效果。电子式调光装置中的程序储存，可以使用集成电路存储和微型电子计算机等，按照各个程序进行选择应用即可。

图 2-2-31 霓虹灯在室内空间中的应用一

图 2-2-32 霓虹灯在室内空间中的应用二

图 2-2-33 霓虹灯的应用效果一

图 2-2-34 霓虹灯的应用效果二

### 2.2.4.2 彩虹灯

彩虹灯全称为塑料彩虹灯或彩虹软管灯，是将数十个低压微型白炽灯泡串联起来，用高度透光而柔软的彩色塑料在高温下压塑包覆而成的一种装饰性灯具。使用电压依串联灯泡的数目不同而有 12V、24V、36V、110V、220V 等多种可供用户选择，目前用得最多的是 220V 的彩虹灯。它无需变压器，可以直接接入市电使用，十分方便，且耗电较省，每单元长度约 1m，耗电 15.4W；其另一突出优点是可以随意弯曲造型，具有高抗压及抗冲击性，适应在冰雪、大风、暴雨等恶劣环境下使用，平均寿命 1 万 h 以上。安装连接时，只需使用专用的连接器，即可将数十个单元的彩虹灯串联起来使用，特别适合建筑物的户外装饰、大型灯光“壁画”（造型）以及歌舞厅内部的造型装饰。颜色有红、黄、橙、绿、蓝、白等多种，造价比霓虹灯低廉，但在发光的亮度、色彩的艳丽和强烈的闪烁效果等方面比起霓虹灯仍有较大差距。近年随着 LED 的发展和价格下降，由低压微型白炽灯泡串联而成的彩虹灯已有逐步被LED组成的彩虹灯取代之势。

彩虹灯可通过走灯机或灯光控制台的控制，产生长光、闪光、追光等多种效果。

#### 2.2.4.3 满天星、蛇管灯和串灯

满天星、蛇管灯和串灯也是装饰照明常用的电光源，它们的结构及工作原理与彩虹灯相似，都是将多个小型低压灯泡串联后接于220V市电工作的。不同之处是彩虹灯的低压灯泡体积更小，而且整体压塑成形，更美观和牢固耐用，连接方便，但造价高几倍。而满天星和节日闪灯所用的串灯体积大一些，工艺简单，造价低廉，而且是单个装插头，外面不加套管。其中满天星是长明的，节日闪灯则串入一个跳泡，利用双金属片遇热弯曲断开而冷却后自动复原接通的原理，使整串灯不断闪烁。蛇管灯是把满天星或节日闪灯装入透明软塑料管中，起保护作用和便于造型。节日闪灯和蛇管灯可有多种不同接法，以便于连接走灯机控制其产生闪燃、走动、轮流亮等几种不同效果。

#### 2.2.4.4 紫外线灯

紫外线灯又名紫外光灯、黑光灯或UV灯。

紫外线灯管内壁涂有特种荧光粉，能发出370nm波长的近紫外线和少量的可见光。灯管壳是用含镍和钴的氧化物玻璃制作的，呈深蓝色，几乎能全部吸收荧光粉所发出的可见光，又能透过紫外线。紫外线灯管与普通荧光灯管外形相似，为直管形。它能使被照的白色衣服发出白色荧光，使一般较苍白的皮肤变成褐色，同时使用荧光软管弯制造型的装饰图形或文字以及用荧光颜料在布面上画成的荧光画显出艳丽的颜色，营造出一种神秘朦胧甚至梦幻般的气氛。由于紫外线灯价格不贵，耗电又少（每只40W），因而成了歌舞厅普遍使用的一种特殊光源。

文化部WH 0201—94标准将紫外线灯的波长限制在320 ~ 380nm，最大容许辐照度为$8.7\times10^{-6}W/m^2$。

#### 2.2.4.5 荧光软管

由渗有荧光物质的塑料制成。它本身不会发光，严格讲不属于电光源范畴。但在紫光管的照射下能按照其本身所渗入的荧光物质不同而发出红、黄、绿、蓝等多种艳丽色彩的荧光，所以也可以把它看作一种被动发光的电光源。

荧光软管往往制成空心管形，直径为8 ~ 10mm，通常在其中心穿入铁丝，然后弯制成各种文字或图形，可吊挂于灯棚、天花或墙壁上，是一种价格低廉且节约能源（本身不耗电）而装饰效果相当不错的一种材料，广泛用于歌舞厅等娱乐场所。

#### 2.2.4.6 频闪灯和雷光管

频闪灯（strobe）又名闪光灯。频闪灯能发出极强烈的不断闪烁的白光，它利用人眼的“视觉暂留”效应来制造出特殊的幻影效果，是舞厅等娱乐场所常见的灯具之一。

文化部WH 0201—94标准规定：频闪灯的频闪频率不得高于6Hz（即每秒闪6次）。频闪灯具不宜长时间连续使用。

如果把数盏（例如4盏）频闪灯分别装上不同颜色的滤光器，用一台控制器同时进行控制，能产生非常艳丽的效果，称为彩虹频闪灯。也有把10多只以上的频闪灯组成圆形或方形的造型，称为频闪屏或频闪墙。

将多个小型频闪灯泡装于玻璃管或软塑料管内，通过控制器使各灯泡轮流闪光，就组

成频闪灯管，俗称雷光管。把多支雷光管串连成一体，通过控制器的作用，可产生快闪或慢闪等特殊效果。

#### 2.2.4.7 光纤

光纤照明是通过光纤把光源发生器的光线传播到指定区域的一种照明方式。

1. 光纤照明系统的组成

（1）光源。单根光纤的尺寸和需要的照度等一般取决于所采用光源的瓦数和型式。对于理想的光纤照明灯是那种具有非常小的发光面积而光通量输出很高的灯。光源后部的反射器和前部的透光镜有助于高效地把光传输入光纤。

通常使用的灯包括20～75W低压MR16灯和70～250W金属卤化物（M–H）灯。MR16有钨丝的卤化物灯可通过细灯丝进行精确的光束控制，有些新型紧凑式M–H灯也能提供同样精密的光束控制。

（2）发光器。将光纤照明系统用的光源装入外罩内的装置称为发光器。外罩用薄金属板、耐冲击塑料制成。发光器可配装滤光镜头滤除灯所发射出来的大部分红外线（IR）和紫外线（UV）能量。因而，光纤照明系统用于照射纺织品、绘画和食品是很理想的。

由于光线是从灯传输至光纤的末端，发光器也可配装二色玻璃滤光盘以达到颜色的连续或固定变化。另外，色盘的运动可用计算机处理以提供特殊效果。例如光的定时变化或像频闪的瞬间光。最后，为了给复杂的照明装置提高功率，也可将几台发光器前后直排连接或串联连接。

（3）光导体。用于将光从光源传输到灯具的材料被称为光导体。典型的光导体有塑料纤维束或玻璃纤维束。塑料纤维分为粗纤芯塑料纤维和细纤芯塑料纤维。粗纤芯塑料纤维是指直径达20mm的实心聚合物纤维，涂有薄的涂层，涂层材料的折射率较纤芯为低。细纤芯塑料纤维是指直径达2mm的实心聚合物纤维，涂有薄的涂层，涂层材料的折射率较纤芯为低。它可制成任何长度且能在现场切割。本质上，以上两种形式的塑料纤维使用条件是相似的，且有相同的环境限制。玻璃纤维束（GFB）是指用玻璃制成的圆形光导体，玻璃直径为0.002～0.006in（约为头发的粗细）。玻璃纤维通常是末端发光型，它具有特有的优点，玻璃材料在整个使用期限间不会丧失它的透明度（变黄色）。如上所述，玻璃纤维束较塑料纤维束细得多。因此它与塑料纤维不同，不能在现场切割，玻璃纤维束一般由工厂切割并装配好。

光纤光导体的基本材料为纤芯和涂层。纤芯为传输光线的部件，涂层为薄薄的材料，具有低的折射率，牢固地涂在纤芯的外围。从浅角入射涂层的光束被反射回到纤芯。

大部分光纤有第三层保护套。保护套有黑色、透明的或半透明的白色。对于末端发光的光纤使用黑色不透明的保护套。对于看上去像霓虹灯的侧面发光的光纤，或者对于类似于荧光灯的条形发光光纤，使用透明或白色的保护套。

（4）光纤端口或总套圈。这是在一束光纤范围内，安装在光缆上的连接器，用它插到发光器上使光亮输出最大。制造商可在发货前将线束装配好（叫做装端口），或者为适应变化的情况，也可在现场装配。

（5）连接器、耦合器和套圈。使用这些器件将一个系统的各个部件作机械上或光学上的连接。用连接器将一条光纤固定到端口或灯具上，将一条光纤对准装配到发光器上或两条光纤互相之间的对接则用耦合器。套圈是一个终端器件，用于保护光纤的正确定位。套圈通常与特定的光纤一起由工厂设计加工，因此只要简便地将套圈插入灯具的连接套内即可。

2. 光纤的特点

（1）由于光纤的自身特性和光的直线传播原理，光纤在理论上可以把光线传播到任何地方，满足了实际应用的多元性。

（2）可以通过滤光装置获得所需要的各种颜色的光，以满足不同环境下对光色彩的需求。

（3）通过光纤尾件的设计和安装，照明从抽象化转变为形象化。光纤照明赋予了光线质感、空间感，甚至赋予了光线生命和性格。

（4）光纤照明实现了光电分离，这是一个质的飞跃，不仅安全性能提高，而且应用领域大大地拓宽了。

（5）塑料光纤照明系统光色柔和，没有光污染。塑料光纤装饰照明采用过滤光谱的方式改变光源发光颜色，通过光纤传导后，色彩更显柔和纯净，给人的视觉效果非常突出。

（6）一般的光源所发生的光谱不仅包括了可见光，还包括了红外线和紫外线。在一些特殊场合，红外线和紫外线都是需要避免的，例如文物照明。由于塑料光纤的低损耗窗口位于可见光谱的范围，红外线和紫外线的透过率很低，再加上对光源机的特殊处理，所以从光纤发出来的光都是无红外线和紫外线的冷光。

3. 光纤照明

光纤及其应用如图 2-2-35 和图 2-2-36 所示。

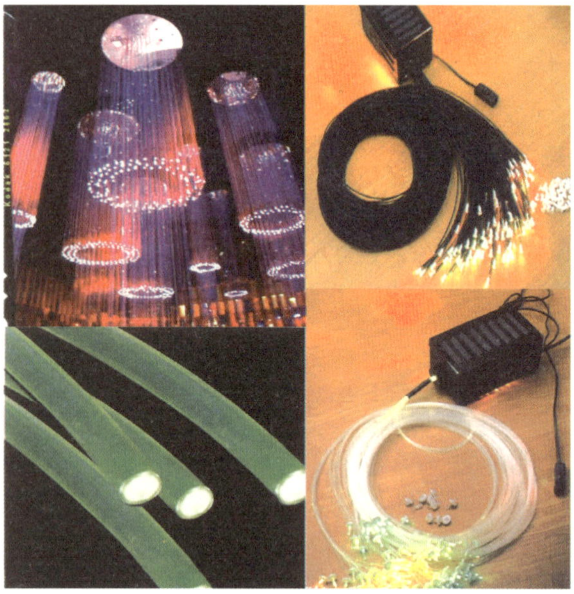

图 2-2-35　光纤及其应用

图 2-2-36　光纤在室内空间中的应用

（1）电视会议桌面照明。采用端发光系统，配置聚光透镜型发光终端附件由顶部垂直照射，在桌面形成点状光斑，适合与会人员读写而又不影响幻灯投影讲解的进行。

（2）置于顶部较高、难以维护、无法承重的场所或对 EMI（电磁干扰）有敏感的电子设备区域内的照明；在使用通常灯有不方便的场所，如很难接近或者需要光电分离的场所，使用光纤照明系统是最有利的；将端发光系统用于酒店大堂高大穹顶的满天星造型，配以发散光透镜型水晶尾件和旋转式玻璃色盘，可形成星星闪闪发光的动态效果，非一般照明系统可比拟。

（3）建筑物室外公共区域的引导性照明。采用落地管式（线发光）系统或地埋点阵指引式（端发光）系统用于标志照明，同一般照明方式相比减少了光源维护的工作量，且无漏电危险。

（4）室外喷泉水下照明。采用端发光系统，配置水下型终端，用于室外喷泉水下照明，且可由音响系统输出的音频信号同步控制光亮输出和光色变换。其照明效果及安全性好于普通的低压水下照明系统，并易于维护，无漏电危险。

（5）建筑物轮廓照明及立面照明。采用线发光系统与端发光系统相结合的方式，进行建筑物轮廓及立面照明。其施工方便，安装周期短，具有较强的时效性，且能够重复使用，节省投资。

（6）建筑物、文物局部照明。采用端发光系统，配置聚光透镜型或发散光透镜型发光终端附件用于室内局部照明。如博物馆内对温湿度及紫外线、红外线有特殊控制要求的丝织品文物、绘画文物或印刷品文物的局部照明，均采用光纤照明系统。

（7）灯箱、广告牌照明。线发光光纤柔软易折不易碎，易被加工成不同的图案，无电击危险，无需高压变压器，可自动变换光色，并且施工安装方便，能够重复使用。因此，常被用于设置在建筑物上的广告牌照明，同传统的霓虹灯相比，光纤照明具有明显的使用性能优势。

（8）根据光纤照明的多样性等特点，光纤照明的销售市场主要面对装饰照明、娱乐灯光、艺术照明以及特殊照明。

#### 2.2.4.8 配合灯光使用的效果设备

歌舞厅等需要特殊气氛的场所中常配备各种效果设备，如雾机、烟机和泡泡机等，用来配合灯光照明，以产生特殊的效果。例如发烟机，它能使各种灯光的光束（俗称光柱或灯气）显现出来，因而成为歌舞厅几乎不可缺少的一种基本设备。

1. 烟雾效果器

也称雾机，能产生靠近地面的烟雾弥漫的特殊效果。当把干冰放入雾机中盛有热水的容器时，立刻会产生大量二氧化碳，由于二氧化碳体积膨胀而从雾机的喷嘴中喷出，沿地面形成 0.5 ~ 1m 高的浓雾。

2. 烟机

烟机所产生的烟不是紧靠地面而是会逐渐充满整个房间，它是将一种精炼的油作为烟雾剂，通过电热器加热而产生一种略带轻微香味的灰白色烟雾，对人体无不良影响，价格便宜，使用较广泛。

3. 泡泡机

泡泡机的动作原理和儿童们玩吹泡泡十分相似，能够产生许多美丽的泡泡。

## 2.3 照明电光源性能比较与选择

### 2.3.1 电光源性能比较

电光源最主要的性能指标是发光效率、寿命、光色（通常包括显色性）。通常，高压钠灯、金属卤化物灯和荧光灯的光效较高，白炽灯、卤钨灯、荧光灯、金属卤化物灯的显色性较好，高压钠灯和荧光高压汞灯的寿命较长。

电压变化对电光源光通量输出影响最大的是高压钠灯，其次是白炽灯和卤钨灯，影响最小的是荧光灯。维持气体放电灯正常工作不至于自熄的供电电压波动最低允许值，由实验得知荧光灯为160V，其他高压气体放电光源为190V。气体放电灯线路中接入电感型镇流器时功率因数普遍较低，且镇流器将消耗功率。常用照明电光源的性能比较可参见表2-3-1所示。

表 2-3-1　　常用照明电光源的性能比较

| 光源种类 / 性能项目 | 白炽灯 | | 荧光灯 | 荧光高压汞灯 | | 高压钠灯 | | 金属卤化物灯 |
|---|---|---|---|---|---|---|---|---|
| | 普通白炽灯 | 卤钨灯 | | 普通型 | 自镇流型 | 普通型 | 高显色型 | |
| 额定功率范围（W） | 15 ~ 1000 | 500 ~ 2000 | 6 ~ 125 | 50 ~ 1000 | 50 ~ 1000 | 35 ~ 1000 | 35 ~ 1000 | 125 ~ 3500 |
| 发光效率（lm/W） | 7.4 ~ 19 | 18 ~ 21 | 27 ~ 82 | 25 ~ 53 | 16 ~ 29 | 70 ~ 130 | 50 ~ 100 | 60 ~ 90 |
| 寿命（h） | 1000 | 1500 | 1500 ~ 5000 | 3500 ~ 6000 | 3000 | 6000 ~ 12000 | 3000 ~ 12000 | 500 ~ 2000 |
| 一般显色指数 | 99 ~ 100 | 99 ~ 100 | 60 ~ 80 | 30 ~ 40 | 30 ~ 40 | 20 ~ 35 | > 70 | 65 ~ 80 |
| 色温（K） | 2400 ~ 2900 | 2900 ~ 3200 | 3000 ~ 6500 | 5500 | 4400 | 2000 ~ 2400 | 2300 ~ 3300 | 4500 ~ 7500 |
| 启燃时间 | 瞬时 | 瞬时 | 1 ~ 3s | 4 ~ 8min | 4 ~ 8min | 4 ~ 8min | 4 ~ 8min | 4 ~ 10min |
| 再启燃时间 | 瞬时 | 瞬时 | 瞬时 | 5 ~ 10min | 5 ~ 6min | 10 ~ 20min[3] | 10 ~ 20min[3] | 10 ~ 15min |
| 功率因素 | 1 | 1 | 0.33 ~ 0.53[1] | 0.44 ~ 0.67[1] | 0.9 | 0.44 | 0.44 | 0.44 ~ 0.61 |
| 频闪现象 | 不明显 | 不明显 | 明显 | 明显 | 明显 | 明显 | 明显 | 明显 |
| 表面亮度 | 大 | 大 | 小 | 较大 | 较大 | 较大 | 较大 | 大 |
| 电压变化对光通量的影响 | 大 | 大 | 较大 | 较大 | 较大 | 大 | 大 | 较大 |
| 环境温度对光通量的影响 | 小 | 小 | 大 | 较小 | 较小 | 较小 | 较小 | 较小 |
| 耐震性能 | 较差 | 差 | 较好 | 好 | 较好 | 较好 | 较好 | 好 |
| 所需附件 | 无 | 无 | 镇流器、启辉器[2] | 镇流器 | 无 | 镇流器、启辉器[4] | 镇流器、启辉器[4] | 镇流器、启辉器[4] |

① 采用电子镇流器时功率因数大于0.9。
② 采用快速启燃与瞬时启燃线路时不用启辉器。
③ 用外触发器时为1 ~ 2s。
④ 采用外触发器时才需要。

## 2.3.2 电光源的选用

1. 按照明要求选择光源，不同场所对照明要求也不同

例如，化学分析实验室、医院临床诊断、美术馆、商店、餐厅、电视摄像及转播室、摄影室、印染车间及宾馆等场所要求有较高的显色性能，应选用一般显色指数不低于80的光源，以满足场所对电光源显色性的要求。对光环境舒适程度要求高的场所，当照度较低时（小于100lx），最好采用暖色光源，照度较高时（200lx以上）最好采用中间色，甚至冷色光源，以满足场所对电光源色温的要求。应急照明、开关频繁、要求瞬时启动和连续调光的场所以及不能中断照明的重要场所，宜选用白炽灯和卤钨灯，不能选用启燃与再启燃时间长的高压气体放电灯。美术馆等的展品照明不宜采用紫外辐射量较多的光源。要求防射频干扰的场所应慎用气体放电光源，一般不宜采用具有电子镇流器的气体放电灯。

高大空间的场所，如高大厂房、体育馆、大型会场等，可选用高强度气体放电灯。在无特殊要求的场所，一般以选用光效高的光源为宜，同时应满足控制特性的要求。

2. 按环境条件选择光源

环境条件常常限制一些光源的使用，必须考虑环境许可的条件选用光源。例如，荧光灯最适宜的环境温度为 20 ~ 25℃左右，在低温时会启燃困难，不能用在环境温度特别高或特别低的场所，否则光通量将大幅度下降。同时，荧光灯不适宜用于环境湿度高的环境，一般用在相对湿度 60% 以下为宜，达到 75% ~ 80% 时则对其使用寿命很不利，必须在使用时加密封措施。荧光灯也不宜用在开关频繁的场所。白炽灯的光效低、电耗大、发热量大、寿命短、运行费用高，不适宜用在要求照度高、长时间照明或有高精度要求的恒温场所。为减少空调用电量，在使用空调的房间里不宜选用发热量大的白炽灯、卤钨灯等。由于卤钨灯的发热量大，灯丝细长而脆，有振动的场所和紧靠易燃物品的场所不宜选用卤钨灯。电源电压波动急剧的场所不宜选用容易自熄的高压气体放电灯，气体放电灯还不宜用在对射频干扰有一定要求处和屏蔽室以及机床设备旁的局部照明，以防产生频闪效应。无玻璃外壳的金属卤化物灯和氙灯的紫外线较多，不能用在照明距离较近的场所，以免紫外线对人体造成灼伤，也不宜用于美术馆展品的照明。

3. 按经济合理性选择光源

选用高光效的光源，在达到同样照度时可减少所需光源的个数，从而同时减少了电气设备费用、材料费、安装费，即减少了初投资。

选用高光效、寿命长的光源更可以节约运行费用。通常照明装置的运行费用超过初投资。运行费用包括电费、灯泡消耗费、照明装置维护费以及折旧费，其中电费和维护费占较大比重。

4. 以实施绿色照明工程为基点选择光源

绿色照明工程旨在节约能源、保护环境。有益于提高人们生产、工作、学习效率和生活质量，保护身心健康。其具体内容是：采用高光效、低污染的电光源，提高照明质量、保护视力、提高劳动生产率和能源有效利用率，达到节约能源、减少照明费用、减少火电工程建设、减少有害物质的排放，以达到保护人类生存环境的目的。

各种场所对照明电光源性能的要求可参见表 2-3-2 所示。

表 2-3-2 各种场所对照明电光源性能的要求及推荐的光源（CIE1983）

| 使用场所 | | 对光源性能的要求[1] | | | 推荐光源（☆：优先选用；○：可选用） | | | | | | | | | | | |
|---|---|---|---|---|---|---|---|---|---|---|---|---|---|---|---|---|
| | | | | | 白炽灯 | | 荧光灯 | | | | 汞灯 | | 金属卤化物灯 | | 高压钠灯 | |
| | | 光通量[2] | 显色性 | 色温 | 普通 | 卤钨灯 | 标准型 | 高显型 | 三基色 | 紧凑型 | 荧光 | 标准型 | 高显型 | 普通型 | 改显型 | 高显型 |
| 工业建筑 | 高顶棚 | 高 | 3/4 | 暖 / 中 | | ○ | ○ | | | | ○ | ○ | | ☆ | ○ | |
| | 低顶棚 | 中 | 3/2 | 暖 / 中 | | | ☆ | | | | ○ | ○ | | ☆ | ☆ | |
| 办公室学校 | | 中 | 3/2/1B | 暖 / 中 | | | ☆ | | ☆ | ○ | | ○ | ○ | ○ | ○ | |
| 商店 | 一般照明 | 高 / 中 | 2/1B | 暖 / 中 | ○ | ○ | ○ | ☆ | ☆ | ○ | | | ☆ | | | ☆ |
| | 陈列照明 | 中 / 小 | 1B/1A | 暖 / 中 | ☆ | ☆ | | ☆ | ☆ | | | | | | | ☆ |
| 饭店与旅馆 | | 中 / 小 | 1B/1A | 暖 / 中 | ☆ | ☆ | ○ | ○ | ☆ | ☆ | | | ○ | | | ☆ |
| 博物馆 | | 中 / 小 | 1A /1B | 暖 / 中 | ○ | ☆ | | ☆ | ○ | | | | | | | |

续表

| 使用场所 | | 对光源性能的要求[1] | | | 推荐光源（☆：优先选用；○：可选用） | | | | | | | | | | | |
|---|---|---|---|---|---|---|---|---|---|---|---|---|---|---|---|---|
| | | | | | 白炽灯 | | 荧光灯 | | | | 汞灯 | | 金属卤化物灯 | | 高压钠灯 | |
| | | 光通量[2] | 显色性 | 色温 | 普通 | 卤钨灯 | 标准型 | 高显型 | 三基色 | 紧凑型 | 荧光 | 标准型 | 高显型 | 普通型 | 改显型 | 高显型 |
| 医院 | 诊断 | 中 / 小 | 1B/1A | 暖 / 中 | ☆ | ○ | | ☆ | | | | | | | | |
| | 一般 | 中 / 小 | 2/1B | 暖 / 中 | ○ | ○ | ○ | | ☆ | | | | | | | |
| 住宅 | | 小 | 2/1B/1A | 暖 / 中 | ☆ | | ○ | | ☆ | ☆ | | | | | | |
| 体育馆[3] | | 中 | 2/3 | 暖 / 中 | | ○ | ○ | | | | | ☆ | ☆ | ○ | ☆ | |

① 各种场合都需要光效高的光源，不但光源的光效要高，而且照明总效率也要高，还应满足显色性的要求，并适合特定应用场所的其他要求。
② 光通量值高低按下述分类：高—大于 10000lm，中—3000 ~ 10000lm，小—3000lm。
③ 需要电视转播的体育照明，应该满足电视演播的照明要求。

# 第3章 室内照明灯具

灯具是一种产生、控制光源，并把光源发出的光进行再分配的器件。灯具通常由以下几个部件组合而成：一个或几个灯泡，用于分配光的光学部件，用于固定灯泡并提供电气连接的电气部件（灯座、镇流器等），用于支撑和安装的机械部件等。通常把光源与灯具的组合称为照明器。

照明器的作用是发出光线，固定光源，向光源提供电力，合理利用光源发出的光线使其向需要的方向射出适量的光，防止眩光和保证光源免受外力、潮湿及有害气体的影响，以满足被照面上照明质量的要求。照明器还具有装饰的作用。

最初人类使用火产生的光，大约在 15000 年前发明了用动物油脂制作的原始油灯，随后出现了灯芯草灯（将灯芯草插入溶化的油脂中点燃而发光），它是蜡烛的雏形。直到 19 世纪末期爱迪生发明了钨丝灯，光能才被大量使用，它的发明及普及使得人类生活变得更加丰富多彩。纵观公元前到 21 世纪东西方照明灯具的发展史，灯具还具有装饰环境与艺术启迪的作用。由于不同的历史时期人们的审美观、科技发展水平、用于照明的燃料或能源不同，与之相结合的灯具的造型、材料、功能也不尽相同，如图 3-0-1 ~ 图 3-0-4 所示。

图 3-0-1　战国人形青铜灯

图 3-0-2　西汉彩绘雁鱼青铜釭灯

图 3-0-3　东汉绿釉孔雀陶灯

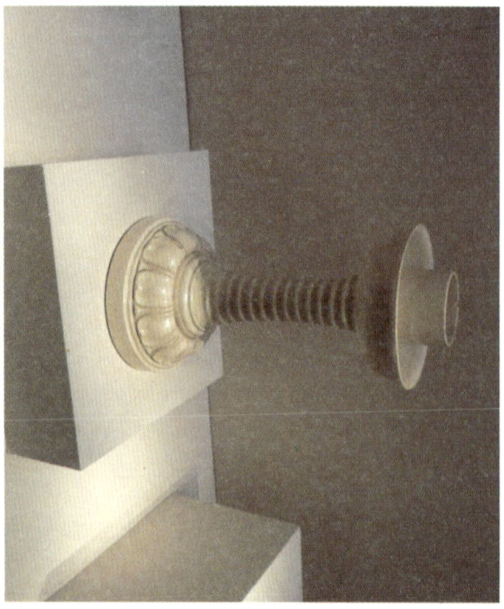

图 3-0-4　唐代白瓷莲瓣座灯

# 3.1 灯具的作用和特性

## 3.1.1 灯具的作用

灯具主要有以下作用：

（1）合理配光，即将光源发出的光通量重新分配到需要的方向，以达到合理利用的目的。

（2）防止光源引起的眩光。

（3）保护光源免受机械损伤，并为其供电。

（4）提高光源利用率。

（5）保护照明安全（如防爆灯具）。

（6）装饰美化环境。

（7）营造设计的艺术意境、氛围或特殊效果（如影视舞台灯具），具体如图 3-1-1 和图 3-1-2 所示。

图 3-1-1 灯具在空间中营造艺术氛围

图 3-1-2 灯具在室内空间中的作用

## 3.1.2 灯具的主要特性

一般灯具的主要特性包括发光效率（简称光效）、保护角和配光曲线三项。

### 3.1.2.1 发光效率

灯具所发出的总光通量与灯具内所有光源所发出的总光通量之比，称为灯具的发光效率。灯具在分配从光源发出的光通量时，由于材料的吸收与透射等原因，必然会引起一些损失，所以灯具的光效总是小于 1 的。这里需要注意不要与光源的光效相混淆，如前所述，光源的光效是指光源发出的光通量与该光源所消耗的电功率之比。

### 3.1.2.2 保护角

灯具的保护角是用来遮蔽光源使观察者的视觉免受光源部分的直射光的照射。它表征了灯具的光线被灯罩遮蔽的程度，也表征了避免灯具直射产生眩光的范围。灯具的保护角如图 3-1-3 所示。保护角可以用以下公式表示：

$$\tan\gamma = 2h$$

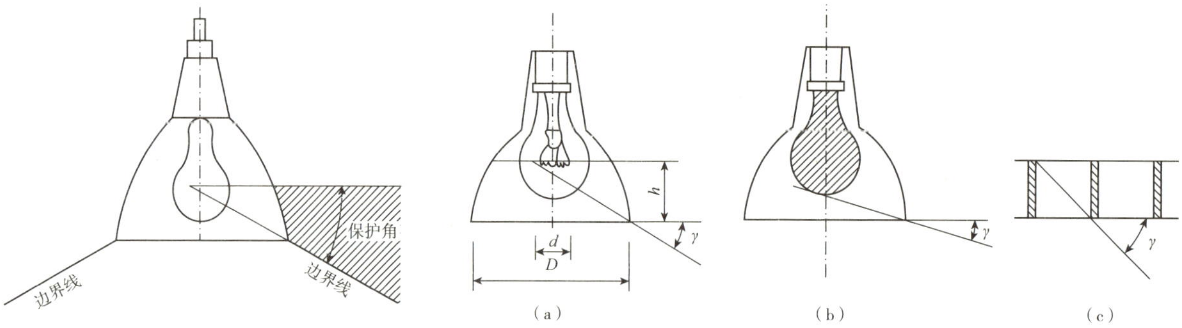


图 3-1-3 灯具的保护角

（a）普通灯泡；（b）乳白灯泡；（c）挡光格片

对于高亮度的光源不宜采用没有保护角的灯具，否则将产生严重的直接眩光，增大保护角是限制直接眩光的一种方法。保护角的大小不但与光源的亮度、方向有关，而且与使用场所的要求有关，见表 3-1-1。

表 3-1-1 灯具的最小保护角

| 照明器出光口的平均亮度（$\times 10^3 cd/m^2$） | CIE | | GB 50034—92 | | GBJ 133—90 | | | 光源类型 |
|---|---|---|---|---|---|---|---|---|
| | 直接眩光限制质量等级 | | | | | | | |
| | A、B、C | D、E | A、B、C | D、E | Ⅰ | Ⅱ | Ⅲ | |
| $L \leqslant 20$ | 20° | 10° | 20° | 10° | 20° | 10° | | 管状荧光灯 |
| $20 < L \leqslant 500$ | 30° | 20° | 25° | 15° | 25° | 20° | 15° | 有荧光粉或漫射型的高压气体放电光源 |
| $L > 500$ | 30° | 30° | 30° | 20° | 30° | 25° | 20° | 透明型高压气体放电光源、透明玻璃白炽灯 |

### 3.1.2.3 配光曲线

光强空间分布是灯具的重要特性，通常用曲线来表示，称为配光曲线。配光曲线一般有三种表示方法：一是极坐标配光曲线；二是直角坐标配光曲线；三是等光强曲线。

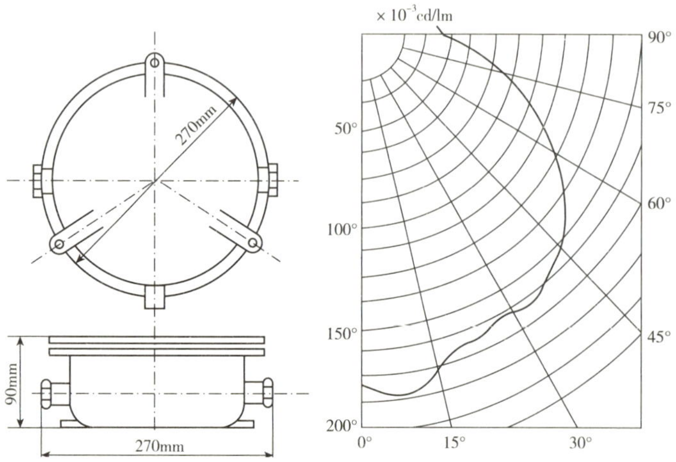


图 3-1-4 灯具的极坐标配光曲线

1. 极坐标配光曲线

在极坐标上，将各个方向测得的光强大小用矢量法标出，然后将矢量端连接起来，就得到了灯具在被测平面内的配光曲线，如图 3-1-4 和图 3-1-5 所示。

2. 直角坐标配光曲线

对于聚光型灯具，由于光束集中在十分狭小的空间立体角内，很难用极坐标来表达其光强的空间分布状况，就采用直角坐标配光曲线表示法，以纵轴表示光强，以横轴表示光束的投射角，如图 3-1-6 和图 3-1-7 所示。

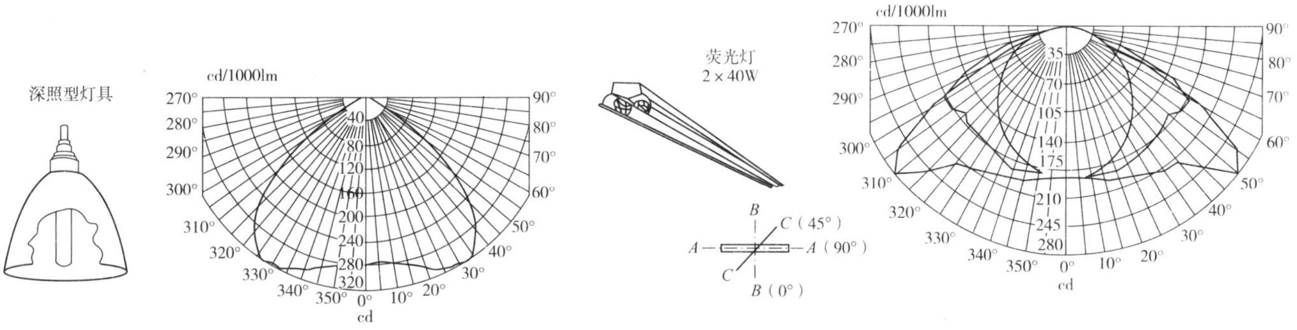


图 3-1-5　对称、非全对称灯具及其配光曲线

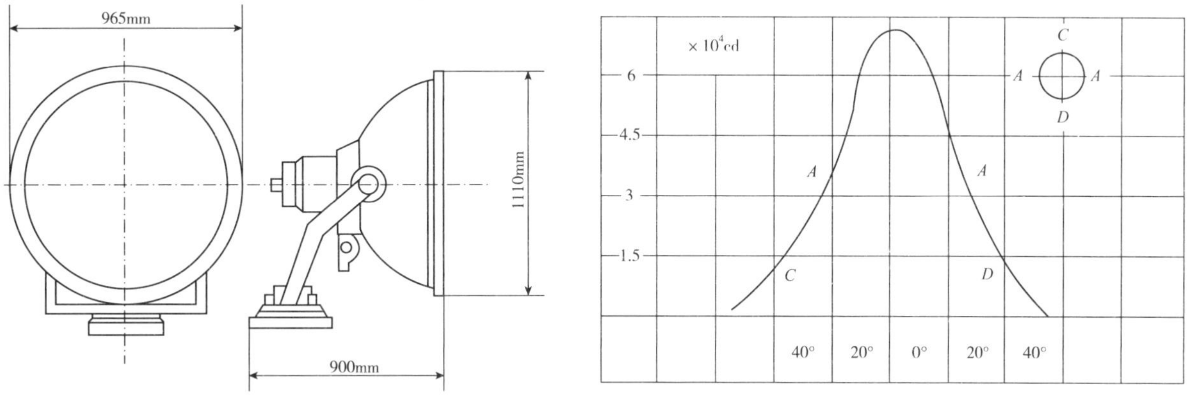


图 3-1-6　灯具的直角坐标配光曲线（旋转对称）

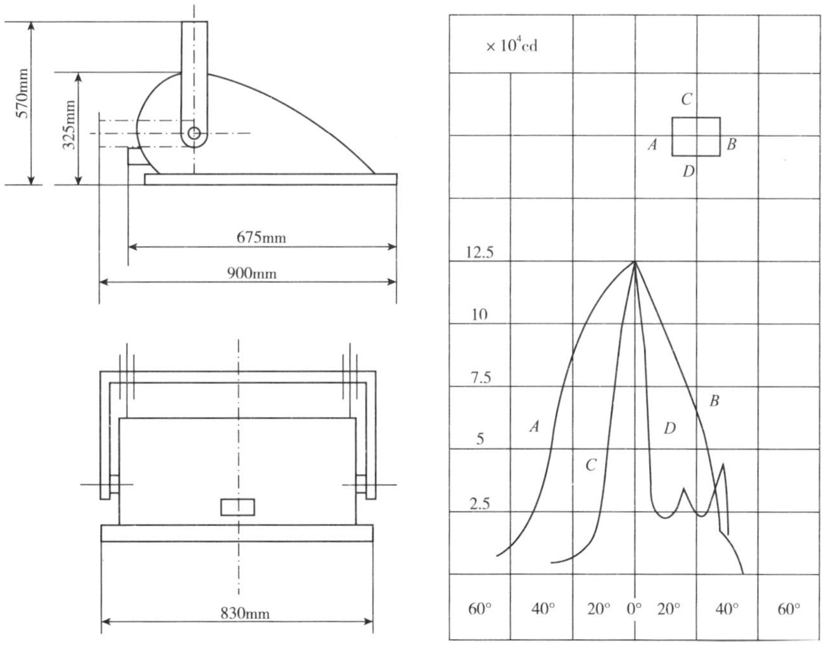


图 3-1-7　灯具的直角坐标配光曲线（非旋转对称）

### 3. 等光强曲线

将光强相等的点（矢量顶端）连接起来的曲线称为等光强曲线。将相邻等光强曲线的值按一定比例排列，画出一系列的等光强曲线所组成的图称为等光强图。通常将两者合称为等光强曲线图。常用等光强曲线图有圆形网图、矩形网图与正弦网图。由于矩形网图既能说明灯具的光强分布，又能说明光通量的区域分布，所以目前投光灯等灯具采用的等光强曲线图都是矩形网图。图 3-1-8 中所示的就是 TYFD 投光灯等光强矩形网图。

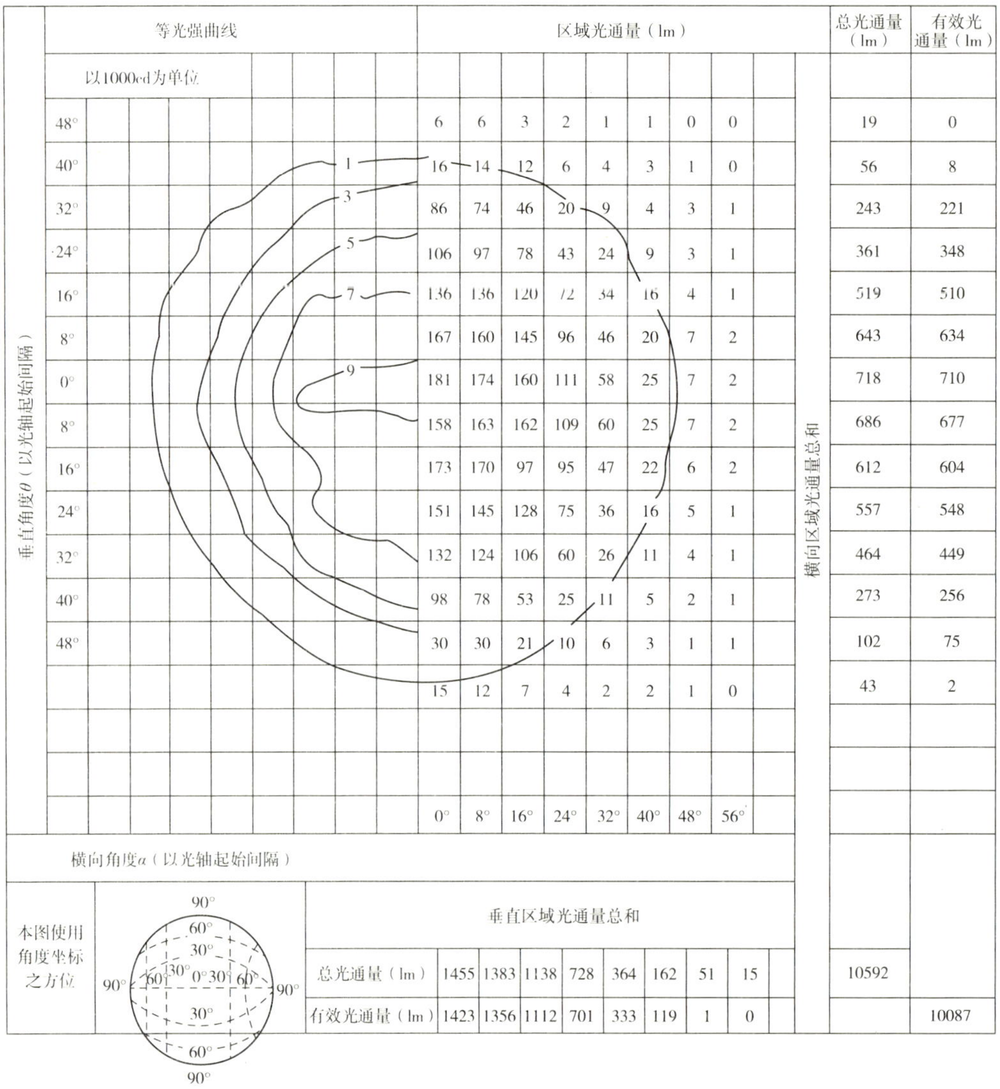


| 垂直角度θ | 0° | 8° | 16° | 24° | 32° | 40° | 48° | 56° | 总光通量（lm） | 有效光通量（lm） |
|---|---|---|---|---|---|---|---|---|---|---|
| 48° | 6 | 6 | 3 | 2 | 1 | 1 | 0 | 0 | 19 | 0 |
| 40° | 16 | 14 | 12 | 6 | 4 | 3 | 1 | 0 | 56 | 8 |
| 32° | 86 | 74 | 46 | 20 | 9 | 4 | 3 | 1 | 243 | 221 |
| 24° | 106 | 97 | 78 | 43 | 24 | 9 | 3 | 1 | 361 | 348 |
| 16° | 136 | 136 | 120 | 72 | 34 | 16 | 4 | 1 | 519 | 510 |
| 8° | 167 | 160 | 145 | 96 | 46 | 20 | 7 | 2 | 643 | 634 |
| 0° | 181 | 174 | 160 | 111 | 58 | 25 | 7 | 2 | 718 | 710 |
| 8° | 158 | 163 | 162 | 109 | 60 | 25 | 7 | 2 | 686 | 677 |
| 16° | 173 | 170 | 97 | 95 | 47 | 22 | 6 | 2 | 612 | 604 |
| 24° | 151 | 145 | 128 | 75 | 36 | 16 | 5 | 1 | 557 | 548 |
| 32° | 132 | 124 | 106 | 60 | 26 | 11 | 4 | 1 | 464 | 449 |
| 40° | 98 | 78 | 53 | 25 | 11 | 5 | 2 | 1 | 273 | 256 |
| 48° | 30 | 30 | 21 | 10 | 6 | 3 | 1 | 1 | 102 | 75 |
|  | 15 | 12 | 7 | 4 | 2 | 2 | 1 | 0 | 43 | 2 |
| 垂直区域光通量总和 总光通量（lm） | 1455 | 1383 | 1138 | 728 | 364 | 162 | 51 | 15 | 10592 |  |
| 有效光通量（lm） | 1423 | 1356 | 1112 | 701 | 333 | 119 | 1 | 0 |  | 10087 |

图 3-1-8　TYFD 投光灯等光强矩形网图

# 3.2　灯具的分类

灯具按照不同的特点或者标准有多种分类办法。

## 3.2.1　按光通量在空间上、下两半球的分配比例分类

国际照明委员会（CIE）推荐将灯具按光通量在空间上、下两半球的分配比例分类，国际照明界普遍接受这种分类方式，据此可将灯具分为以下五类：

（1）直接型灯具。

（2）半直接型灯具。

（3）漫射型灯具。

（4）半间接型灯具。

（5）间接型灯具等。

五种类型灯具的光通量分布特性、光照特点和配光曲线概况如表 3-2-1 所示。

表 3-2-1　　按光通量在上、下半球空间分配比例分类

| 类　型 | | 直接型 | 半直接型 | 漫射型 | 半间接型 | 间接型 |
|---|---|---|---|---|---|---|
| 光通量分布特性（%） | 上半球 | 0 ~ 10 | 10 ~ 40 | 40 ~ 60 | 60 ~ 90 | 90 ~ 100 |
| | 下半球 | 100 ~ 90 | 90 ~ 60 | 60 ~ 40 | 40 ~ 10 | 10 ~ 0 |
| 特　点 | | 光线集中，工作面上可获得充分照度，容易形成对比眩光 | 光线能集中在工作面上，空间也能得到适当照度。比直接型眩光小 | 空间各个方向发光强度基本一致，无眩光 | 增加了反射光的作用，使光线比较均匀、柔和 | 扩散性好，光线柔和、均匀，避免了眩光，但光的利用率低 |
| 配光曲线示意图 | |  | 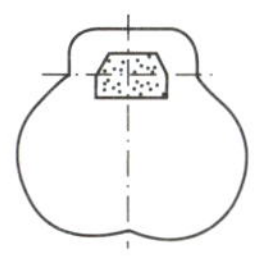 | 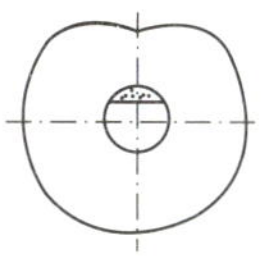 | 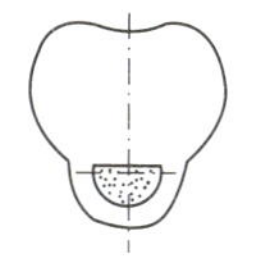 | 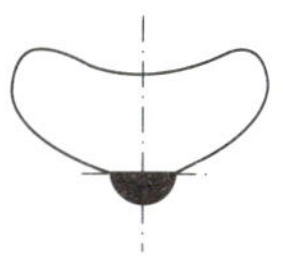 |

## 3.2.2　按光强分布分类

按光强分布特性，即按配光曲线的形状不同，灯具可以分为：

（1）正弦分布型。

（2）广照型。

（3）漫射型。

（4）深照型等。如图 3-2-1 所示。

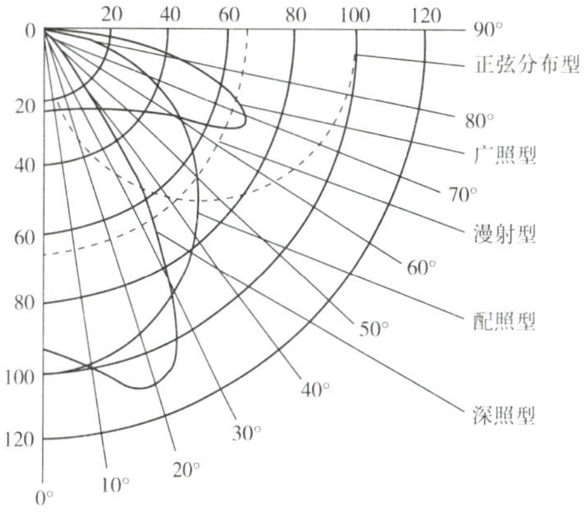


图 3-2-1　按光强分布特性将灯具分类

## 3.2.3　按灯具的结构分类

1. 开启型灯具

光源与外界环境直接相通。

2. 闭合型灯具

具有闭合的透光罩，但罩内外仍能自由通气，如半圆罩天棚灯和乳白玻璃球型灯等。

3. 密闭型灯具

透光罩接合处严密封闭，罩内外空气相互隔绝，如防水防尘灯具。

4. 防爆型灯具

符合《防爆电气设备制造检验规定》的要求，在任何条件下，能安全地在有爆炸危险性介质的场所中使用。

5. 安全型灯具

在正常工作时不产生火花电弧，或把正常工作时产生火花电弧的部件放在独立的隔爆室内。

6. 隔爆型灯具

在灯具内部产生爆炸时，火焰通过一定间隙的防爆面后，不会引起灯具外部的爆炸。

## 3.2.4　按采用电光源不同分类

（1）白炽灯具。

（2）荧光灯具。

（3）高压气体放电灯具。

（4）混光照明灯具等。

## 3.2.5 按安装方式的不同分类

（1）吸顶灯具。

（2）嵌入式灯具。

（3）半嵌入式灯具。

（4）吊灯。

（5）壁灯。

（6）台灯。

（7）落地灯。

（8）庭院灯。

（9）投光灯等。

具体如图3-2-2～图3-2-5所示。不同灯具的光源选择和使用空间如表3-2-2所示。

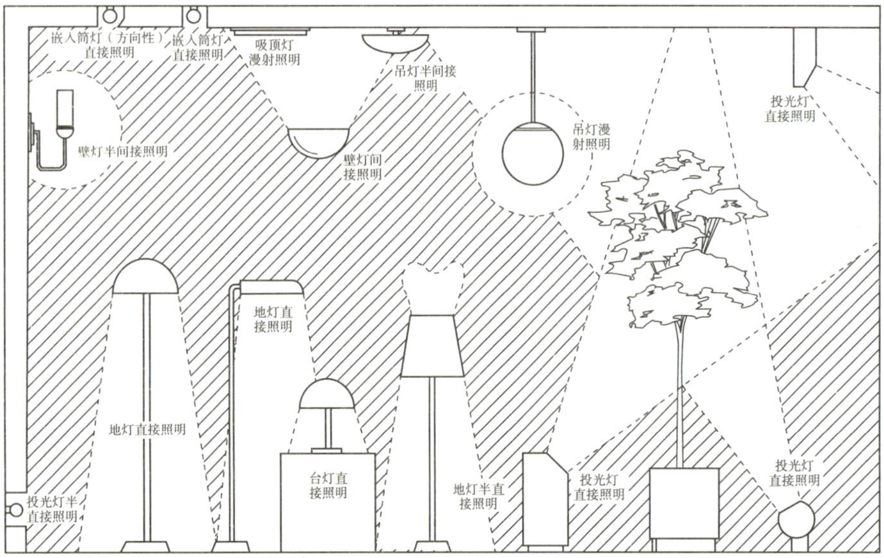


图3-2-2 按安装方式的不同分类的灯具

图3-2-3 按安装方式分类的灯具实物一

图3-2-4 按安装方式分类的灯具实物二

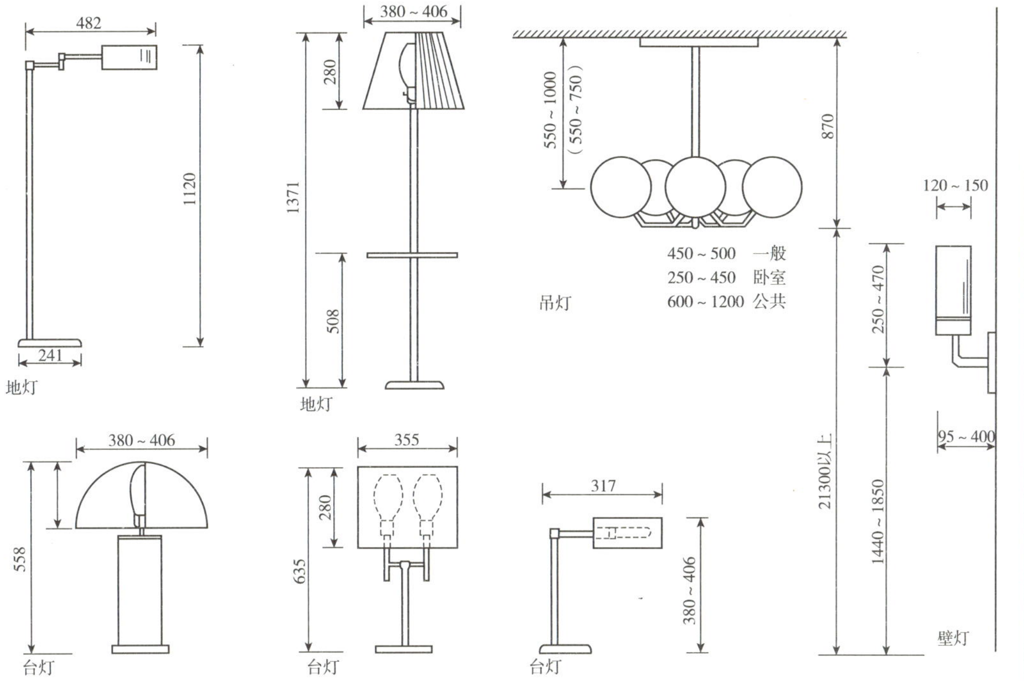


图 3-2-5 部分灯具的常见尺寸（单位：mm）

表 3-2-2 不同灯具的光源选择和使用空间

| 分类 | 名称 | 使用光源 | | | 使用空间 | | | 功能性质 | | | 照明方式 | 备 注 |
|---|---|---|---|---|---|---|---|---|---|---|---|---|
| | | 白炽灯 | 荧光灯 | 高压放电灯 | 住宅室内 | 商店室内 | 其他设施 | 结合防水 | 配光控制 | 安装程度 | 适用性 | |
| 一般灯具 | 枝形吊灯 | 很多 | 很多 | 少 | 很多 | 很多 | 多 | 少 | 少 | 少 | 难 | 式样变化多 |
| | 一般吊灯 | 很多 | 很多 | 少 | 很多 | 很多 | 多 | 少 | 多 | 很容易 | 很容易 | 灯具种类多 |
| | 吸顶灯 | 很多 | 很多 | 多 | 很多 | 很多 | 很多 | 多 | 多 | 容易 | 容易 | 能适应众多的空间 |
| | 嵌入灯 | 多 | 很多 | 多 | 多 | 很多 | 很多 | 不用 | 多 | 很难 | 难 | 注意顶棚连接 |
| | 嵌入筒灯 | 很多 | 少 | 多 | 很多 | 很多 | 很多 | 不用 | 很多 | 很难 | 容易 | 注意光学性能 |
| | 壁灯 | 很多 | 很多 | 很多 | 很多 | 很多 | 很多 | 多 | 多 | 难 | 容易 | 具有光影效果 |
| | 台灯 | 很多 | 很多 | 不用 | 很多 | 多 | 多 | 不用 | 多 | 很容易 | 很容易 | 可自由移动 |
| | 投光灯 | 很多 | 少 | 少 | 多 | 很多 | 多 | 多 | 很多 | 容易 | 容易 | 注意光学性能 |
| | 灯带及整片灯 | 多 | 很多 | 少 | 少 | 很多 | 多 | 不用 | 少 | 很难 | 难 | 与顶棚要呼应 |
| 特殊用灯 | 应急用灯 | 很多 | 很多 | 不用 | 少 | 很多 | 很多 | 不用 | 多 | 很难 | 难 | 要符合规范 |
| | 指示方向灯 | 多 | 很多 | 不用 | 不用 | 很多 | 很多 | 少 | 少 | 很难 | 难 | 要符合规范 |

## 3.2.6 按使用场所和范围的不同分类

国家标准局按使用场所和范围的不同把灯具分成 14 大类，即民用、建筑灯具、工矿灯具、车用灯具、船用灯具、舞台灯具、农用灯具、军用灯具、航空灯具、防暴灯具、公共场所灯具、陆上交通灯具、摄影灯具、医疗灯具、水面水下灯具等。

# 3.3 灯具设计

灯具的主要作用是配光，让设在其中的人工光源产生的光依人们所需按一定的规律分配，如宽光束配光、中光束配光、窄光束配光、蝙蝠翼配光、余弦配光等。另外，灯具还具有防护作用、防眩光作用、装饰作用和一体化作用。所以，灯具的设计是一个系统工程，要求综合考虑，多方位兼顾，进行系统化设计。

## 3.3.1 灯具的反射器设计

不同场所各有不同的照明要求，必然需要使用不同照明作用的灯具，才能得到满意的照明效果。因此，要通过研究各种照明场所的照明方式和评判指标，来确定出灯具的配光曲线和光源，设计出灯具的反射器，最终获得符合要求的灯具。这方面有着丰富的内容，只有了解每一类照明的全部内涵并掌握灯具反射器的设计方法和材料的表面处理方法，才能创造出新颖灯具或提高原有产品的质量。

反射器是灯具中最主要的控光元件，它可以有各种各样的形状，加上多种表面处理方法和各种表面材料的不同，致使它的种类繁多，作用各异，但最终的目的，都是为了适应各种不同形状的光源和受照面的照明需要。

灯具反射器的形状多种多样，通常有以下几种。

1. 柱面反射器

凡用一根母线沿某一轴线平移一段距离后再加两个侧面做成的反射器，称为柱面反射器。柱面为主反射面，侧面为副反射面，这种反射器适用于发光体较长的光源，如直管荧光灯、管形卤钨灯等。柱面反射器具有加工简单和价格低的优点。该种反射器的使用效果可以通过反射器的母线形状来调节，可以是两个对称面的，也可以做成只有一个对称面的斜照形式。它有很大的适应性，是目前荧光灯具中使用较为广泛的一种反射器，常用的母线由高次抛物线组合而成。

2. 旋转对称反射器

凡用一根母线绕某一轴线旋转 360° 后得到的曲面做成的反射器，称为旋转对称反射器。因所用母线不同，所以旋转对称反射器的曲面形状也各异，最常见的为球冠曲面、圆台曲面、双叶曲面、椭圆抛物面等。旋转对称反射器，可以用冲压、拉伸、压铸等机械加工，机械化程度较高，产品的一致性好，但对机械设备和材料性能有一定要求。

3. 不对称反射器

凡绕某一轴线，有许多根形状不同的母线做成的反射器，称为不对称反射器。这种反射器实际上是旋转对称反射器的一种变形，是为了满足照明场所特别要求而设计的一种反射器，其基本特性和加工方法亦与旋转对称反射器大致相同。

4. 组合式反射器

组合式反射器又可分为旋转对称反射器的组合和柱面反射器的组合两种。旋转对称反射器的组合，除具有旋转对称反射器的特点外，还能通过调节焦距和中心距来改变灯具的一系列光参数，以适应和满足照明场所的要求。柱面反射器的组合有两种形式：一种是如同上述的对称旋转反射器的组合形式；另一种是纵、横为同一母线形成的柱面反射器，通过正交而获得的反射器。这种组合而成的反射器，加工比较困难，但光学性能方面除具有柱面反射器的特点外，还具有纵、横方向的反射面都是主反射面，两个方向的配光完全一致的特点，适用于视觉要求较高的场所。反射器的表面材料以镜面反射材料最为常用，大多数是用电解抛光（或化学抛光）铝，表面经氧化或涂覆二氧化硅薄膜处理。为了提高灯具的发光效率和使出射光更加柔和，提高光谱效能等，现代灯具的镜面反射器还做成各种凹凸不平的板块形状。

作为控光元件的反射器，就是要把光源光能量进行再分配。反射器的设计，首先考虑直接光通量的贡献；再研究光源上各点发出的光线经反射器反射后的走向，将这些经反射后的光线按极坐标叠加起来，加进直接光通量的贡献后，就可以确定出该发射器的配光分布。如果这种配光符合所需的配光要求，设计反射器的工作就告结束，若有差距，就需修改反射器曲面直到能够符合所需要的配光要求为止。

在设计反射器曲面形状，直到能够符合所需要求的配光时，反射器曲面并非是唯一的，可以有各种曲面都能获得相同的配光分布。这时，还要根据反射曲面所包围的体积大小，出射光效率高低，散热、保护等措施，以及与相关光源配合的难易等多种因素来加以选择。

## 3.3.2 灯具的安全设计

灯具的安全设计包括电气安全和其他安全两个方面，电气安全包括直接电器安全和间接电器安全两个方面。根据这些要求来进行灯具的结构和电气设计。

1. 直接电器安全设计

（1）灯具上所有的带电部件有规定的绝缘，达到指定的防触电防护等级。

（2）电部件间绝缘良好，符合规定的电器间隙和爬电距离。

（3）带电与不带电部分的泄漏电流小于额定值，确保人员不会因漏电引起触电。

（4）灯具内部带电部件上有合适的防触电措施，使手指不能触及。

（5）安装带电体的绝缘材料在异常情况下不起火不燃烧。

2. 间接电器安全设计

（1）灯具在雨水，灰尘和粉尘气氛等环境中，外壳要有相应的密闭措施，能保证灯具内带电部件间或带电部件与绝缘体间有良好的绝缘。

（2）灯具在受到各种人为因素如侵犯、跌落、碰撞等外力时，带电部件之间或带电部件与绝缘体之间不能受到损害，即使不能工作，也不危及人身安全。

（3）各种与带电部件接触或在其位的绝缘体，在灯具寿命期间内，不得因温度过高造成绝缘破坏，引起触电，也不能起火或燃烧。

（4）各种电气部件、如电容器、镇流器、触发器和接线柱等，应工作在规定的环境范围内，并按照规定的方法固定，确保它们的工作寿命。

3. 其他安全方面的设计

（1）在使用期间，灯具遇到意外情况，如台风、地震、不正规的维护或操作等，这时的灯具必须不危及人和周围环境，它的外壳、紧固件、调节锁紧，支架等必须有足够的距度和控制力，不能使它成为一个潜在的危险物。

（2）灯具在使用时，外壳面温度较高，在设计时，灯具的表面温度必须控制在规定的数值以下。若确有困难，也有用规定距离或限制接近的距离内加保护罩的方法来保护。

## 3.3.3 灯具的寿命设计

灯具的寿命是指灯具的重要部件，如外壳锁紧件和光学部件等不能正常工作，失去使用价值的全部工作时间。它是根据采用的材料，加工工艺和表面处理方法以及受各种环境和工作状况下使用寿命的综合反映。按目前的材料和工艺水平，灯具寿命可达到20年。

现实生活中，室内设计与装修周期缩短，酒店类空间的装修周期已为3～5年，服装类专卖店甚至为1.5～3年，有些室内空间还会在不同的时间段内改变工作的内容，也有些特殊空间其照明水平有严格要求，都只需要灯具的寿命不过几年，最长也不超过10年。有时为了降低造价而采用其他材料和工艺使灯具适当缩短寿命在5～10年之内也是适宜的。

## 3.3.4 灯具设计要注意的其他问题

1. 灯具的光衰

灯具的光衰，是指光学系统和灯具结构对光源光通量的消极影响，外界环境中灰尘和微粒对光学系统的污染造成照度过早减弱的现象等。灯具的设计过程中，反射器选材、形状、体积及密封方式都要虑及光衰问题。

2. 保护光源

（1）在灯具设计中要确保光源有可靠的电连接，接触电阻小，受振后不会松脱。

（2）为保护光源，延长光源寿命，灯具的内部结构一定要科学合理。为了增强灯具的散热能力，应合理制造反射器的形状和大小，可适当扩大灯具体积，增加散热面积，使光源工作在适合的温度下，确保性能稳定，安全可靠。

3. 热辐射问题和热能利用

光源除反射可见光外，还有大量热辐射产生，热辐射能够使灯具体内温度过高，影响光源使用寿命，使灯具的材料过早老化，更危险的是可能引起漏电、火灾等，所以，在灯具设计时，要尽量选用耐热的材料和低辐射的光源，条件不允许时，应该选用诸如石棉等导热性能较差的材料来隔绝光源与耐热性能差的照明器材料及部件，也可以借用散热的方法，例如，散热片、反射板，将热辐射折射出去，还可以依靠风扇等强制空气流通，使热量尽快散掉。

在室内照明负荷多达20～40W/$m^2$时，热能的利用就变得十分重要，目前已经有关空调灯具的研究，目的在于有效利用光源产生的大量热辐射。

4. 灯具设计应该功能和美观相结合

照明设计的一个重要环节就是根据功能要求和环境条件，选择合适的灯具，并将照明功能和装饰效果协调统一。

灯具是功能产品，同时也是丰富的信息载体和文化形态，是相应历史时期人们审美情趣、科技水平、功能需要的综合体现，灯具设计应该在功能、选材、造型、色彩、工艺等多方面同时兼顾。灯具设计还应该考虑到灯具与相关空间环境的整体关系，不光照明，灯具的审美也离不开所处的环境，能够与环境融为一体，甚至是锦上添花的灯具才是成功的。

5. 灯具的一体化设计

近几年，新的设计理念和设计方式不断涌现，家具、陈设品、灯具甚至空间的界面造型不再是各自独立的装饰元素，而是经常被以各种方式结合成一体，即发挥了它们的装饰效果，又扩大了室内的空间。

图 3-3-1 中的灯具作品就是被该灯具设计师 Tom Dixn 称为“一件能坐、能堆砌、还能发光的东西”的多功能产品。可以把它当作一把能发光的椅子，也可以把这许多灯堆砌起来形成一件装饰艺术品。

图 3-3-2 中 BoBo 设计公司的作品也是集多功能于一体的典范，该作品以有机玻璃为主要材料，即可以用作室内外照明，也可以充当坐椅，还可以用来储存小件物品。

图 3-3-1 设计师 Tom Dixn 的作品

图 3-3-2 BoBo 设计公司的作品

如图 3-3-3 和图 3-3-4 所示是家具、陈设与灯具在选材、用色、构成语言、整体风格上的一体化设计。图 3-3-3 中的餐桌腿好像是支撑铁塔的骨架，柔中带刚，与餐椅的造型异曲同工，形成母子关系，灯具如纸般的材质反复地穿插缠绕，其柔软的感觉渲染着与之相匹配的餐桌椅。图 3-3-4 中的餐桌、椅是木材与金属的巧妙结合，是整洁的面与纤巧的线的结合，是刚与柔的结合，是曲与直的结合，是最简单的造型元素的时尚搭配，灯具在材质和造型上与之呼应，轻而易举的与之共融为一体。

图 3-3-3 灯具与家具采用同样的设计语言

图 3-3-4 灯具与家具采用同样的材质

图 3-3-5 和图 3-3-6 所示则是灯具与室内空间进行一体化设计的结果，在空间中，装饰构件成了巨型灯具，拥有了照明的作用，空间张力大增，魅力不同一般。

图 3-3-5 灯具与空间造型一体化设计的效果

图 3-3-6 灯具与空间造型的一体化设计

## 3.3.5 灯具设计中的选材

灯具的反射器是用来把光源发射出的光线按预定的要求分别分配到所需方向上去的控光器件，高质量的灯具其反射器必须采用优质的材料制成，并要求有精湛的加工工艺保证其精度。目前，在灯具的设计和制作中常使用以下材料。

1. 钢材

钢材一般是作为照明灯具的主要构造材料来进行使用的，特别是冷轧钢，它的强度和拉伸性能都很好，钢板材经过钣金加工，可以塑造各种造型。表面经过油漆、电镀或抛光，能够得到防腐蚀、反光性能好，并具有一定装饰效果的表面。

如图 3-3-7 所示，是设计师 Ralph Ball 采用镀铬钢材制作的台灯，灯具命名为“一天”，采用垃圾筐的造型，里面是设计师绘制的 10 张设计草图。

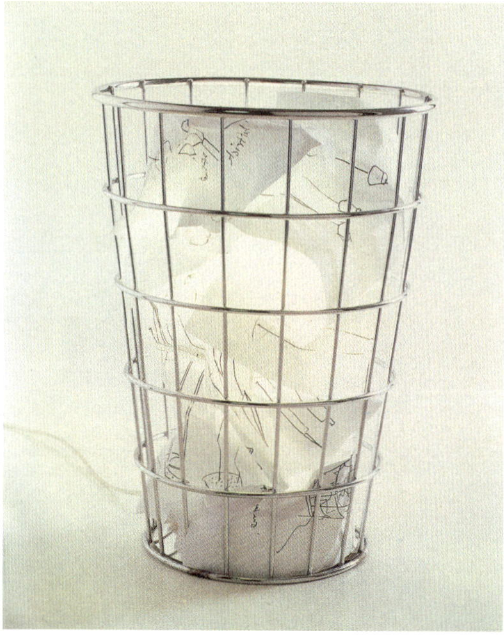

图 3-3-7 钢材制作的灯具“一天”

图 3-3-8 ~ 图 3-3-10 是钢材制作的灯具在空间中的应用。

2. 铝及铝合金

铝材可以算是新型金属材料，它在作为灯具材料方面有很多优点，如材质轻，便于灯具搬运及安装，并对后期维护也有益处；耐腐蚀，与铜、铁相比，它的耐腐蚀、耐氧化、耐水等性能都较高；加工性能好，材质软并且自身的表面很光亮且呈银白色，外表美观，有一定的装饰性。铝板的反射率较高，反射热和光的反射率通常约为 67% ~ 82%。电解抛光的高纯铝的反射率可达 94%，是电解和热的良导体，可用作高功率、高光输出灯的散热部件。

为防止反射器的镜面反射造成不良后果，通常，对用作反射面

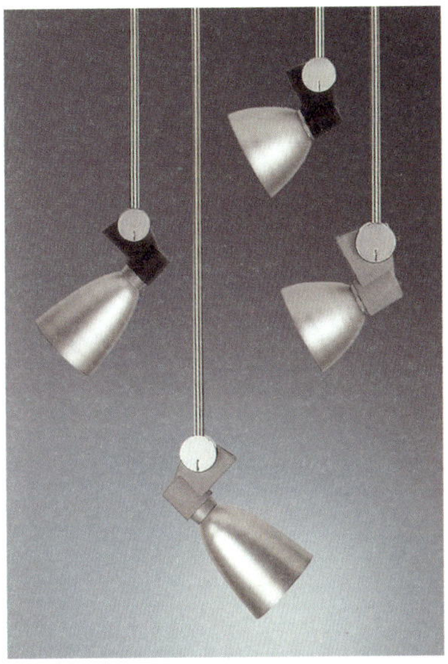

图 3-3-8 钢材制作的灯具系列

图 3-3-9 钢材制作的灯具在会议室中的应用

图 3-3-10 钢材制作的灯具在餐厅中的应用

的抛光铝板进行喷砂氧化和涂膜保护处理，也可以将反射面设计成板型、鱼鳞型、龟面型等，形成漫反射，以限制眩光，使射出来的光线均匀柔和。

图 3-3-11 所示的灯具是采用碳酸树脂制作灯罩，灯罩可以有多种颜色供选择，灯具的其余部分则全部采用铝材制作。

图 3-3-12 所示的灯具是 Georgia Scott 用铝网手工打造出的落地灯具，外形酷似热带植物，透过铝网的光线缥缈虚幻，别具特色。

图 3-3-11 铝材制作的灯具

图 3-3-12 铝网灯具

图 3-3-13 和图 3-3-14 是铝制灯具在空间中的运用。

3. 铜及铜合金

铜在照明及电气系统中多作为导电材料，因它的导电性能最好。作为装饰材料方面，它是最早用于灯具方面的，经过抛光处理的铜，光亮金黄具有华贵感。

图 3-3-15 和图 3-3-16 是铜制灯具在空间中的运用。

4. 不锈钢

不锈钢材是防水、防腐及反光性能极好的金属材料，并且有特殊的装饰效果，是在现代造型灯具中经常选用的材料。

图 3-3-13 铝制灯具在办公空间中的应用

图 3-3-14 铝制灯具在室内空间中的应用

图 3-3-15 富丽堂皇的铜制灯具

图 3-3-16 采用铜制作的灯具

图 3-3-17 和图 3-3-18 是采用不锈钢材料制作的灯具。图 3-3-19 是设计师 TordBoontje 以不锈钢为主要材料设计制作的灯具，光源仅是一盏简单的白炽灯泡，但却实现了灯光与艺术的完美结合。图 3-3-20 是不锈钢材料制作的灯具在空间中的应用。

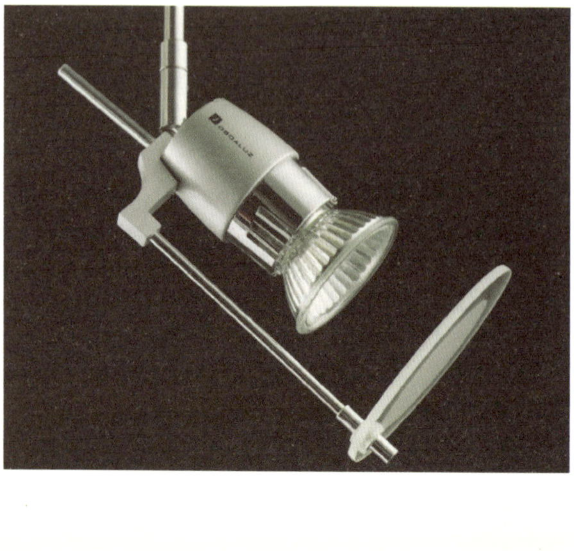

图 3-3-17 采用不锈钢材料制作的灯具一

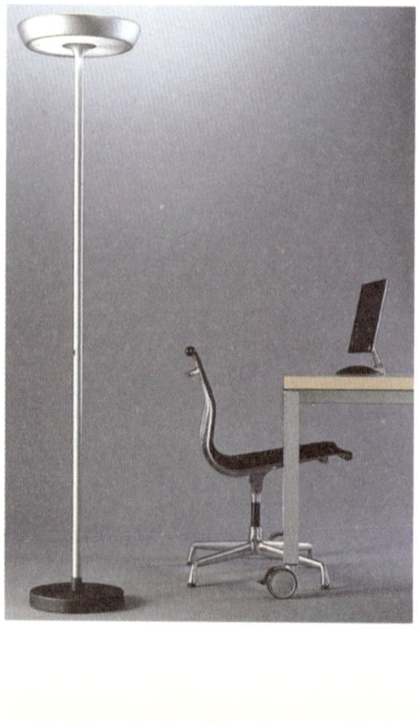

图 3-3-18 采用不锈钢材料制作的灯具二

图 3-3-19 采用不锈钢制作的灯具三

图 3-3-20 不锈钢材料制作的灯具在室内空间中的应用

5. 塑料材料

塑料材料的种类很多，运用也非常广泛，包括各种类型的衍生物，例如聚乙烯、聚丙烯、聚碳酸酯和 PVC 等材料，都是设计制作灯具的理想材料。塑料的延展性好，经久耐用，质地轻盈，具有一定的绝缘性能，并且大部分种类的强度也很高，可用于电器、灯具的部分零配件。塑料的加工工艺简单，可塑性极强，并且具有良好的透光性能，所以在灯具中被广泛运用，从灯具的底座到表面灯罩，从电气零件到绝缘材料都被运用。但塑料耐热性能差，所以作为灯具材料要考虑与光源保持一定距离或选用低温光源，如荧光灯等。

图 3-3-21 中的灯具是设计师 Nick Crosbie 在 1996 年设计的作品，采用 PVC、聚丙烯塑料为主要材料，灯具命名为“UFO”，造型时尚、轻盈，有一点神秘的气息。

图 3-3-22 中的灯具是 Botem 设计公司的作品“Boo”，高 340mm，宽 540mm，采用聚乙烯制作，是亦灯亦椅的精品，当人坐上去时灯具会自动发亮，当人起身时灯具会自动关闭。这一系列的灯具色彩多种多样，虽然需要连接电源插座，但是因为重量轻，所以移动起来也很方便。

图 3-3-23 和图 3-3-24 是塑料灯具在空间中的应用。

图 3-3-21 以 PVC、聚丙烯为主材的“UFO”灯具

图 3-3-22 以聚乙烯为主材的灯具“Boo”

图 3-3-23 塑料灯具在餐厅中的应用

图 3-3-24 塑料灯具在酒吧中的应用

6. 玻璃材料

玻璃是无机非结晶体，主要以氧化物的形式构成。玻璃一直以来都在室内装饰中扮演着重要角色。采用玻璃制作灯具由来已久，玻璃的透光性是人们喜爱它的原因之一。玻璃表面既能透光，又能反光，无论应用在自然光线好的场所，还是人工光源多的场所都非常合适，玻璃多用在反射器的前面，作为光源保护或限制眩光用。设计师们致力于把灯光同艺术相结合，玻璃就是实现这一理想的首选材料。普通玻璃透亮、易碎，但经过强化处理的玻璃材料却很坚硬，而且破碎后没有尖角，更加安全可靠。

玻璃虽然外观特别清纯，但是表面也可以进行蚀刻加工，刻画出精美的纹饰或裂纹图案，视觉效果强烈，而且可以改变表面反射光线的特性。

传统的枝状吊灯就是水晶玻璃同照明灯具的组合，现在，经过许多设计师的不懈努力，新型的、富有现代气息的吊灯不断出现，通过改变玻璃本身的色彩，也可以改变玻璃的外观，还可以使用各种色彩的光源，比如 LED 光源等，来适应不同种类空间的各种功能要求。

玻璃主要有以下几种。

钠钙玻璃：是最一般的玻璃，多以板材形式出现，或制成透明乳白玻璃球型罩使用，形式有平板、磨砂、压花、钢化等。

铅玻璃：透明度好，折射率高，表面光泽，因放出光辉而很美观，因此可以作装饰材料。

硼硅酸玻璃：一般称硬质玻璃，耐热性能好（热膨胀系数小），所以多用于室外。

结晶玻璃：稍带黄色的玻璃，它的热膨胀系数几乎是零，所以用于热冲击度高的场所。

石英玻璃：耐热性和化学耐久性好，可见光、紫外线、红外线的透过率高，多用于特殊照明投光器的前面，如卤化物灯等。

图 3-3-25 中所示是设计师 Tom Dixon 受 Swarovski 公司之邀，采用 Swarovski 水晶和尼龙纤维材料，应用最新 LED 技术设计的数字时代的不同凡响之作，灯具高 2000mm，宽 1000mm。图 3-3-26 ~ 图 3-3-28 是各种形式的用玻璃材料制作的灯具。

图 3-3-25 玻璃制作的艺术灯具

图 3-3-26 采用玻璃材料制作的灯具

图 3-3-27 玻璃材料球状灯具

图 3-3-28 玻璃灯具与玻璃家具合二为一

除以上常用材料外，还有很多材料可以用来制作灯具，以创造不同的艺术效果和风格，如木、竹子、藤条、纸、布、陶瓷、石材、泡沫橡胶等。但在选用这些材料的时候，要注意以下一些问题：首先是它的安全性，如木、竹、纸、布等材料都是易燃物，所以要与光源（特别是像白炽灯这样热辐射强的光源）保持一定的距离或设有绝缘材料。另外要考虑它的固定及安装问题。再有就是透光性，如果透光性不好，那它只能算作一个造型而非灯具。

图 3-3-29 所示是 SplinterProducts 公司设计的“Bentley”灯具，主要材料为桦木片，外形扁平，用户可以自行组装，电光源采用小型低发热量荧光灯，灯泡夹在两片桦

木片中间，灯具可以用作吊灯、地灯或壁灯。

图3-3-30所示是JoanneWindaus为Mocha公司设计的吊灯，名为“Oz”，高23cm，直径12cm，材料选用上釉陶瓷。灯光从灯罩的小孔透射出来，像烛光般柔和。每盏灯都是手工制作的，所以非常独特。

图3-3-31～图3-3-36是采用各种材料制作的灯具。

图3-3-29 桦木片制作的“Bentley”灯具

图3-3-30 上釉陶瓷灯具

图3-3-31 用纸制作的装饰性很强的灯具

图3-3-32 采用透光云石制作的灯具

图3-3-33 采用竹材制作的灯具

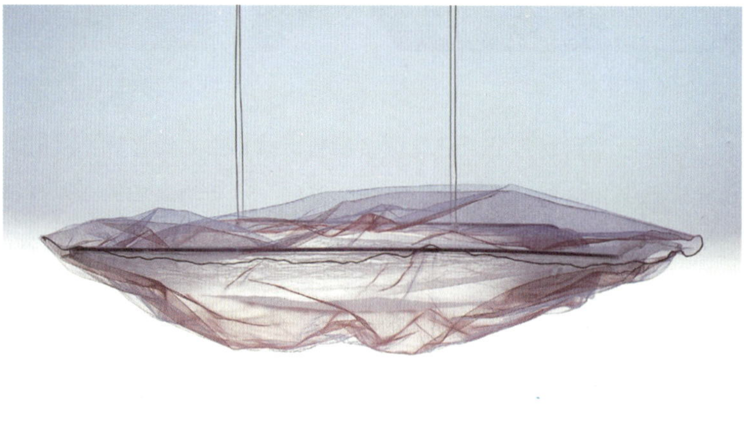
图3-3-34 采用丝织品制作的灯具

图 3-3-35 采用织物制作的灯具

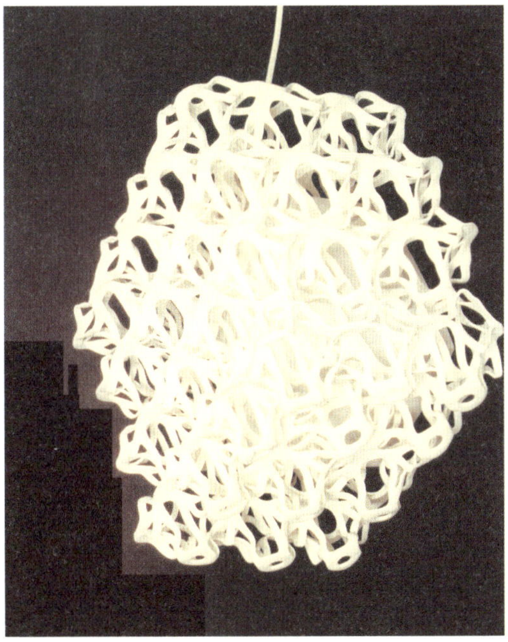

图 3-3-36 采用泡沫橡胶制作的灯具

## 3.3.6 室内灯具设计流程与案例

关于灯具设计，包括两种类型：一种是针对特定室内空间所进行的专门定型设计；另一种是为大批量生产所进行的通用型设计。但是，不论哪一种设计，其程序（计划与调查—草图—设计—试制）都大体相同。

1. 计划与调查

在开始设计工作之前，首先要对设置灯具的室内空间的情况进行详细的考察，认真研究室内设计的意图和业主的要求。室内空间的功能和特性、用途以及内部装饰的情况都是进行照明设计和选择灯具时所要考虑的因素。特别是天花板、地板、墙面的材料和颜色，不仅关系到照度和光的效果，而且也会影响到灯具造型式样的选择。

然后，构思适合于空间功能的光分布以及光效果，确认亮度水平和选择合适的色温。

2. 草图设计

在灯具的草图设计中，首先要构思空间中所需要的光的分布状况，然后确定灯具造型形式，才能通过反射扩散等方式获得所需的照明效果、满足空间中的功能和氛围需要。

灯具造型形式应根据空间布局、室内装饰特点及其灯具的设置位置来决定。在进行草图设计时，必须将光、灯具、空间结合在一起来考虑。

完成灯具草图设计时需要考虑的问题：

（1）灯具造型设计和要求的广泛认同与接受。

（2）对建筑特点和空间功能及用途的考虑。

（3）对建筑结构和室内装修工程的了解。

（4）灯具的光分布以及灯具在空间如何布置。

（5）灯具的重量、电源位置、功率大小等内容的确认。

（6）有利于清扫和维护的灯具形式和造型。

（7）与陈设、家具风格及布置的协调及呼应。

空间和灯具的尺寸大小应该协调，相互关系应该明确，不应强调光效果而忽视灯具尺寸造型，尤其是在一些以透明玻璃作为分隔墙体的空间中，强调灯具的造型和实体感是十分有必要的。

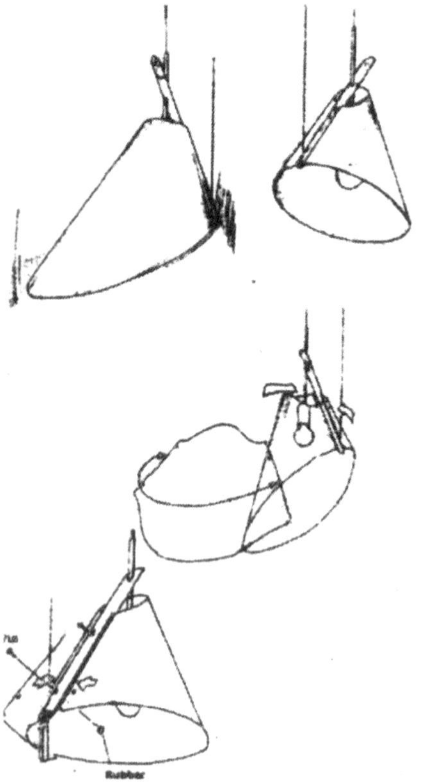

图 3-3-37 灯具造型的构思设计

3. 设计

在将设计草图投入制作之前，还应对安装灯具的空间和位置的条件进行考察，确认建筑的构造和设备、电气容量和配电回路等都能满足要求，之后才可以进行具体的灯具设计。

设计时需要考虑灯具的配光和效率、确认光源和电气部件的安装位置、选择便于安装和维护的结构。而且，还要注重灯具的外观和工艺，以体现出设计上的构想。

设计上必须重视安全问题。电气绝缘、耐高温、结构强度及耐久性等方面都应予以特别的注意。

4. 试制

根据灯具草图进行试制包括足尺制作和缩尺制作。当制作专用的大型灯具时，需要在缩尺的空间中进行同样缩尺比例的灯具试制，以确认它与空间是否协调及其配光是否满足需要。

虽然试制是依设计图进行，但因先要确定灯具造型，所以，应采用易于加工修改的材料。

需要注意的是，试制灯具的目的还包括检查灯具是否方便使用和其安全性如何，例如灯具温度、荷载强度、是否会脱落掉下等。

图 3-3-37 ~图 3-3-41 就是一件灯具由设计到成品全过程的记录。

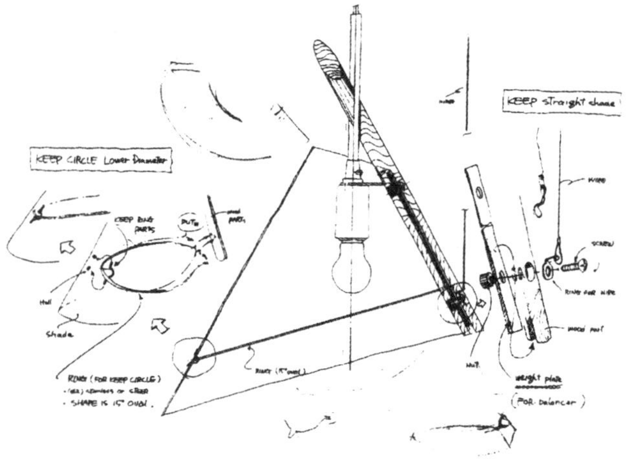

图 3-3-38 灯具的构思设计

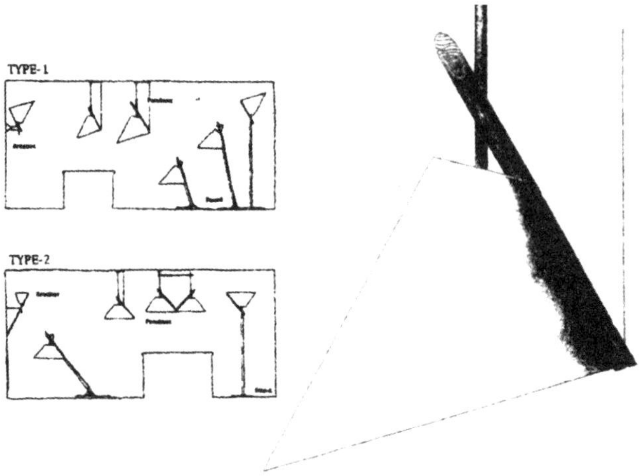

图 3-3-39 灯具设计草图

图 3-3-42 和图 3-3-43 中所示的是澳大利亚达林公园室内的“比奇灯”的设计图纸和成品。13 盏比奇灯放置在环绕大厅的立柱前，提供阅读照明，并衬托蓝色的盆栽棕榈植物。“比奇”是澳洲土著人的语言，指锹、铲、摇篮、碟子等任何拱形器皿或用具。设计师将“比奇”用做灯罩，更增加了大厅里的澳大利亚文化气氛。

比奇灯的四脚支架高 1.2m，上面装着两片比奇形状的 0.6cm 厚的玻璃散光片。中间是一盏 60W 白炽氩灯，散光片之间 3 根不锈钢叶片圈将白炽灯遮住。散光片是用透明玻

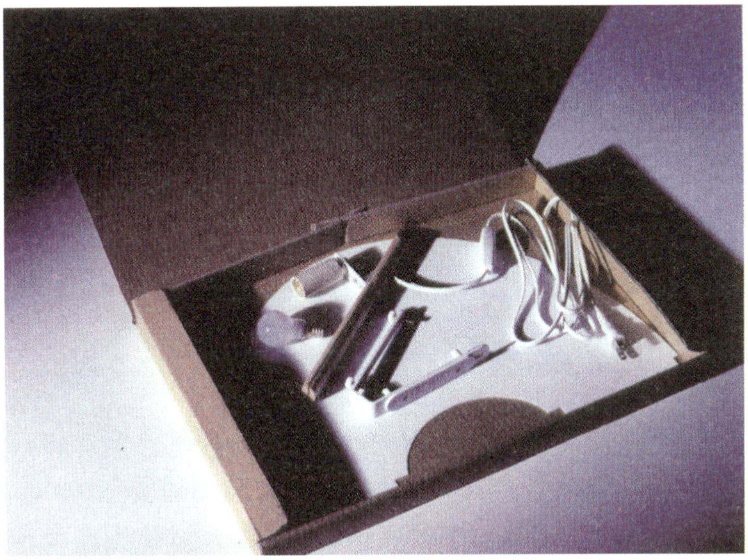

图 3-3-40 灯具的组成部件

图 3-3-41 灯具的最终作品

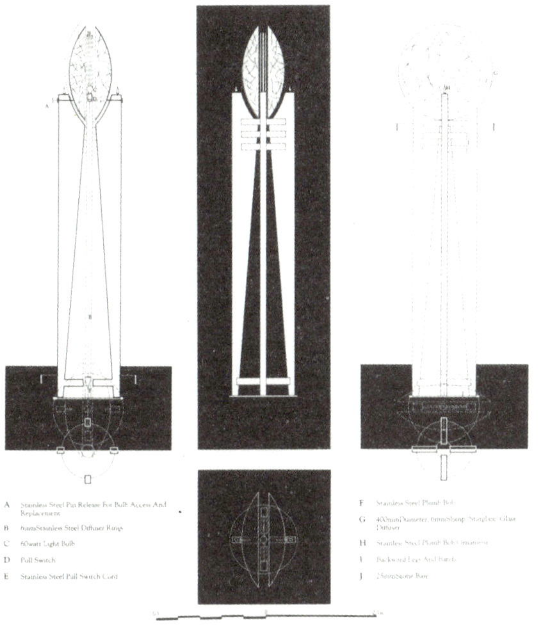

图 3-3-42 灯具设计图纸

图 3-3-43 灯具作品与室内空间的关系

璃特制而成，它含铁量低、绿色色调较少。散光片内壁上的磨砂图案，使人想起土著人使用的器皿上的神话雕刻。散光片用钢钉固定，可随意拆装，方便检修和更换灯具。一个装饰性的不锈钢拉绳控制灯的开关，电线通过一根支架中的暗槽接通灯具，电线穿过 2.5cm 厚的石头底座上的小孔接通地板上的接线口。

# 3.4 灯具的选择与布置

## 3.4.1 灯具的选择

通常是在选择了光源的基础上再选择灯具。在进行室内光环境设计时，应该全面考虑灯具的各种特性，并结合视觉工作特点、环境因素及经济因素来选择灯具。这对提高光环境质量有着非常重要的意义。

（1）灯具的选择应满足有关规范规程和技术条件规定的照度值。

（2）灯具选择采用材料、制造工艺应满足对照明方式的要求。

（3）要考虑灯具的配光及保护角特性。

光在空间的分布情况会直接影响到光环境的组成与质量。

不同配光的灯具适用场所不同。

1）间接型。上射光通超过90%，因顶棚明亮，反衬出了灯具的剪影。灯具出光口与顶棚距离不应小于500mm，目的在于显示顶棚图案，多用于高度为2.8～5m非工作场所的照明，或者用于高度为2.8～3.6m、视觉作业涉及反光纸张、反光墨水的精细作业场所的照明。顶棚无装修、管道外露的空间或视觉作业是以地面设施为观察目标的空间，以及一般工业生产厂房不适合选用间接型配光的灯具。

2）半间接型。上射光通超过60%，但灯的底面也发光，所以灯具显得明亮，与顶棚融为一体，看起来既不刺眼，也无剪影。主要用于增强对手工作业的照明。在非作业区和走动区内，其安装高度不应低于人眼位置，不应在楼梯中间悬吊此种灯具，以免对下楼者产生眩光；不宜用于一般工业生产厂房。

3）直接间接型。上射光通与下射光通几乎相等，因灯具侧面的光输出较少，所以适当安装可保证直接眩光最小。用于要求高照度的工作场所，能使空间显得宽敞明亮，适用于餐厅与购物场所。不适用于需要显示空间处理有主有次的场所。

4）漫射型。出射光通量全方位分布，采用胶片等漫射外壳，以控制直接眩光。常用于非工作场所非均匀环境照明，灯具安装在工作区附近，照亮墙的最上部，适合厨房同局部作业照明结合使用。因漫射光降低了光的方向性，因而不适合作业照明。

5）半直接型。上射光通在40%以内，下射光供作业照明，上射光供环境照明，可缓解阴影，使室内有适合各种活动的亮度比。因大部分光供下面的作业照明，同时上射少量的光，从而减轻了眩光，是最实用的均匀作业照明灯具，广泛用于高级会议室、办公室空间的照明。

6）直接型（宽配光）。下射光通占90%以上，属于最节能的灯具之一。可嵌入式安装、网络布灯，提供均匀照明，用于只考虑水平照明的工作或非工作场所，如室形指数（RI）大的工业及民用场所。

7）直接型（中配光不对称）。把光投向一侧，不对称配光可使被照面获得比较均匀的照度。可广泛用于建筑物的泛光照明，通过只照亮一面墙的办法转移人们的注意力，可缓解走道的狭窄感；用于工业厂房，可节约能源、便于维护；用于体育馆照明可提高垂直照度。高度太低的室内场所不适用这类配光的灯具照亮墙面，因为投射角太大，不能显示墙面纹理而产生所需要的效果。

8）直接型（窄配光）。靠反射器、透镜、灯泡定位来实现窄配光，主要用于重点照明和远距离照明。适用于家庭、餐厅、博物馆、高级商店，细长光束只照亮指定的目标、节约能源，也适用于室形指数（RI）很小的工业厂房。直接型（窄配光）灯具不适用低矮场所的均匀照明。

此外，灯具保护角可起到限制眩光的作用，这也是选择灯具时应加以考虑的因素之一。例如，一般用于工业厂房的灯具，其保护角不宜小于 10° ；用于体育馆的深照型灯具，其保护角不宜小于 30° 。

（4）应根据环境条件选择灯具。

在选择灯具时，应注意温度、湿度、尘埃、腐蚀、爆炸危险等因素，例如，在有无菌、无尘要求的手术室、电子工业的洁净室等室内空间中，应选用积灰少，易清扫和易消毒的灯具；在特别潮湿的房间内，应选用有反射镀层的灯泡，以提高照明效果的稳定性；在高温场所，宜采用散热性能好、耐高温的灯具；在需防紫外线照射的场所，应采用隔紫灯具或无紫光源；在有爆炸或火灾危险的场所，应根据有爆炸或火灾危险的介质分类等级选择灯具，应符合 GB 50058—1992《爆炸和火灾危险环境电力装置设计规范》的相关要求。

（5）按照防触电保护的原则来选用灯具。灯具的结构应该符合安全和防触电指标。

（6）应选择高效、节能、经济的灯具。效率高低是选择灯具的一个重要因素，高效率的灯具在获得同一照度时，消耗的电功率最小，能够做到科学合理、节能降耗、减少投资。另外，还应考虑灯具本身的初始投资费用，以及安装和更换的经济性。灯具中电光源的寿命也会影响到灯具的经济性。

（7）选择灯具还应该考虑到易于安装、操作简单、便于维护。

（8）充分考虑灯具与环境的协调和配合，灯具还应兼具美化环境的作用。

## 3.4.2 灯具的布置

灯具的布置应具有合理性，首先要确定采用哪一种照明方式，选用何种光源，查出该场所的照度标准，算出所需要的照明安装功率或灯具个数，再进行的灯具布置。通常，需考虑以下要素：

（1）满足工作面上的照度均匀度的要求。可通过均匀布灯，来服务要求在整个工作面有均匀照明要求的场所，一般照明大多采用这种方式。均匀布灯通常将同类型灯具按等分面积布置成单一的几何图形，如直线型、正方形、矩形、菱形、角形及满天星形等，排列形式以眼睛看到灯具时产生的刺激感最小为原则，同时，不同的布灯方式还会给人造成不同的心理影响。例如，在绘图室、图书馆阅览室等空间中将荧光灯光带沿房间长的方向布置，既能满足照度均匀度的要求，又能给人以良好的效能感、秩序感、安静感。

（2）局部应有足够亮度的选择性布灯。通常，选择性布灯，只用在局部照明或定向照明中。选择性布灯是为了突出某一部位（物体）或加强某个局部的照度，或为了创造某种装饰效果、环境气氛时，采用的布灯方式。灯的具体布置位置要根据不同照明目的、主视线角度、需突出的部位等许多因素决定。局部照明、重点照明和辅助照明均由选择性布灯实现。

（3）光线射向要适当，眩光限制在允许范围内，无阴影。

（4）考虑节能，尽量提高利用系数。

（5）检修、维护方便、用电安全。

（6）布置美观，与建筑、室内空间的装饰气氛和装饰格调协调。

在具体布置灯具时，还需考虑照明场所的建筑结构形式、风格、审美要求、工艺设备、管道及安全维护等因素。

灯具布置的美观性同样非常重要。在近距离时，每一个灯具的具体细节都很引人注意，如造型、颜色、材料、表面质感等，而在远距离时，灯具的整体布置就显得突出了，并且其给人的印象与总的照明效果有关，这种整体是由一个个灯具组合起来的，而且比各个部分的单纯总和还要表现得更丰富一些。

### 3.4.3 灯具的布置与室内照明方式

灯具的布置应根据不同的照明方式，并综合考虑功能性及美观性等方面的要求来进行。

1. 一般照明

不考虑局部的特殊要求而使室内具有均匀照度的一种方式。灯具均匀地分布在被照场所的上空，在被照面上形成均匀的照度，同时，这种平均照度要满足视觉工作的要求。这种方式，适合于没有高视度方面特殊要求，且对光的投射方向没有特殊要求的场合。但是，当房间的层高大，照度要求高时，单独采用一般照明方式会造成灯具过多，功率过大的后果，有违经济性原则。下列情况宜选用一般照明：

（1）受生产技术条件限制，不适合装设局部照明或不必采用混合照明的场所。

（2）工作位置密度很大，而对光照方向无特殊要求的场所。如用于车间、办公室、体育馆、教室、会议厅、营业大厅等场合。

2. 分区一般照明

室内某些区域要求高于一般照明照度时，可将灯具在这些区域相对集中布置。在不同的分区内仍有各自均匀的一般照明，故称分区一般照明。例如在办公场所的工作区和休息区等，有不同的照度要求，就可采用这种方式。当某一区域需要高于一般照明的照度时，可采用分区一般照明。此种照明常以工作对象为重点，按工作区布置灯具。

3. 局部照明

局部照明是为某一局部进行照明的设置，它常常设置在要求高照度以满足非常精细的视觉处，或对光线的方向性有特殊要求的部位。一般不允许在整个工作场所或一个房间中，单独使用局部照明，以免造成某一局部与周围环境之间过大的亮度对比，形成亮度分布严重不均匀，影响视觉功能，妨碍视觉工作。民用建筑中的卧室、客房的台灯、壁灯等均属局部照明，如图3-4-1和图3-4-2所示。下列情况宜采用局部照明：

（1）局部地点需要高照度或照射方向有要求时。

（2）由于遮挡而使一般照明照射不到的范围。

（3）需要克服工作区及其附近的光幕反射时。

（4）需要削减气体放电光源所产生的频闪效应的影响时。

（5）视功能降低的人需要有较高的照度时。

（6）为加强某方向的光线以增强实体感时。

4. 混合照明

在同一室内既有一般照明，以解决整个空间范围内的均匀照明，又有满足某一局部特殊要求的重点照明，这种将一般照明与局部照明相结合的方式是混合照明。在高照度要求

图 3-4-1 餐厅中的局部照明

图 3-4-2 阅览室中的局部照明

时，这种照明方式比较经济，也是目前工业建筑和照度要求高的民用建筑中最常用的一种方式。

混合照明在空间中的应用如图 3-4-3 和图 3-4-4 所示。

图 3-4-3 公共空间中的混合照明

图 3-4-4 办公空间中的混合照明

5. 定向照明

定向照明是指光从显然清楚的方向且显著入射到工作面或者目标上的照明。博物馆、展览馆等室内空间中经常会使用到这种照明方式。定向照明在空间中的应用如图 3-4-5 和图 3-4-6 所示。

6. 重点照明

为了强调特定的目标而采用的定向照明方式，多指某点或者面积很小的面的照明。

重点照明在空间中的应用如图 3-4-7 和图 3-4-8 所示。

图 3-4-5 博物馆中的定向照明

图 3-4-6 专卖店中的定向照明

图 3-4-7 展示厅中的重点照明

图 3-4-8 教堂中的重点照明

7. 安全照明

在正常和紧急情况下都能提供照明的照明设备和照明灯具。

8. 泛光照明

与重点照明相对的一种照明方式，其照明目的不是针对某目标，而是更广泛的环境和背景。泛光照明在空间中的应用如图 3-4-9 和图 3-4-10 所示。

9. 过渡照明

两个空间的明暗对比较大，超过人们眼睛的明暗适应限度，会引起不适的感觉，为了缓解这种现象而增设的照明方式。

过渡照明在空间中的应用如图 3-4-11 和图 3-4-12 所示。

10. 应急照明

在正常照明因故熄灭的情况下，启用专供维持继续工作、保障安全和人员疏散使用的照明。应急灯具带有蓄电池，当接通外部电源时，电池就充电，如果干线断电，应急灯具就会进入状态，而当外部电源恢复供电时，电池就恢复充电状态。其电池的容量最低能够

图 3-4-9 泛光照明一

图 3-4-10 泛光照明二

图 3-4-11 室内过渡照明一

图 3-4-12 室内过渡照明二

维持灯泡工作 1 ~ 2h。

11. 特殊照明

特殊场合需要装备的特殊照明器，例如防潮、防粉尘、防爆等。

12. 景观照明

为在夜间可以观赏室内、外建筑物、造景、植物、小品等而设置的照明。

景观照明在空间中的应用如图 3-4-13 和图 3-4-14 所示。

13. 其他照明

其他照明包括水下照明、立体照明、交通照明等。

图 3-4-13 室内景观照明一

图 3-4-14 室内景观照明二

# 第4章 室内照明设计基础

照明设计主要是根据人们工作、学习和生活的要求，设计出一个照明质量好、照度充足，使用安全和方便的照明环境。传统意义上的照明设计，以工作面达到规定的水平照度为设计目标，忽视了灯光环境的质量。现代灯光环境设计主张无论对进行视觉作业的灯光环境，还是用于休闲、社交、娱乐的灯光环境，都要从深入分析设计对象着手，全面考虑对照明有影响的功能、形式、心理和经济等因素，在此基础上再制定设计方案，进行计算和评价。

照明设计还应充分发挥照明设施的装饰作用。这种装饰作用不仅表现在灯具本身的点缀和美化作用上，而且通过照明灯具与室内装修、构造等的有机结合，以及不同的照明构图和光的空间分布，还可以形成和谐的艺术氛围，对人们的情绪发生影响。

在处理室内环境照明的艺术效果时，必须充分估计到光的表现力。要结合实际条件，对光的造型、光的构图、光的分布及表面材料的质感、色彩、装饰构件等因素的相互影响和协调作出分析规划，以形成一个舒适愉悦的光环境。

# 4.1 室内照明设计的目的和要求

## 4.1.1 照明目的

照明的目的一方面是给周围的各种对象物以适宜的光分布，通过视觉达到正确识别人们所欲知的对象和确切了解人们所处的环境状况；另一方面则要创造满足生理和心理要求的室内空间环境，使人从精神上感到满意。照明设计的正确定位应该是以人为本，出色的照明设计应该把使用者所有的不同需求及其生活方式考虑在内，应该注重运用不同类型的照明装置，从而满足人、室内空间和重点物品三要素对光线的需求，其中最重要的是考虑如何为使用空间中的人提供照明。根据照明目的的不同，照明分为明视照明和环境照明。

1. 明视照明

以工作面上的需视物为照明对象的照明技术称为明视照明。例如生产车间、办公室、教室、商场营业厅等室内空间的照明均是以明视照明为主。

2. 环境照明

以周围环境为照明对象，并以舒适感为主的照明称为环境照明。例如剧场休息厅、门厅、宾馆客房的照明是以环境照明为主。

## 4.1.2 照明要求

不同照明目的的实现具体表现为明视照明和环境照明对照明设计的数量及质量方面的要求。在进行照明设计时应全面考虑和恰当处理下列各项照明质量的指标：照度、亮度分布、照度的均匀性、阴影、眩光、光的颜色、照度的稳定性等。

### 4.1.2.1　合理的照度水平

照度（lx）是决定受照物明亮程度的间接指标，因此常将照度水平作为衡量照明质量最基本的技术指标之一。

1. 照度与视力的关系

照度低时人的视功能也降低，随着照度的提高，视功能逐步提高。但当照度增加到1000lx 以上，随着照度的提高，视功能的提高就不显著了。不同的照度给人产生不同的感受，照度太低容易造成疲劳和精神不振，照度太高往往因刺激太强，过分兴奋而受不了。

视觉满意度是用来描述实际环境可接受性的一个术语。它主要由下列几个方面决定：一是在实际条件下进行工作的容易程度；二是在集中精力工作后为了放松而环视四周时，视环境的如意或舒适愉快的程度。影响视环境的主要因素是照度、反射比和颜色的组合、光源的亮度等。根据试验、研究结果所确定的满意的水平照度曲线。

2. 照度与工作效率和事故率的关系

合适的照度可以减少视疲劳，从而减少事故的发生，提高劳动生产率。500 ~ 1000lx 的照度范围是大多数连续工作的室内作业场所的合适照度。

照度在对视力的影响中最重要的是被观察物的大小和它同背景亮度的对比程度，在确定被照环境所需照度水平时，必须在考虑被观察物的大小尺寸的同时还要考虑观察物同其背景亮度的对比程度的大小。

### 4.1.2.2　照度的均匀性

除了合理的照度外，为了减轻人眼对因照度的极不相同的频繁适应所造成的视觉疲劳，室内照度的分布应该具有一定的均匀度。国际照明委员会（CIE）推荐，在一般照明情况下，工作区域最低照度与平均照度之比（即照度均匀度）不应小于 0.8，工作房间整个区域的平均照度一般不应小于工作区平均照度的 1/3，相邻房间的平均照度彼此间不应超过 5 ∶ 1 的变化。

我国 GBJ133—1990《民用建筑照明设计标准》规定：工作区域内的照度均匀度不应小于 0.7，工作房间内交通区的照度不宜低于工作面照度的 1/3。为了获得满意的照明均匀度，照明器的布置间距不应大于所选照明器的最大允许距高比。当要求较高时，可采用间接型、半间接型照明器或光带等方式。

若工作面上另加局部照明，则整体照明在工作面上产生的照度不宜小于 1/5 ~ 1/3 工作面上的总照度。

### 4.1.2.3　适宜的亮度分布

在室内环境中，如果背景有亮度过大的情况时，当人的视觉从一处转向另一处时，眼睛被迫要经过一个适应过程。如果这种适应过程次数过多，就会引起视觉疲劳。因此视野内适宜的亮度分布是舒适视觉的重要条件。相近环境的亮度应尽量低于被观察物的亮度，CIE 推荐被观察物的亮度如为相近环境的 3 倍时，视觉清晰度较好。在设计工作中，为了使室内环境能获得适当的亮度分布，同时又避免繁琐的计算工作，通常用照度对比和墙面、顶棚、地板等的反射比来作为设计应达到的要求。我国民用建筑照明设计标准中推荐：视觉工作对象照度比为 1，顶棚照度比为 0.25 ~ 0.9，墙面照度比为 0.4 ~ 0.8，地面照度比为 0.7 ~ 1.0，顶棚反射比为 0.7 ~ 0.8，墙面反射比为 0.5 ~ 0.7，地面反射比为 0.2 ~ 0.4，家具反射比为 0.25 ~ 0.45。

#### 4.1.2.4 限制眩光

眩光是指视野范围内由于亮度分布不合理或亮度过高所造成的视觉不适或视力减弱的现象。眩光被分成不舒适眩光和失能眩光两种。在实际照明环境中，不舒适眩光出现的机会远多于失能眩光。不舒适眩光虽然不像失能眩光那样会使人丧失视觉功能，但长时间在有不舒适眩光的环境中工作，人们会感到疲劳，甚至烦躁，从而降低劳动生产率。严重的还会引发事故，造成重大损失。因此在照明实践中应尽可能地限制不舒适眩光，而限制不舒适眩光的一系列措施，也将有效地限制失能眩光。

为了限制不舒适眩光，可选用具有较大遮光角的照明器，选择合适的照明器安装高度和采用具有低亮度大面积发光面的照明器。也可以通过选用有上射光通量的照明器和提高房间表面的反射比，改善视野内的亮度分布，达到限制眩光的目的。

此外，还应有效地限制光幕反射。

#### 4.1.2.5 适宜的光源色表和显色性

#### 4.1.2.6 阴影

在视觉环境中往往由于光源的位置不当造成不合适的投光方向，从而产生阴影。阴影会使人产生错觉和增加视力障碍，影响工作效率，严重时甚至会引发事故，故应设法避免阴影。对于一般情况，可以采用改变光源的位置，增加光源的数量等措施来加以消除。

#### 4.1.2.7 照明的稳定性

照明的不稳定性主要由于光源的变化所致。由于光通量的变化导致工作环境中亮度发生变化。从而在视野内使人被迫产生视力跟随适应，如果这种跟随适应次数增多，将使视力降低。另外，如果在光照环境中照度在短时间内迅速发生变化，也会在心理上分散工作人员的注意力。

光源光通量的变化主要由于电源电压的波动引起。在向照明供电的电源系统中存在有较大容量电动机的启动和其他大功率用电设备的工作，都会引起电源电压产生较大的波动，从而诱发照明的不稳定。对照明质量要求较高的情况，应将照明供电电源与有冲击负荷的电力供电线路分开，如确有必要时可考虑采用稳压措施。

需要注意的另一个问题是交流供电的气体放电光源（如荧光灯），其光通量是随交流电的频率周期变化的，用荧光灯照明观察物体转动状态时，就会产生失实的现象。这种现象就是所谓的频闪效应。频闪效应会使人产生错觉甚至引发事故，故气体放电光源不能用于有快速转动和快速移动物体场所的照明光源。降低频闪效应的办法，可采用三相电源分别供给三灯管的荧光灯。对单相供电的双管荧光灯可采用移相法供电。

## 4.2 室内照明设计的原则和内容

### 4.2.1 照明设计的基本原则

“安全、适用、经济、美观”是照明设计的基本原则。

1. 安全性

照明设计必须首先考虑设施的安装、维护和检修的方便、安全和运行的可靠，防止因短路、漏电等造成火灾和伤亡事故的发生。

2. 适用性

指能提供一定数量和质量的照明，保证规定的照度水平，满足工作、学习和生活的需要。灯具的类型、照度的高低、光色的变化等，都应与使用要求相一致。

3. 经济性

在工程设计中，确定照明设施时，要符合我国当前的电力供应、设备和材料方面的实际生产水平，尽量采用先进技术，充分发挥照明设施的实际效益，降低经济造价，以较少的费用获得较大的照明效果。在光源和灯具的选择上要充分考虑高效节能。新的国家标准GB50034—2004《建筑照明设计标准》对房间和场所的照明功率密度值进行了严格的规定，除住宅外，其他建筑必须强制执行。

4. 美观性

照明装置具有装饰房间、美化环境的作用，特别是对于装饰性照明，更应有助于丰富空间的深度和层次，显示被照物体的轮廓，表现材质美，使色彩和图案更能体现设计者的意图，达到美的意境。因此，要正确选择照明方式、光源种类和功率、灯具的形式及数量、光色与灯光控制器，体现灯光与室内空间的艺术美。

### 4.2.2 照明设计的主要内容

（1）确定照明方式和照明种类。

（2）选择光源和灯具类型。

（3）进行照度计算、负荷计算，确定光源的安装功率。

（4）选择供电电压和供电方式。

（5）确定照明配电系统。

（6）选择导线和电缆的型号、截面和敷设方式。

（7）选择配电装置、照明开关和其他电器设备。

（8）绘制照明平面布置图，同时汇总安装容量，列出主要设备和材料清单。

## 4.3 室内照明设计程序

室内照明设计的程序有以下 13 个阶段。

### 4.3.1 明确照明设施的用途和目的

1. 明确环境的性质

（1）确定室内空间的使用目的和用途，具体工作地点的分布，在室内进行的作业与其频繁程度、重要性等，如确定室内空间为办公室、商场、阅览室等。

（2）了解室内空间的大小、形状、风格，室内各界面的质地与反射比，照明与家具陈设等的关系等相关问题。

2. 确定照度设施的目的

确定需要通过照明设施所达到的目的，如各种功能要求及气氛要求等。

## 4.3.2 明确适当的照度和色温

根据照明的目的选定适当的照度，根据活动性质、活动环境及视觉条件选定照度标准。照度还应该与色温组合得当，否则会给人造成不舒服的感觉，如果同一室内空间出现多种色温的照明，则易破坏该室内空间的整体感。

## 4.3.3 保障照明质量

1. 考虑视野内的亮度分布

室内最亮的亮度、工作面亮度与最暗面的亮度之比，同时要考虑主体物与背景之间的亮度比与色度比。

2. 光的方向性和扩散性

一般需要有明显的阴影和光泽面的光亮场合，选择指示性的光源。为了得到无阴影的照明，应选择有扩散性的光源。

3. 避免眩光

（1）光源的亮度不要太高。

（2）增大视线与光源之间的角度。

（3）提高光源周围的亮度。

（4）避免反射眩光。

## 4.3.4 选择光源

1. 考虑色光效果及其心理效果

（1）需要识别色彩的工作地点及天然光不足的房间可采用显色性较好的光源。

（2）应虑及目的物的变色与变形。

（3）要考虑室内装饰等的色彩效果及气氛等。

2. 发光效率的比较

比如一般功率大的光源的发光效率高，一般荧光灯是白炽灯的3～4倍等。

3. 考虑光源的使用寿命

例如白炽灯约为1000h，荧光灯约为3000h等。

4. 考虑灯泡的表面温度的影响

例如白炽灯各种放置方向的表面温度不同，荧光灯的表面温度约为40℃，高压水银灯垂直、水平放置时的表面温度也有不同等。

## 4.3.5 确定照明方式

1. 根据具体要求选择照明类型

（1）按活动面上的照明类型分类，可分为直接照明、半直接照明、漫射照明（完全漫射及直接间接照明）、半间接照明、间接照明等。

（2）按活动面上的照度分布分类，可分为一般照明、局部照明、混合照明等。

2. 发光顶棚设计

发光顶棚设计包括光檐（或光槽）、光梁（或光带）、发光顶棚等（设格片或漫射材料）。

## 4.3.6　照明器的选择

1. 灯具的效率、配光和亮度

外露型灯具，随着房间进深的增大，眩光变大，下面开敞型的灯具也有上述的同样倾向，下面开敞型半截光灯具眩光少，镜面型截光灯具（带遮挡）的眩光最少，镜面型截光灯具（不带遮挡）、带棱镜板型灯具均具有限制眩光的效果，带塑料格片、金属格片的灯具均具有限制眩光的效果，但灯具效率低。

2. 灯具的形式和色彩

3. 兼顾灯具与室内整体设计的协调

## 4.3.7　照明器布置位置的确定

1. 直射照度的设计

直射照度的设计采用逐点计算法计算各种光源（点、线、带、面）的直射照度。

2. 平均照度的计算

利用系数法计算，同时确定灯具的数量、容量及布置。

## 4.3.8　电器设计

（1）电压、光源与照明装置的馈电等系统图选择。

（2）配电盘的分布、网路布线、异线种类及敷设方法的选择。

（3）网路的设计，防护触电的措施等。

## 4.3.9　经济及维修保护

（1）核算固定费用与使用费用。

（2）采用高效率的光源及灯具。

（3）天然光的利用。

（4）选用易于清扫维护、更换光源的灯具。

## 4.3.10　绘制施工图、编制概算或预算书

先绘制电气施工平面图，再绘制配电系统图，编写工程总说明，列出主要材料表。如图 4-3-1 ~ 图 4-3-4 所示。

## 4.3.11　设计时应考虑的事项

（1）与业主、与建筑、室内及设备设计师协调。

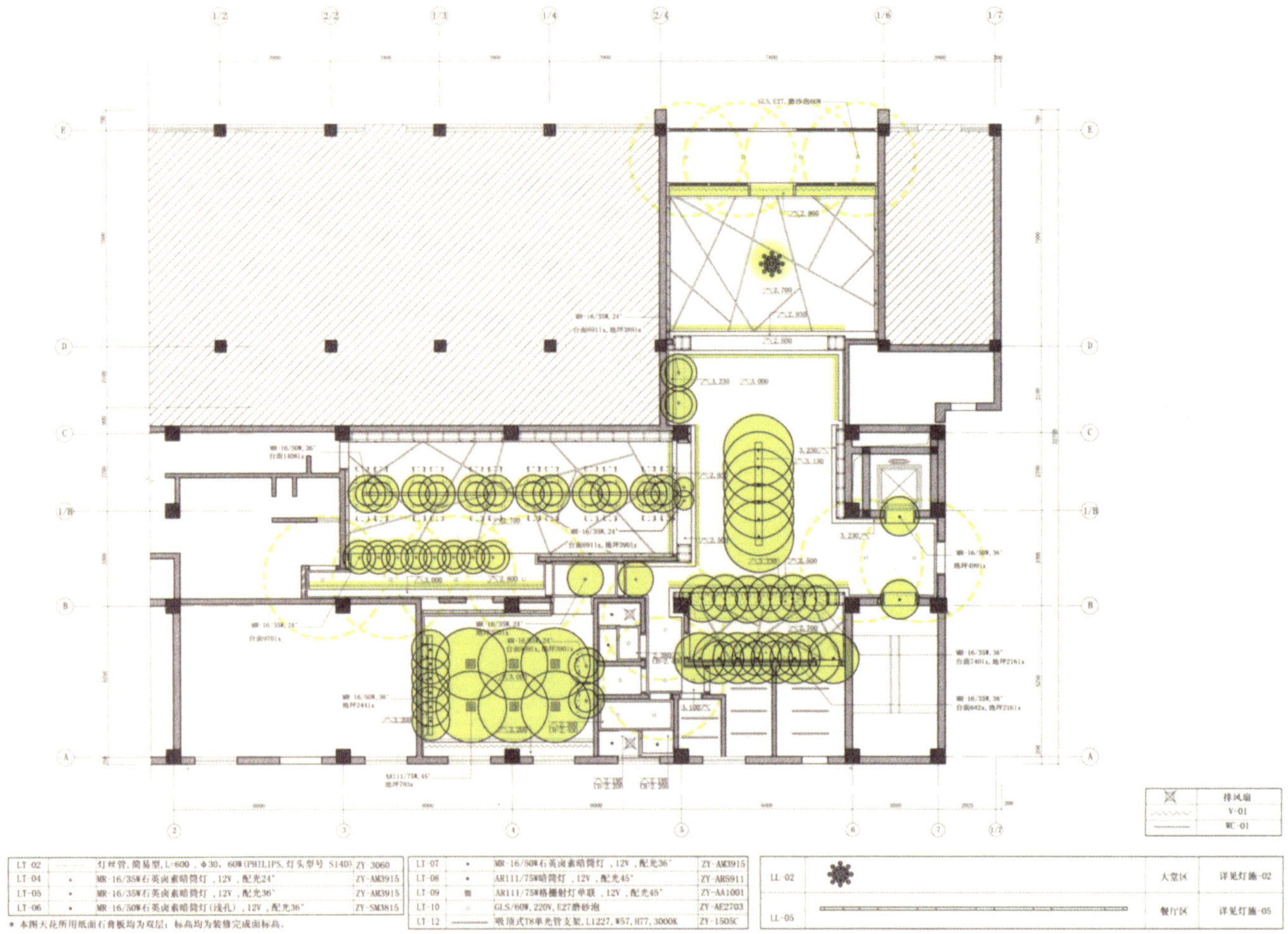


图 4-3-1 光源投射圈平面照度布置图（图片来源：叶铮著．室内设计纲要——概念思考与过程表述［M］．北京：中国建筑工业出版社，2010）

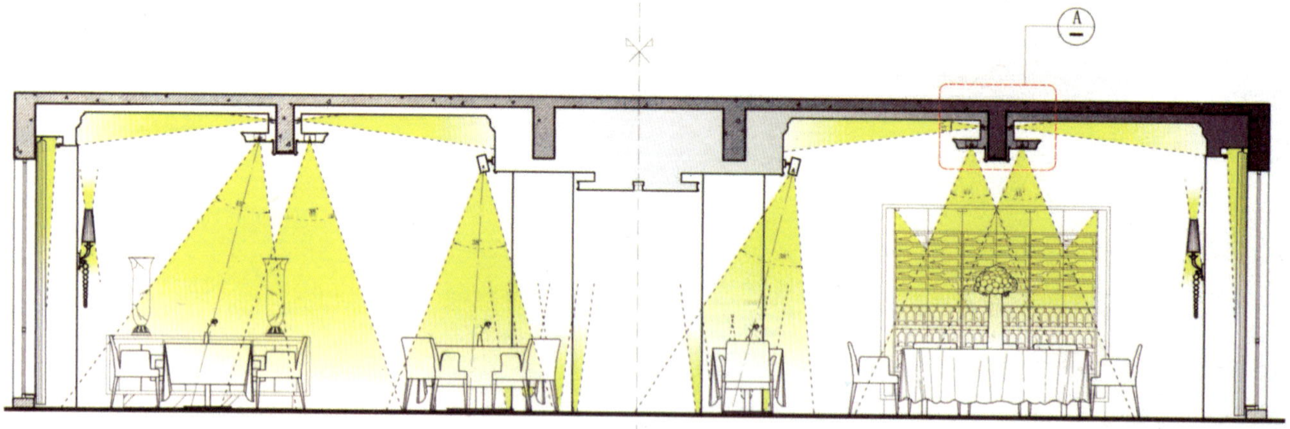

图 4-3-2 布光方式图（图片来源：叶铮著．室内设计纲要——概念思考与过程表述［M］．北京：中国建筑工业出版社，2010）

（2）与室内其他设备统一，如空调、烟感、音响等。

## 4.3.12 施工现场管理阶段

照明设计师为了把设计变为现实，在工程进行期间要定期前往现场，与监督工程施工进程的建筑师、室内设计师、电气工程公司、建筑工程公司进行商讨，这在照明设计中就是现场管理阶段。

1. 现场说明会

尽管照明设计内容要被汇总到上述阶段制作的设计文件中，但仅依靠设计图纸来进行施工是远远不够的，因为那些用于工程发包的图纸所包含的内容和信息是相当有限的。

通常，照明设计图纸的内容，由于分别被安排到工程发包图的电气设计图和吊顶结构平面图中，在这些图中，无法得知灯具的式样、安装方式和数量等内容，当然，也有将照明设计图纸作为工程发包图的做法，但是，仍然无法将照明设计的理念准确地传递给工程的承包人。

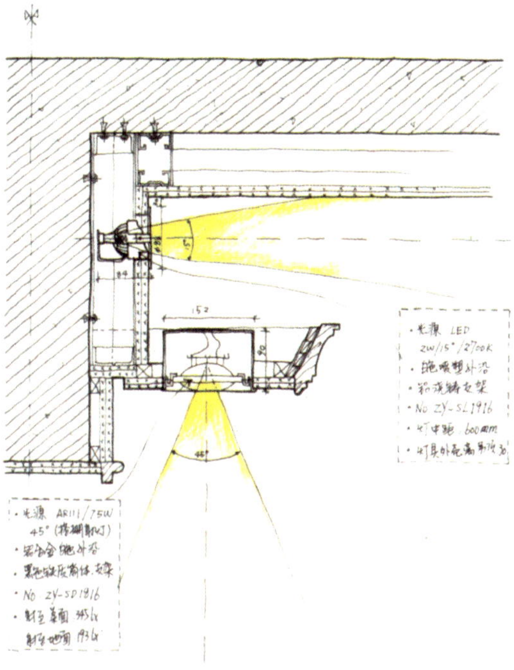

图 4-3-3　布光方式详图（图片来源：叶铮著．室内设计纲要——概念思考与过程表述［M］．北京：中国建筑工业出版社，2010）

因此，有必要举办照明设计说明会，来向工程的有关人员传达设计的相关内容。在会上，应该由照明设计师来讲述照明设计的构想以及工程的内容，讲解有关的照明术语，如色温、光通量、显色性等，洗墙式灯具等各种灯具的名称、特点、作用、安装等内容。会上要确认灯具的安装时间表，如果设计中使用了特制的专用灯具时，需要强调应按照被认可的图纸进行施工，并确定试验灯具的时间等。

2. 照明例会

无论是多么翔实的设计图纸，当工程开始后都可能会出现各种各样的问题。为了解决

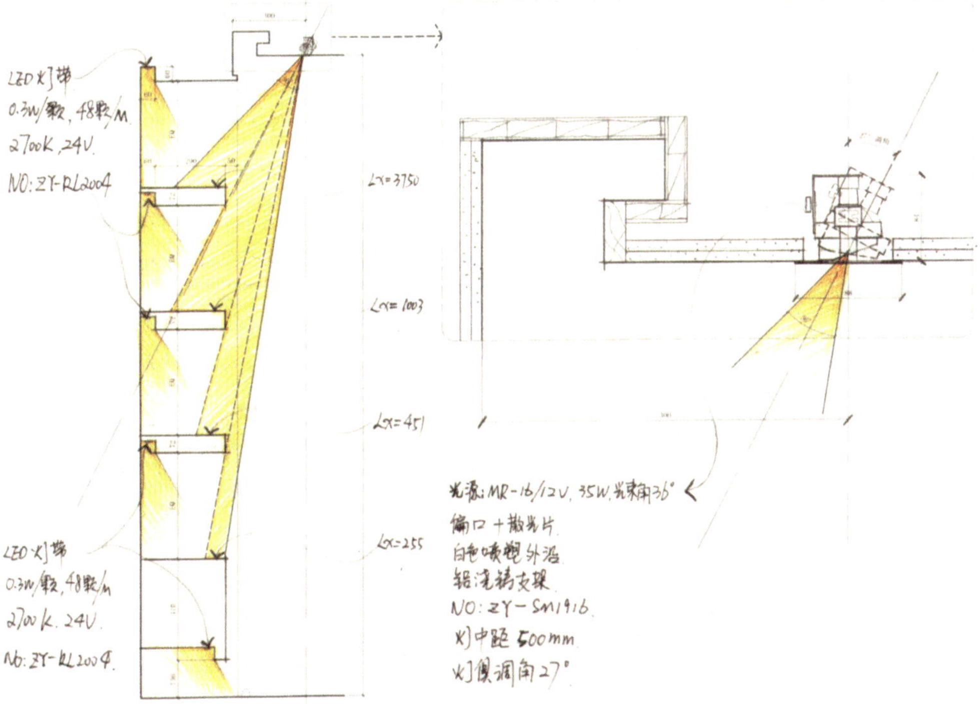

图 4-3-4　空间垂直向各水平面照度布置图（图片来源：叶铮著．室内设计纲要——概念思考与过程表述［M］．北京：中国建筑工业出版社，2010）

所发现的问题，需要召开“照明例会”。这种会议通常是由承担照明工程的电气工程公司主办，建筑师、室内设计师、设备设计师、照明设备厂家的技术人员、照明设计师等应该参加会议，就有关灯具的详情和在建筑中的安装等问题进行详细的商讨。

3. 照明模型试验

优美的照明效果，既来自于性能优异的灯具，也要求接受光照的墙面、地面以及天花板表面的颜色和质地能够有效地配合，才能都到预期的照明效果。

当使用某些新型的饰面材料，或者是使用特殊的灯具时，需要制作模型或在现场进行试验。进行试验时，照明设计师应该在事前作出试验的计划书，以便寻求有关人员的合作。

虽然试验的内容会随试验目的而变，但测量照度和亮度数据、拍摄和记录不同照明效果进行比较试验的照片等，都是必不可少的。试验结果汇总到报告书中，据此可以决定灯具的详情，选择合适的墙面材料。

另外，这种试验结果也能作为向业主和室内设计师展示照明效果、说明照明意义的材料。

4. 告知 / 同意

完成一个照明设计之所以很难，是因为完成了建筑空间的施工、安装了照明灯具、直到通了电，业主还不能看到最终的照明效果。业主只能在建筑物即将竣工之前才能看到他在照明设计和照明设备方面的投资结果，一旦与业主的预期有所差距也难以修补。当然，这种情况是决不允许发生的，所以，从概念设计阶段到施工设计阶段到现场试验阶段，需要反复向业主进行设计效果的演示，尽管如此，照明效果的体验也是因人而异，甚至在价值观上的差异也会体现到对照明效果的是否认同方面。

所以，“告知 / 同意”就是指对那些对方有疑问的事情进行说明，以便消除其疑虑。在进行现场施工配合时，应该边向对方展示照明的试验效果，边阐释说明设计中的有关问题。

5. 认可

在灯具即将发包之前，由电气工程公司提出灯具认可图。这是反应以前商讨结果的图纸文件，确认其内容之后，须盖章方能生效。

此外，还存在一个最终确认的问题，就是确认所有光源的配光和色温。在配光方面，光束扩散程度以半光束角进行规定，例如 10°、20°、30° 等。

## 4.3.13 照明调试阶段

对由灯具出射的光的强度和照射方向进行调整，属于照明设计的后期工作，称之为调光。对于较大规模的照明工程现场来说，需要绘制调光指示图，因为许多时候是需要依靠电气工程公司来配合完成这项工作。这项工作是在工程大体完成之时，即将向业主交工之前来进行的。照明设计师需要到现场来指挥调光作业，并亲自予以确认。

当在同一空间中设计了多个照明场景时，还应把所设计的各个场景的照明效果以及场景更替时间存储起来以备调用。

1. 调光指示图

以灯具总布置图为基础，从各个灯具处引出射线，指向投光点，把表示照射点的图称为调光指示图。在这个图上，画出光在被照面上扩散的圆弧，标上由照明计算求得的照度值，并标记上从灯具到照射点的照射角度。

调光工作是根据这个图把瞄准点在现场做记号，然后再将灯具调整指向该点。

调光工作多在夜间进行，设计师应具备迅速判断并作出合适指示的能力。

2. 制作照明场景状态图

当要在规定时间内转换照明场景时，需要预先设定灯具的调光水平、调控开关以及调控间隔。照明场景状态图就是用表格和图形（曲线图）来表示这些信息内容。

3. 制作维护管理导则

照明工程建设完成之后，光源和灯具必须进行经常性的维护，才能确保它们正常地工作，保持照明效果，因此，需要向管理者、使用者说明如何正常的使用和维护照明工程。说明多以维护管理的手册的形式出现，手册中包括使用说明、管理方法以及产品资料等。

4. 导入 POE（使用状况评价）

POE（使用状况评价）概念最初起源于建筑设计领域，是指在建筑物建成若干时间后，以一种规范化、系统化的程式，收集使用者对环境的评价数据信息，经过科学的分析，了解他们对目标环境的评判；通过与原初设计目标作比较，全面鉴定设计环境在多大程度上满足了使用群体的需求；通过可靠信息的汇总，对以后同类建设提供科学的参考，以便最大限度地提高设计的综合效益和质量。

POE（使用状况评价）既可以是单独使用某种调查方法也可以综合使用多种方法。常用的 POE（使用状况评价）方法有观察法、访问法、摄影法、访谈法、图示法、问卷法、使用记录、形容词检核表、心理测验等。

在室内照明设计中导入 POE（使用状况评价）并恰当地综合运用多种调查方法，获取有关照明工程的技术数据以及照明效果的全方位评价等进行记录存档。一方面可以作为将来进行维护管理时的依据，另一方面有助于总结经验，为后续的设计任务提供参考。

# 4.4 室内照明计算的基本概念

## 4.4.1 室内照明计算的内容

照明计算是照明系统设计的基础。它包括照度计算、亮度计算、眩光计算以及色度计算（色温计算、显色指数计算）等照明功能上各种效果的计算。

照度计算通常包括以下两个方面：一是在照明系统（包括光源、灯具等）已知的情况下，计算被照面上的照度；二是根据所需的照度和照明布置，确定照明器（光源、灯具）的数量及其功率。

## 4.4.2 照度计算的基本方法简介

（1）按照光的照射方式，可分为直射照度计算、反射照度计算和平均照度计算等。点光源的直射照度计算比较适用于剧场舞台、会议厅、讲台等局部照明的计算，通常采用平方反比法、空间等照曲线法等。

当计算点与光源的距离大于光源最大边或直径的 5 倍时，该光源可按点光源计算。

点光源的直射照度如图 4-4-1 所示。

$$E_n=\frac{I}{R^2}\text{或}=\frac{I}{h^2}\cos^2\theta\ \text{或}=\frac{I}{d^2}\sin\theta$$

$$E_h=\frac{I}{R^2}\sin\theta\ \text{或}=\frac{I}{h^2}\cos^3\theta\ \text{或}=\frac{I}{d^2}\sin\theta\cos\theta$$

$$E_{vo}=\frac{I}{R^2}\sin\theta\ \text{或}=\frac{I}{h^2}\sin\theta\cos^2\theta\ \text{或}=\frac{I}{d^2}\sin^3\theta$$

$$E_{v\phi}=\frac{I}{R^2}\sin\theta\cos\theta\ \text{或}=\frac{I}{h^2}\sin\theta\cos^2\theta\cos\phi\ \text{或}=\frac{I}{d^2}\sin^3\theta\cos\phi$$

**【例 4-4-1】** 距工作面 3m 高有两盏水平距 4m 的 100cd 的灯 A 及灯 B，求垂直于 A 点水平面上的照度。

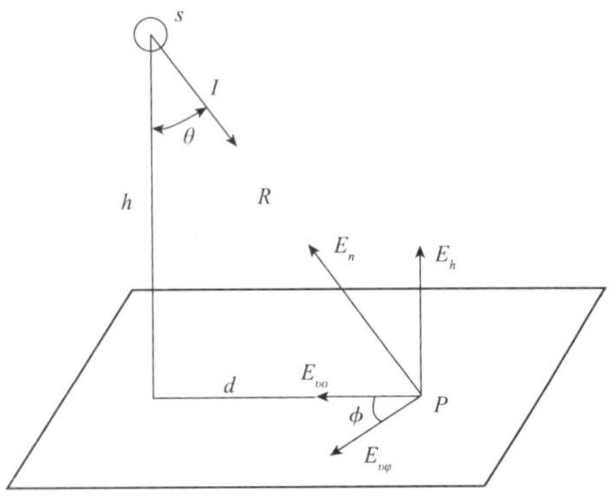

图 4-4-1 点光源的直射照度

解：$E_h$=A 灯照度 $E_{h1}$+B 灯照度 $E_{h2}$

$$R_B=\sqrt{3^2+4^2}=5$$

$$E_h=\frac{100}{3^2}\cos 0°+\frac{100}{5^2}\times\frac{3}{5}=11.1+2.4=13.5\text{lx}$$

（2）按照光源的种类，可分为点光源的照度计算、线光源的照度计算和面光源的照度计算等。

**【例 4-4-2】** 如图 4-4-2 所示面光源直射照度计算（立体角投影法）的方法通常是：亮度为 $L$ 的面光源在 $s_c$ 水平面点 $P$ 所产生的水平照度 $E_h$ 为 $E_h=\int_s L\mathrm{d}\omega\cos\beta=\int_s\frac{L\mathrm{d}s_e\cos\alpha\cos\beta}{r^2}$，当光源亮度均匀时 $E_h=LW\cos\beta$。如以 $P$ 为顶点，以光源 $s_e$ 为底的锥体，从以 $P$ 点为中心、$l$ 为半径的球切下面积 $s_0$，它在水平面上的正投影面积为 $s$，光源亮度均匀时，$E_h=L_s$。

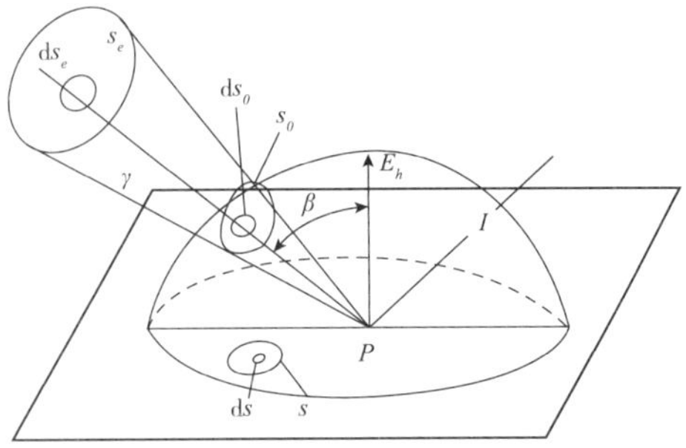

图 4-4-2 面光源的直射照度

（3）按照计算的步骤和方法来划分，常用的有逐点计算法、利用系数法和单位容量法三种计算方法。

1）逐点计算法：适用于计算任意面上某一点的直射照度。

2）利用系数法：考虑了直射光和反射光两部分所产生的照度，因此准确度较高。适用于室内灯具均匀布置的一般照明及利用墙和顶棚作光反射面的场合，在该场合水平面上的均匀照明的平均照度计算，如图 4-4-3 所示。

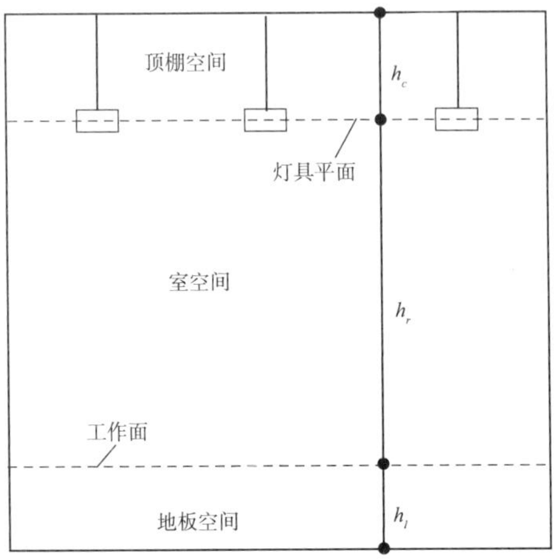

图 4-4-3 利用系数计算平均照度

$$E_{av}=\frac{N\Phi UK}{A}$$

式中 $\Phi$——光源额定光通量，lm；

$N$——光源数量；

$K$——维护系数；

$U$——利用系数；

$A$——工作面面积，m。

$$\rho_{eff}=\frac{\rho A_0}{A_S-\rho A_S+\rho A_0}$$

式中 $\rho_{eff}$——有效空间反射率；

$A_0$——空间开口平面面积，m；

$A_S$——空间表面面积，m；

$\rho$——空间表面平均反射率。

【例 4-4-3】 某室内空间长 10m，宽 6m，高 3.3m。室内表面反射率分别为：顶棚 0.70，墙面 0.50，地面 0.20。灯具利用系数已知，顶部吸顶安装 6 支灯，求距第面 0.8m 高的工作面上的平均照度。

解：计算各空间比、各空间有效反射率和墙面平均反射率 *RCR*、*CCR*、$\rho_{cc}$、$\rho_{fc}$、$\rho_{\omega}$。

查已知利用系数表，内插求出 $U$=0.623。

维护系数 $K$=0.75，光源光通 $\phi$=2200lm

$$E_{av}=\frac{2200\times6\times0.623\times0.75}{10.0\times6.0}=102.8\text{lx}$$

如果上述条件要求平均照度 100lx，求需灯数 $N$

$$N=\frac{100\times10.0\times6.0}{2200\times0.623\times0.75}=6$$

3）单位容量法：又称比功率法，实质是单位面积的安装功率。用每单位被照水平面上所需要灯的安装功率来表示，即

$$W=P/A$$

式中 $W$——单位容量，$W/m^2$；

$P$——灯的总安装容量，W；

$A$——被照面积，$m^2$。

单位容量 W 取决于灯具的类型、最低照度 $E_{min}$ 计算高度 $h$、室内使用面积 $A$、顶棚、地板、墙壁的反射比等因素，单位容量法是从利用系数法演变并简化而来的。

单位容量法适用于均匀的整体照明计算。在初步设计时，还可以按单位建筑面积照明用电指标来估算照明容量。

房间内需要安装的灯具数量按下式计算

$$N=P/P'$$

式中 $P'$——每盏灯具的灯泡数量 × 灯泡功率（包括镇流器功率消耗），W。

根据已知的面积及所选的灯具形式、最低照度 $E_{min}$、计算高度 $h$、每单位面积的安装容量 $P$，从公式算出全部灯泡的总安装功率 $P'$，然后除以从较佳布置灯具方法所得出的灯具数量，即得灯泡功率。

# 第5章 住宅空间室内照明设计

住宅是人们居住生活的主要空间，其环境质量直接影响人们的生活质量。随着经济的发展，居住条件的改善，过去简单的照明方式已不能满足人们对于住宅空间物质功能和精神功能的多层面要求，所以，一方面，需要通过改变光源性质、位置、颜色和强度等技术手段，来满足空间的功能性照明要求；另一方面，还需要利用灯具的造型、材质和色彩与家具及其他陈设进行密切配合，迎合室内空间的设计风格，来进一步提高居住环境的质量，努力创造丰富多样而又舒适和谐的照明环境和气氛。

通常，住宅室内照明设计从实用、舒适、安全、经济等四个方面关注室内照明质量。

# 5.1 住宅照明的要求

## 5.1.1 满足各项功能的照度

在住宅空间中的照明设计要保证人们饮食起居、文化娱乐、工作学习、家务劳动、迎宾待客等活动的正常进行，所以，住宅照明设计要充分考虑到居家活动的多样性，相应活动性质决定住宅中各空间的功能各有不同，应根据不同空间的具体功能要求来设计照度。住宅照明应考虑不同年龄段的人的需求，一般老年人由于视力的减退，需要的照度较高，其次是中年人，年轻人要求的相对低些。

住宅建筑照明的照度标准如表 5–1–1 所示。居住建筑室内空间国内外照度标准对比如表 5–1–2 所示。居住建筑每户照明率密度值如表 5–1–3 所示。住宅空间中的照明状况如图 5–1–1 和图 5–1–2 所示。

表 5–1–1　住宅建筑照明的照度标准

| 类　别 | | 参考平面及其高度 | 照度标准值（lx） | | |
|---|---|---|---|---|---|
| | | | 低 | 中 | 高 |
| 客厅、卧室 | 一般活动区 | 0.75m 水平面 | 20 | 30 | 50 |
| | 书写、阅读 | 0.75m 水平面 | 150 | 200 | 300 |
| 客厅、卧室 | 床头阅读 | 0.75m 水平面 | 75 | 100 | 150 |
| | 精细作业 | 0.75m 水平面 | 200 | 300 | 500 |
| 餐厅、厨房 | | 0.75m 水平面 | 20 | 30 | 50 |
| 卫生间 | | 0.75m 水平面 | 10 | 15 | 20 |
| 楼梯间 | | 地面 | 5 | 10 | 15 |

表 5–1–2　居住建筑室内空间国内外照度标准值对比（lx）

| 房间或场所 | | 原标准 GBJ 133—1990 | 美国 IESNA—2000 | 日本 JISZ9110—1979 | GB 50034—2004 |
|---|---|---|---|---|---|
| 客厅 | 一般活动 | 20 ~ 30 ~ 50（一般） | 300（偶尔阅读） | 30 ~ 75（一般） | 100 |
| | 书写、阅读 | 150 ~ 200 ~ 300（阅读） | 500（认真阅读） | 150 ~ 300（重点） | 300 |
| 卧室 | 一般活动 | 75 ~ 100 ~ 150（床头阅读） | 300（偶尔阅读） | 50 ~ 100（一般） | 75 |
| | 书写、阅读 | 200 ~ 300 ~ 500（阅读） | 500（认真阅读） | 300 ~ 750（阅读、化妆） | 150 |

续表

| 房间或场所 | | 原标准 GBJ 133—1990 | 美国 IESNA—2000 | 日本 JISZ9110—1979 | GB 50034—2004 |
|---|---|---|---|---|---|
| 餐厅 | | 20 ~ 30 ~ 50 | 50 | 50 ~ 100（一般）<br>200 ~ 500（餐桌） | 150 |
| 厨房 | 一般活动 | 20 ~ 30 ~ 50 | 300（一般）<br>500（困难） | 50 ~ 100（一般）<br>200 ~ 500（烹调、水槽） | 100 |
| | 操作台 | | | | 150 |
| 卫生间 | | 10 ~ 15 ~ 20 | 300 | 75 ~ 150（一般）<br>200 ~ 500（洗脸、化妆） | 100 |

表 5-1-3　居住建筑每户照明功率密度值（GB 50034—2004）

| 房间或场所 | 照明功率密度（$W/m^2$） | | 对应照度值（lx） |
|---|---|---|---|
| | 现行值 | 目标值 | |
| 起居室 | 7 | 6 | 100 |
| 卧室 | | | 75 |
| 餐厅 | | | 150 |
| 厨房 | | | 100 |
| 卫生间 | | | 100 |

图 5-1-1　住宅空间中餐饮区域的照明状况

图 5-1-2　住宅空间中休闲区域的照明状况（设计师：赵牧恒）

## 5.1.2　适当的亮度分布

住宅空间不仅功能复杂，房间大小差别也较大，要创造一个舒适的光环境，住宅各处的亮度不宜均匀分布。亮度分布均匀会令人感到单调乏味，空间缺乏层次，但也要避免极端的明暗，避免过暗的阴影出现，同时，过道和走廊不需过于明亮，要注意主要空间和附属空间的亮度平衡和主次关系。对一般较小的房间可采用均匀照度，而对于较大的房间，则需要创造照明中的重点，突出中心感。儿童和老年人房间的亮度可适当提高，因为儿童活动的随机性较强，需要较高的亮度来保障安全和健康，老年人的视力下降比较明显，反映能力较差，活动的灵活性欠佳。客厅可以有较高的亮度，能使人精神愉快，方便营造欢乐和谐的气氛，如图5-1-3所示。卧室的整体亮度可以偏低，通过床头灯、落地灯、镜前灯等来提高局部亮度，既可使人感觉宁静、舒适，又能保证诸如阅读、化妆等使用功能。为了休息，卧室中天花板的亮度可以比墙面略暗，如图5-1-4所示。

另外，亮度对比要适当。工作区、工作区的周围和工作区环境背景之间的亮度对比不宜过大，亮度差别过大会引起不舒适，易造成眩光，易使人疲劳。一般工作区与工作区周围亮度比不超过4倍，其亮度比尽量达到最小。

图5-1-3 客厅的亮度分布状况

图5-1-4 卧室的亮度分布状况

## 5.1.3 适当应用光线色调

光线有冷色调、中性色调、暖色调之分。冷色调的光环境适合阅读、家务劳动等活动，暖色调的光环境适合用餐、休闲、娱乐等活动。在同样的照度下，浅色格调的空间环境亮度较高，深色格调的空间环境亮度较低，光线的照度和色调应该随空间环境的格调应变。

## 5.1.4 利用灯光创造空间和氛围

实践证明，光环境会影响人的情绪，合理应用光源和灯具，可以创造出非常完美的光和影的世界，营造出有助于人们身心健康的室内空间的光色氛围。在灯光照明设计时，既要考虑创造良好的学习、生活环境，又要考虑创造舒适的视觉环境。

## 5.1.5 绿色照明

在住宅照明设计中，很有必要注意节能，不宜一律选用耗能较高的白炽灯，应推广采用紧凑型荧光灯和节能型灯具，适当选用调光器。努力控制灯具的数量，避免灯光污染，可选择能灵活地对光源照度进行控制的灯具，以利节能。从经济的角度考虑，住宅照明不仅在灯光设计及安装上应考虑尽可能地减少费用，而且要考虑长期使用中节约能源，减少电费开支。

## 5.1.6 灯具要既实用又美观

灯具的种类繁多，合理地选择灯具一方面要满足住宅的照明要求，另一个方面还要使灯具适合室内空间的体量、风格、形状、色彩、质感等的要求，与空间配合共同体现设计风格和地域特点等，反映人们的审美情趣和品位修养，如图 5-1-5 和图 5-1-6 所示。

图 5-1-5 与室内设计风格相得益彰的灯具

图 5-1-6 与空间配合得当的灯具设计（设计师：徐少林）

## 5.1.7 电气设施应留有裕度且便于维修

（1）随着人们生活水平的不断提高，家电数量日益增多，在选用进户线截面时，应留有一定的裕度。

（2）灯具的安装位置要适当，最好是人们易达到的高度和位置以方便使用过程中的维修。

（3）选择重量轻、结构简单、易拆装的照明器，当光源需要更换时方便拆装。

（4）安置开关的位置应适当。原则上要在入口处设置房间主要光源的总开关，开关的位置要与室内活动的路线相一致。其他照明器的开关，如台灯、地灯等的开关最好设置在灯具周围，方便人操作。老年人住宅中光源开关的位置应以顺应活动流线、与相关功能靠近为宜。应在老年人到达各个空间之前，就能找到开关打开光源，照亮行进的路线，以免因光线昏暗导致老年人摸索前行，甚或不慎遭到磕碰。老年人住宅的开关宜采用大面板单联开关，开关面板的颜色宜与所在墙面有一定反差，清晰可辨，以避免误操作，开关面板宜带有提示灯或具有荧光提示功能，方便老年人在黑暗的环境下准确找到其位置。开关距地高度通常为 1100 ~ 1200mm。

（5）注意灯具使用过程中的安全性，特别是有老年人和儿童的家庭，更应注意照明器的安全性，照明器要有足够的保护，避免光源或带电部分外露，灯具的开关等操作部分要与光源保持一定距离，灯具的安装要牢固，摆放的位置要合适，并应考虑它的稳定性及坚固性。

# 5.2 住宅照明设计中光源和灯具的选择

## 5.2.1 光源的选择

住宅照明以选用小功率光源为主。常用的光源有白炽灯、紧凑型荧光灯、环形荧光灯、直管荧光灯、低压卤钨灯等。选择光源时应该考虑照度的高低，点灯时间的长短，开关的频繁程度，光色和显色，以及光源的形状，节能效果等。

人们可以根据自己的性格爱好，以及生活和工作的特点，来选择光色，但挑选时必须首先考虑到要与室内以家具、墙面、地面为中心的色彩基调相配合。

1. 荧光灯及紧凑型荧光灯

光源特点：光线近似日光，光视效能较高，光色优越，显色性好，属扩散性光源，光线柔和，使用寿命也比白炽灯高得多，缺点是价格较高，长期在荧光灯下工作容易感到疲倦，气温过低时难于点燃等。适用场所：

（1）特别适用于高照明的一般照明。

（2）开关不频繁，连续点灯时间长的场所，如客厅的照明，家庭娱乐场所的照明。

（3）紧凑型荧光灯适合于书写台灯作局部照明。

（4）直管荧光灯还可作厨房的局部照明、洗澡间梳妆照明等，因为尺寸在家庭使用时受到一定限制。

2. 白炽灯

光源特点：光线明亮，暖色调，被照物逼真，观看物体时基本上没有色差，显色性最好，便于调光，允许频繁开关不影响寿命，灯泡造型美观，价格低廉，适用于家庭的工作，重点和装饰各类照明的应用，安装和使用都比较简便。缺点是耗电量大，光视效能较低，使用寿命较短。通常，在住宅照明中，应考虑节能的要求，尤其是点灯连续时间较长的场所，最好不用耗能高的白炽灯，而采用紧凑型荧光灯，以利节能。适用场所：

（1）有丰富的黄红光成分，显色性优越，照射到食物上色泽鲜美，可增进食欲，适于餐厅照明。

（2）暖色调，能增加人的肌肤美，可用于梳妆照明、浴室照明。

（3）在低照度区暖色光令人感觉舒适、环境也显得宁静、亲切、温馨，适于卧室照明。

（4）灯的体积小易于控光，适于各类装饰照明。

（5）便于调光，改变环境照度和气氛，实现多功能照明，如看电视、音乐欣赏、娱乐活动等。在门厅、会客厅等处采用白炽灯照明，以暖色为主，会使环境空间显得热烈，营造出主人热情好客的气氛。

（6）适于照明频繁开关的场所，厨房、厕所、浴室、走廊、门厅、楼梯间、储藏室等照明。

3. 低压卤钨灯

光源特点：光线鲜明，白光，富凝聚性，显色性优越，老化时不会变黑，明亮。尺寸紧凑可做射灯，导轨灯。比白炽灯效率高寿命长，便于调光。使用场所：

（1）作重点照明、局部工作照明以及装饰用照明，如壁画、展示品等的照明。

（2）采用导轨灯调节灵活，使用方便，适于需调节的场所。

住宅空间的光源选择如表 5-2-1 所示。

表 5-2-1　　住宅空间的光源选择

| 房间名称 | 照明要求 | 适用光源 |
|---|---|---|
| 卧室 | 暖色调、低照度，需要宁静甜蜜温馨等气氛，在卧室内长时间阅读书写时则要求高照度 | 白炽灯作全面照明台灯可用紧凑型荧光灯 |
| 客厅 | 明亮、高照度，点灯连续时间长 | 紧凑型荧光灯、环形荧光灯、直管荧光灯 |
| | 要求较高的艺术装修和豪华的场所 | 白炽灯的花灯、台灯、壁灯，重点照明用低压卤钨灯 |
| 梳妆台 | 暖色光、显色性较好，富于表现人的肌肤和面貌，照度要求较高 | 白炽灯为主 |
| 门厅 | 亮度高、连续点灯时间长，有节能要求 | 紧凑型荧光灯 |
| 餐厅 | 以暖色调为主，显色性较好，增加食物色泽，增进食欲 | 白炽灯为主 |
| 书房 | 书写及阅读要求高照度以局部照明为主 | 紧凑型荧光灯 |
| 浴室厕所 | 光线柔和，灯泡开关次数频繁 | 白炽灯 |
| 楼梯间、储藏间 | 照度要求较低，开关频繁 | 白炽灯为主 |

## 5.2.2 灯具的选择

灯具在室内起着重要的装饰作用，因此，在选择灯具时应符合室内空间的用途和格调，要与室内空间的体量和形状相协调，也就是说，灯具的选择，除了应根据各人的喜好外，还得结合房间的总体设计加以考虑。住宅空间中灯具的选择应遵守下列 6 项原则。

1. 简约的原则

灯饰在房间中应起到画龙点睛的作用。过于复杂的造型、过于繁杂的花色，均不适宜设计简洁的房间。

2. 方便的原则

选择灯具时，要考虑便于维修和更换灯泡。

3. 节能的原则

节能灯泡既省电，照度又好，也不散发热量。适用于多头灯具。

4. 安全的原则

一定要选择正规厂家生产的灯具，保证使用安全。

5. 功能的原则

不同使用功能的房间，应安装不同款式、不同功能的灯具。

6. 协调的原则

灯饰与房间的整体风格要协调。同一房间的多盏灯具，应保持色彩与造型的协调。灯具的大小还应当与居室面积以及家具、室内陈设等的大小相协调。

一般来说，$10m^2$ 左右的房间宜选用直径为 200mm 的吸顶灯或单火吊灯；$15m^2$ 左右的房间宜选用直径为 300mm 的吸顶灯或单火吊灯，如果采用多叉吊灯，应以小型吊灯为好；$20m^2$ 以上的较大房间，则可选用多叉花饰吊灯。但客卧兼用的房间，还是选用单火吊灯为好。

壁灯的尺寸应结合墙面大小、房间大小、主灯大小等加以考虑。一般来说，$10m^2$ 左右的房间应选用高 250mm、支出 170mm、灯罩直径为 90mm 的壁灯；再大一些的房间可选用双火壁灯。

台灯的大小，应根据写字台台面的大小而定，如台面小而台灯过大，既不相称，也不便于工作。床柜台灯的大小也应视房间的大小而定。

# 5.3 住宅照明设计

住宅照明有一般照明（主体照明）与局部照明之分。前者是作为整个房间的照明，为主体照明，要求明亮、舒适、照度均匀。后者作房间内局部范围的照明，直接装设在工作面附近，照明要求有足够的光线和合适的位置并避免眩光。

## 5.3.1 客厅

客厅是居家生活的中心，也是待人接物的场所，因为在其中的活动内容较为丰富，故功能较其他空间复杂。客厅的照明设计应具有多功能性，照明方式及亮度要适应使用目的，还应考虑它的多变性，一方面应该符合家人休息、交流、阅读、游戏、观赏影视作品、欣赏音乐等活动的要求；另一方面还要满足招待宾客、人际交往、对外展示主人格调和个性的要求。

客厅照明需设多用途高灵活的照明系统，应将全面照明、工作照明和装饰照明结合起来。首先应考虑设置一般照明，或能够强调空间统一及中心感的照明方式，并使整个房间在一定程度上明亮起来。另外根据功能分区及要求设置局部照明和陈设照明（如台灯、地灯、陈设柜内照明、壁灯、照亮墙上画面的镜灯），以丰富空间内光环境的层次感，改善空间内的明暗关系。创造照明方式的多变性及多种组合方式，以适应不同的功能要求。

### 5.3.1.1 客厅中一般照明的布灯

一般照明灯具通常安装在房间的天花板中央，用吸顶灯或吊灯，离地 2m 以上。一般采用直接－间接型照明，以增加顶棚和空间的亮度，通常，它虽不作为工作或学习之用但因其位置比较高，照明的空间又比较大，所以应选用功率大一些的灯泡（管）。以 $15m^2$ 的房间为例，白炽灯一般可用 $2\times60W$，荧光灯一般可用 36W。

1. 顶棚吊灯与吸顶灯

房间高度较低时（<2.7m）宜采用吸顶灯，较高时可采用吊灯。灯具应保证有上射的光，不宜使用全部向下反射的直射型灯具，以免使顶棚过于阴暗。

2. 镶嵌式灯具

采用这种灯具照明会使室内空间显得宽阔。在客厅内与吸顶灯、壁灯配合使用，通过不同灯具的组合，可以实现多种功能的照明，形成不同的光照环境。

3. 装饰性花吊灯

对于面积较大的客厅，室内设计标准较高，同时也会强调照明灯具的艺术性，并要求与室内其他陈设（家具、织物、工艺品等）融为一体，共同表现出家居的品位与修养。因此，在客厅内常采用装饰性花吊灯。它能够使空间亮度较高，营造出空间的豪华气氛。这种装饰性花吊灯一般安装在房间的中央。花吊灯灯头的数量及托架尺寸与房间大小有关。

#### 5.3.1.2 客厅中局部照明的布灯

1. 沙发阅读照明

在沙发上阅读书报时一般设置落地式柱灯照明，照度一般为 300 ~ 500lx，灯罩的高度不能过高或过低，以免产生不适的感觉。为了方便阅读，落地灯的高度应能自由调节，并且不低于读者的眼睛。

2. 台灯

台灯一般放置在低柜、小桌或者茶几上，除了提供局部照明外还起到装饰陈设的作用，通过材质、造型、光色等与周边环境呼应，烘托客厅氛围。

3. 局部照明灯

局部照明灯多起到装饰照明的作用，可以采用筒灯、射灯等照射客厅中的装饰挂画、装饰雕塑、艺术插花等陈设品，如图 5-3-1 所示。

通过灯具与照明装饰空间如图 5-3-2 所示。一般照明、局部照明、装饰照明有机结合的空间布置如图 5-3-3 所示。

### 5.3.2 卧室

卧室是休息和睡眠的场所，所以应选用对创造安静柔和的光环境有效的照明器及照明方式。如果卧室不兼作其他功能使用，可以不设置顶部照明，以避免人在卧床时光源进入

图 5-3-1 局部照明占有主导地位的简约风格的客厅

图 5-3-2 通过灯具与照明强调空间仪式感和向心性的中式风格的客厅

图 5-3-3 一般照明、局部照明、装饰照明有机结合的西式风格的客厅

人的视觉范围而产生眩光。如设置顶部照明，应选用眩光少的深罩型或乳白色半透明型灯具，并且不要设置在人卧床时头部的上方。在床头可设计台灯、壁灯或落地灯，便于人在卧床时进行阅读及对床周围环境的照明，也有助于营造出宁静、温柔的氛围。床头照明最好的高度是灯罩的底部与人的眼睛在一个水平上。

卧室不一定要求很高的亮度，但局部要根据功能需要达到足够的照度，光源要以暖光源为主，这样可以创造温馨的气氛，不宜采用荧光灯或紧凑型荧光灯，可以采用可调光的灯具或设置地角灯，方便夜间使用，开关应设置在床头等可使人方便触摸到的地方。灯具的造型和色彩也要迎合恬静、安宁的主调气氛，如图5-3-4～图5-3-7所示。

卧室的主光源建议采用单联双控开关，一处设于进门处，另一处设在床头附近，方便在床上控制光源的开与关，可免去起身往返开关的麻烦。

## 5.3.3 餐厅与厨房

餐厅内照明应采用局部照明和一般照明相结合的方式。局部照明要采用直接照明方式

图5-3-4 清新亮丽的卧室照明设计风格

图5-3-5 典雅端庄的卧室照明设计风格

图5-3-6 中式风格卧室的照明设计

图5-3-7 现代风格卧室的照明设计

的灯具，并悬挂在餐桌上方，以突出餐桌表面为目的，这种照明有中心感，气氛亲切、和睦。灯具距桌面常为 0.8 ~ 1.2m 左右。局部照明灯具内多选用白炽灯作为电光源，其显色性好，红色光成分多，能使菜肴的色泽美观，增进人的食欲，灯泡功率多为 100W。一般照明的目的是使整个房间明亮起来，减少明暗对比，以创造清洁感。对于有吊顶的餐厅，应考虑安装一定数量的筒灯，作为辅助照明。较大的餐厅也可安装壁灯，以减少人的面部阴影。通常空间大、人多时照度宜高些，以增加热烈的气氛，空间小、人少时照度低些，以形成优雅、亲切的环境。

在餐厅附近设置家庭吧台作为浅饮小酌之地时，可在局部设置筒灯或射灯给予单独照明。

厨房的一般照明，宜选用显色性较高的白炽灯光源，以使操作者能对菜肴的色泽作出准确的判断，灯具应选用使用容易清除油垢的材料作为保护罩的灯具，灯具同时还应具有防尘、防水、耐腐蚀的性能，最好为吸顶式，以节省空间且有助于避免眩光的产生。厨房操作主要是切菜、烹调、洗碗等，宜采用局部照明，一般设在操作台上方，吊柜或抽油烟机的下方。在吊柜装修制作时可将其下方设一个夹层，把灯具嵌入到夹层内，目前市场上的抽油烟机往往自带灯具用来照射烹调区域。餐厅、厨房的照度常在 100 ~ 150lx 之间。厨房照明设计如图 5-3-8 ~ 图 5-3-13 所示。

图 5-3-8 餐厅照明设计一

图 5-3-9 餐厅照明设计二

图 5-3-11 餐厅照明设计四（设计师：凌子达）

图 5-3-10 餐厅照明设计三

图 5-3-12　厨房照明设计一

图 5-3-13　厨房照明设计二（设计师：刘玉星）

## 5.3.4　书房

书房是进行阅读、学习、写作等视觉工作的场所，环境要求高雅幽静，且具有浓厚的书香之气，在布光时要协调一般照明和局部照明的关系。一般总体照明不应过亮，照度为 100lx 左右即可，光线要柔和明亮，要避免眩光，以便使人的注意力有效地集中到局部照明作用的环境中去，有利于人们精力充沛地学习和工作，书房的主体照明光源可选用荧光灯或筒灯。局部照明与一般照明的明暗对比不应过于强烈，以免使在长时间的视觉工作中的眼睛产生疲劳感。局部照明应根据人的活动方式及家具的布局来设置，并要考虑眩光的因素。局部照明一般用台灯或其他可任意调节方向的局部照明灯具，有时也可采用壁灯，安装的位置均为书桌的左上方，有利于阅读和写作等视觉工作。局部照明的照度为 300 ~ 500lx。书房中的局部照明也包括用于照射墙面挂画等陈设品或书橱内书籍及摆件的筒灯或导轨式照明。书房照明设计如图 5-3-14 ~ 图 5-3-17 所示。

图 5-3-14　书房照明设计一

## 5.3.5　卫生间与浴室

卫生间与浴室具有洗浴、梳妆、方便等功能，是一个宽舒、放松身心的场所。室内一般照明器的安装位置要考虑不应使人的前方有过大的自身阴影，同时应选用暖色光源，创造出温暖的环境气氛。灯具避免安装在蒸汽直接笼罩的浴缸上面，要选用防水型灯具，一般吸顶安装或吸壁安装。卫生间是开关频繁的场所，所以适用 40 ~ 60W 的白炽灯，灯具玻璃可采用磨砂或乳白玻璃。

根据功能要求，可在洗面盆与镜面附近设置局部照明灯具，使人的面部能有充足的照

图 5-3-15 书房照明设计二（设计师：梁苏杭）

图 5-3-16 书房照明设计三（设计师：王勤俭）

图 5-3-17 书房照明设计四（设计：重庆品辰设计装饰工程有限公司）

度，方便梳妆。梳妆照明灯具多安装在镜子上方，在视野 60° 立体角以外，灯光多直接照到人的面部，而不应照向镜面，以免产生眩光。梳妆镜内看到的人像距离面部为两倍的实际距离，因此要求有较高的照度，光色和显色性也应较好，因此，镜前灯多采用乳白玻璃罩的浸射型灯，通常为 60W 白炽灯泡（荧光灯为 36W）。若在洗面盆上方装有镜子，可在镜子上方或一侧装设一盏全封闭罩式防潮灯具。

卫生间的照明还要能显示环境的卫生与整洁，灯的开关安装于卫生间的外面，并采用带指示灯的开关，以表示灯的工作状态。卫生间照明设计如图 5-3-18 ~ 图 5-3-21 所示。

图 5-3-18 卫生间照明设计一

图 5-3-19 卫生间照明设计二

图 5-3-20　卫生间照明设计三

图 5-3-21　卫生间照明设计四

## 5.3.6 其他

1. 门厅照明

门厅虽小却是住宅给人第一印象的重要场所，是住宅空间的门面，同时，门厅也是各房间的过渡空间，所以，门厅的设计和照明相当重要。与客厅相比，门厅更加凸现的是“欲扬先抑”中“抑”字的感觉，为了体现这一内涵，灯具多选用低照度小型灯，房间较高时也可采用简洁的小型吊灯等，如图 5-3-22 所示。

图 5-3-22　住宅的门厅照明设计

2. 走廊和楼梯间照明

走廊及楼梯间的照明应以满足最基本的功能要求为目的，不要过于强调照明效果或装饰性，以免破坏其他房间的照明效果。走廊和楼梯间的照明灯具应装设在易于维护的地方，要注意避免眩光，光源一般采用白炽灯，并设节能定时开关或双控开关如图 5-3-23 ~ 图 5-3-24 所示。

3. 儿童房间的照明

儿童房间是儿童休息、学习和游戏的场所。儿童房间的照明要体现儿童的生理和心理特点，保障足够的亮度，光源采用白炽灯或高显色性荧光灯。通常，明快活泼的色彩是儿童房的特点，在配选光源时也可以根据不同的需要，设置色彩各异的光源产品。照明灯具的造型要新颖、活泼、时尚、安全，尽量避免使用玻璃、金属等具有安全隐患的灯具，要能够促进自立精神的培养，有利于个性人品的发挥，启智利学，利于身心健康。

儿童的特点是好动，富于想象，好奇心强，因此照明灯具和室内的各种电器、插座等要绝对安全，必须符合国家相关标准的要求。儿童房间的照明设计如图 5-3-25 ~ 图 5-3-27 所示。

4. 阳台的照明

阳台通常根据装修风格及功能要求设吸顶灯或壁灯，阳台的灯具应简洁大方，方便打

图 5-3-23 在顶部设置灯具的走廊照明设计

图 5-3-24 在侧墙设置灯具的走廊照明设计

图 5-3-25 儿童房间的照明设计一

图 5-3-26 儿童房间的照明设计二

图 5-3-27　儿童房间的照明设计三

理和检修，可选用白炽灯，灯泡功率一般为 25W 就可满足基本需求，亦可选用紧凑型荧光灯等。对封闭式阳台，还应根据需要装设插座。

Unit 6

# 第6章 办公空间室内照明设计

随着城市经济的发展，城市化进程的加快，使城市信息、经营、管理等方面都有了新的要求，相应的办公建筑得到迅速发展；以现代科技为依托的办公设施日新月异，使现代办公模式复杂多变，使人们对于办公空间室内环境行为模式的认识，从观念上不断更新、丰富。

办公空间从使用性质来看，基本可以分为：

行政办公——各级机关、团体、事业单位、工矿企业的办公楼等。

专业办公——设计机构、科研部门、商业、贸易、金融、信托投资、保险等行业的办公楼等。

综合办公——含有公寓、商场、金融、餐饮娱乐设施等的办公楼等。

办公空间是进行视觉作业的场所，也是要在其中长时间停留的空间。办公空间室内照明是需要长时间进行视觉作业的明视照明，既要求认真考虑针对相关工作面的照明，又要考虑使整个室内空间的视觉环境美观与舒适的照明。办公空间室内照明是空间环境质量的重要组成部分，是影响办公人员的工作效率和身心健康的重要因素之一。为办公空间寻求最适合的照明方式，创造最合度的光视环境，非常重要。

## 6.1 一般办公空间室内照明设计

办公空间进行的工作包括读书、写字、交谈、思考、计算机及其他办公设备的操作等。一般办公空间多指普通职员工作的办公空间，这种办公空间面积多为中大型的，例如，目前较为流行的开放型景观办公空间就是代表类型之一。在这种空间中，办公家具根据需要经常变动，隔墙可以按需添减、移动，从照明的角度来说，无论办公室内的平面布局如何调整，必须总是能够适应工作台面照明的需要，并避免妨碍视觉工作的眩光。

在一般办公空间的视觉环境中，对照明质量有影响的因素有：

(1) 照度。

(2) 眩光（来自光源的直接眩光和光源在桌面等处的反射眩光）。

(3) 光色、显色性。

(4) 室内亮度分布以及室内空间的光照方向和强度。

(5) 房间的形状和色彩。

(6) 窗的有无、形状、大小和窗外的景观等。

一般办公空间室内照明设计如图 6-1-1 ~ 图 6-1-4 所示。

### 6.1.1 关于照度

通常，在一般办公空间内应保持较高的照度，以利于在此环境中较长时间从事文字性

图 6-1-1　一般办公空间的照明设计一

图 6-1-2　一般办公空间的照明设计二

图 6-1-3　一般办公空间的照明设计三

图 6-1-4　一般办公空间的照明设计四

工作的人员的身心健康，同时，增加室内的照度及亮度也会使空间产生开敞明亮的感觉，有助于提高工作效率，提升部门形象。

虽然所要求的照度随作业对象和内容的不同而不同，但在进行一般作业的办公桌上的推荐照度是750lx，对于处理精细作业并且由于太阳光的影响而感到室内有些暗时，桌面的推荐照度为1500lx。在确定照度时，不仅对视力方面而且对心理方面的需要程度也必须考虑。国外有人从心理学的观点研究，认为通常在读书之类的视觉工作中至少需要500lx，而事实上为了进一步减少眼睛的疲劳，需要1000 ~ 2000lx。

目前，数字化、无纸化办公方式从根本上改变了传统办公的习惯，办公室工作的视线方向变为与电脑屏幕的近乎垂直状态。视线的变化对照明环境有了全新的要求，特别是屏幕上产生的室内发光体（如灯具和窗户等）的影像成为视觉干扰的主要内容。为应对这种变化，间接照明在办公室中比直接照明被认为更具有适用性，它既可以减少屏幕影像干扰，又能使视场中看到的室内光环境更加舒服。显然，除了以水平面作为基准平面的办公空间照度标准值以外，还应认真研究和应用半间接的室内照明方式。

在办公空间中，虽然都是从事案头作业，但由于作业目的和性质的差异，所要求的环境照明也会不同，即照明设计要兼顾视觉作业性质及相应的环境氛围，以通过照明来调动情绪使人保持状态和集中精力。从满意度看办公空间作业所要求的照度，由于工作性质的不同，所要求的照度也不相同。办公空间室内照明的照度标准值如表6-1-1所示。国际照明委员会照明标准办公室部分如表6-1-2所示。

办公空间照度的满意度分析如图6-1-5所示。

表6-1-1 办公空间室内照明的照度标准值

| 类别 | 参考平面及其高度 | 照度标准值（lx） | | |
|---|---|---|---|---|
| | | 低 | 中 | 高 |
| 办公室、报告厅、会议室、接待室、陈列室、营业厅 | 0.75m水平面 | 100 | 150 | 200 |
| 有视觉显示屏的作业 | 工作台水平面 | 150 | 200 | 300 |
| 设计室、绘图室、打字室 | 实际工作面 | 200 | 300 | 500 |
| 装订、复印、晒图、档案室 | 0.75m水平面 | 75 | 100 | 150 |
| 值班室 | 0.75m水平面 | 50 | 75 | 100 |
| 门厅 | 地面 | 30 | 50 | 75 |

注 有视觉显示屏的作业，屏幕上的垂直照度不应大于150lx。

表6-1-2 国际照明委员会照明标准（CIES008/E—2001）办公室部分

| 室内作业或活动种类 | $E_m$（lx） | $UGR_L$ | $R_a$ |
|---|---|---|---|
| 文件整理、复印、流通发行 | 300 | 19 | 80 |
| 书写、打字、阅读、数据处理 | 500 | 19 | 80 |
| 工程制图 | 750 | 16 | 80 |
| CAD工作站 | 500 | 19 | 80 |
| 讨论、会议室 | 500 | 19 | 80 |
| 接待、前台 | 300 | 22 | 80 |
| 档案室 | 200 | 25 | 80 |

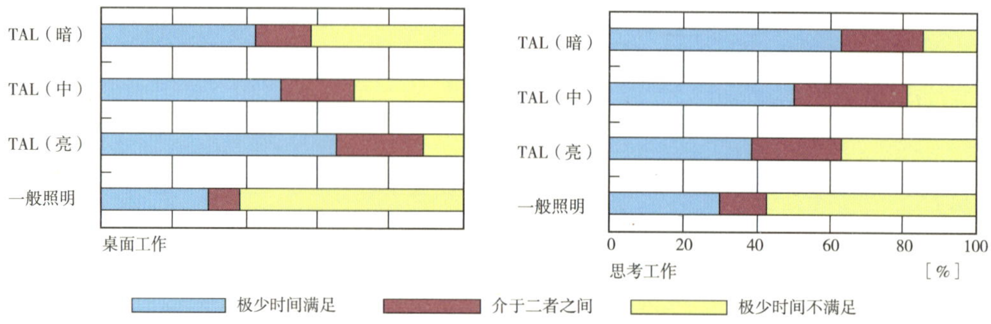


图6-1-5 办公空间照度的满意度分析

## 6.1.2 室内亮度分布

一般情况下，对于中大型办公空间，在顶棚有规律地安装固定样式的灯具，以便在工作面上得到均匀的照度，并且可以适应灵活的平面布局及办公空间的分隔，这称为一般照明方式。工作环境照明方式则是在一般照明的基础上，为工作区提供作业所要求的照度，同时，在其周围区域提供比工作区略低的照度。有时，也会采用其他照明方式，如采用间接照明手法，通过反射光来改善顶棚因背向照明灯具而导致大幅降低的亮度，并适当使大面积的顶棚产生亮度变化，增添空间情趣。办公空间亮度的推荐值如表 6-1-3 所示。相对于工作面照度的周围环境照度如表 6-1-4 所示。

表 6-1-3　办公空间亮度的推荐值

| 所处场合情况 | 亮度比推荐值 |
|---|---|
| 工作对象与周围之间（例如书与桌子之间） | 3 ∶ 1 |
| 工作对象与离开它的表面之间（例如书与地面或墙面之间） | 5 ∶ 1 |
| 照明器或窗与其附近之间 | 10 ∶ 1 |
| 在普通的视野内 | 30 ∶ 1 |

表 6-1-4　相对于工作面照度的周围环境照度　单位：lx

| 工作面照度 | 工作区周边环境照度 | 工作面照度 | 工作区周边环境照度 |
|---|---|---|---|
| ⩾ 750 | 500 | 300 | 200 |
| 500 | 300 | ⩽ 200 | 与工作面的照度相同 |

注　照度均匀度（最小照度与平均照度之比），在工作面上是 0.7，工作面周围不低于 0.5。

## 6.1.3 室内照明与自然采光相结合

办公空间一般在白天的使用率最高，从光源质量到节能都要求大量采取自然光照明，因此办公空间的人工照明应该考虑与自然采光相结合。

TomDeMarco 等人研究发现天然采光下的办公环境会使人的工作效率、工作能力明显提高，从图 6-1-6 中可以看出当远离窗户时，从事 VDT（Visual Display Terminal，视讯显示终端机）视觉作业的人员比从事一般工作的人受到更大的健康损害，而靠近窗户时，对不同性质的工作人员损害很小且没有明显区别。

所以，提倡办公空间的动态照明很有必要。办公空间的动态照明可以分为互补型动态照明和调节型动态照明两类。

互补型动态照明是指从窗口入射进来的自然光会随着时间和气候而大幅度地变化，因此，必须根据自然光的变化情况，相应地进行室内人工照明的调节，以使入射的自然光和室内的人工光舒适且合理的协调起来，形

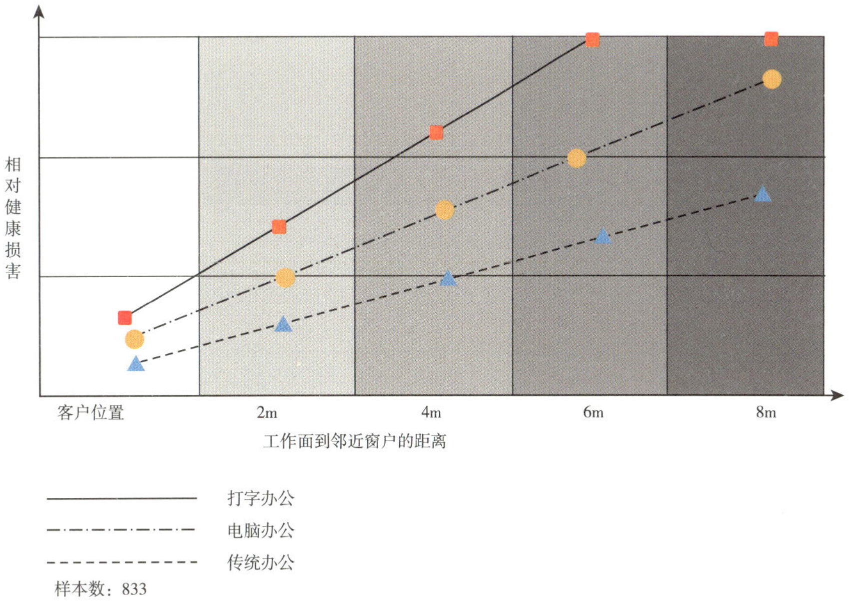


图 6-1-6　工作面临近窗户的距离变化引起的相对健康损害

成良好的照明环境。在室内窗边设置亮度传感器检测进入室内的太阳光的亮度，据此来调整电气照明的亮度。还可以设置检测人是否在办公室的传感器，以便当人离开房间时自动关掉室内的灯光。采用传感器方法与工程初期投入费用如何达成平衡以及更好地兼顾照明的功能性和舒适性等都是实用性很强且急需探讨的课题。

科学家研究发现，长时间在一成不变的人工照明下工作会导致感官灵敏度下降，从而降低生产力。调节型动态照明正是基于这一发现试图改善办公空间光环境可控度的照明——照明的强弱和色温的变化都可以进行智能控制的照明。办公空间的光环境通过模拟自然光的变化规律进行人工调节，以调节人的生理和心理变化，帮助工作人员随时保持充沛的精力，提高工作效率。

办公空间动态混合照明可通过智能照明控制系统实现，控制内容主要包括五种：

（1）时钟控制：通过时钟管理器等电器元件，实现对各区域内用于正常工作状态的照明灯具的分时段控制。

（2）照度自动调节控制：通过每个调光模块和照度动态检测器等电器元件，实现在正常状态下对各区域内用于正常工作状态的照明灯具的自动调光控制，使该区域内的照度不会随日照等外界因素的变化而改变，始终维持在照度预定值左右。

（3）区域场景控制：通过每个调光模块和控制面板等电器元件，实现在正常状态下对各区域内用于正常工作状态的照明灯具的场景切换控制。

（4）动静探测控制：通过每个调光模块和动静探测器等电器元件，实现在正常状态下对各区域内用于正常工作状态的照明灯具的自动开关控制。

（5）手动遥控器控制：通过红外线遥控器，实现在正常状态下对各区域内用于正常工作状态的照明灯具的手动控制和区域场景控制。

### 6.1.4 减少眩光现象

办公空间是进行视觉作业的场所，所以注意眩光问题很重要。

（1）选择具有达到规定要求的保护角的灯具进行照明，也可采用格栅、建筑构件等来对光源进行遮挡，都是有效限制眩光的措施。为灯具配置格栅还有助于防止光源干扰电脑屏幕画面。与光源的亮度对应的最小遮光角如表 6-1-5 所示。

表 6-1-5 与光源的亮度对应的最小遮光角

| 光源亮度（$kcd/m^2$） | 最小遮光角（°） |
|---|---|
| 1 ~ 2 | 10 |
| 20 ~ 50 | 15 |
| 50 ~ 500 | 20 |
| ≥ 500 | 30 |

注 与光源亮度对应的遮光角不可低于上述数值。

（2）为了限制眩光可以适当限定灯具的最低悬挂高度，因为，通常灯具安装得越高，产生眩光的可能性就会越小。

（3）努力减少不合理的亮度分布，可以有效抑制眩光。比如，使墙面、顶棚等采用较高反射比的饰面材料，在同样照度下，可以有效地提高其亮度，避免空间中眩光产生，同时，这还会起到良好的节能效果。采用半直接型或者漫反射型灯具进行照明提高顶棚的亮度也可以适度抑制眩光。

（4）根据 VDT 等发光媒体（电脑屏幕等）的特性来限制灯具的亮度。

随着数字化、无纸化办公普及率的提高，由 VDT 引起的视觉疲劳问题越来越突出，VDT 工作者的视觉疲劳是普通工作者的 4 倍。VDT 照明要求能同时看清屏幕、键盘和文件上的内容，并避免屏幕上光的反射与眼睛前方的眩光干扰。实验证明，VDT 工作区照度应为 300 ~ 500lx，视野中心与环境的亮度对比度不应超过 1∶10，宜采用显色性好的日光灯，避免在工作者前上方出现光源或光源照射到屏幕上。

表 6-1-6　　使用 VDT 时灯具亮度的限制值

| 荧光屏的特性 | Ⅰ | Ⅱ | Ⅲ |
|---|---|---|---|
| 荧光屏的质量 | 良好 | 普通 | 低劣 |
| 灯具的平均亮度限制值 | ≤ 1000cd/m$^2$ | | ≤ 200cd/m$^2$ |

**注**　荧光屏特性的分类是根据 JISZ8517（1999）“人体工学——使用视觉显示装置的办公室作业——关于图像反射显示装置的要求”。

## 6.1.5 灯具的设置

工作照明处理方法如图 6-1-7 所示。

除一般照明外，最常见的就是台面上的局部照明，台面上的局部照明灯具最好是可移动的，针对不同的需要变动灯位及照射角度。

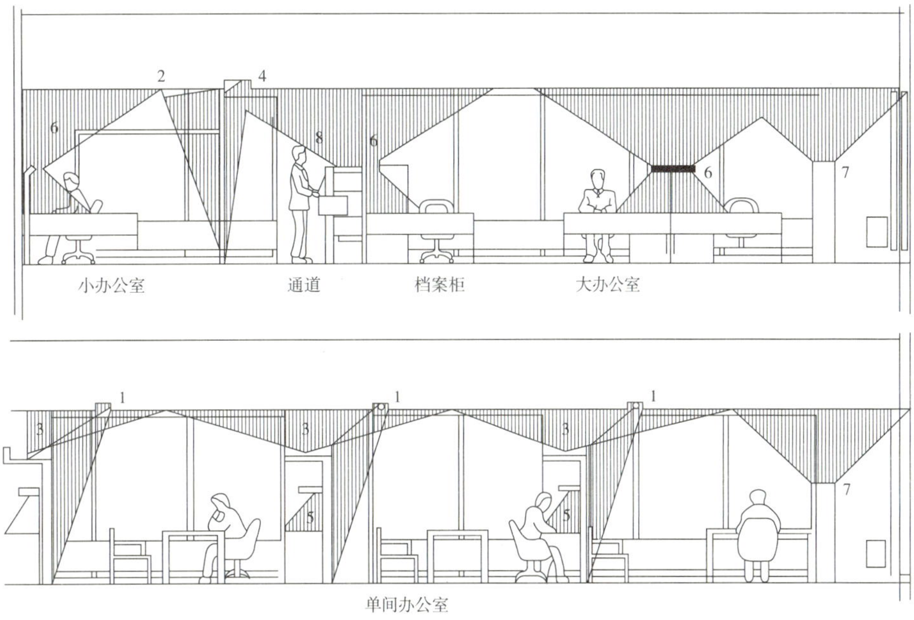


图 6-1-7　工作照明处理方法

1—墙面照明用暗装式照明器（空间主要照明，重点照明）；2—墙面照明用吸顶式照明（空间辅助照明，重点照明）；3—隐蔽光源的顶棚面照明用照明器；4—墙面照明用顶棚暗装式照明器（空间主要照明）；5—个人房间用工作照明（可移动光源）；6—宽敞办公室用工作面照明（光源可移动，向上照明兼用）；7—顶棚照明用可移动照明器（稍暗的空间用）；8—档案柜用照明

## 6.1.6 照明节能

建立节约型社会，照明节能利国利民，意义远大。办公建筑设计中的照明设计已有节能规范，GB 50034—2004《建筑照明设计标准》规定了办公建筑室内空间照明功率密度值，如表 6-1-7 所示。（照明功率密度是指单位面积上的照明安装功率，包括光源、镇流器或变压器，单位为 W/m$^2$。）

表 6-1-7　　办公空间照明功率密度值（GB 50034—2004）

| 房间或场所 | 照明功率密度（W/m$^2$） | | 对应照度值（lx） |
|---|---|---|---|
| | 现行值 | 目标值 | |
| 普通办公室 | 11 | 9 | 300 |
| 高档办公室、设计室 | 18 | 15 | 500 |
| 会议室 | 11 | 9 | 300 |
| 营业厅 | 13 | 11 | 300 |
| 文件整理、复印、发行室 | 11 | 9 | 300 |
| 档案室 | 8 | 7 | 200 |

图6-1-8 洛文吉尔·科恩公司制片办公室

图6-1-9 电子数据系统控制室

## 6.1.7 案例

1. 洛文吉尔·科恩公司的制片办公室

洛文吉尔·科恩公司是一家电视电影制作公司，其制片办公室是将自然光与灯光进行了完美结合的优秀案例，如图6-1-8所示。办公室中拱形顶顶端的天窗和顶棚光槽里的投射灯共同展现出室内的空间，灯光设计师里恩·雷丁为进一步纵向和横向开拓室内空间，特别沿室内顶棚两边修了两条宽0.3m，深0.6m的暗槽，暗槽内装17盏150W的PAR38泛光灯，外罩奶白色的散光玻璃板，灯光均匀地照射在墙上，形成一道连续的光带，使室内空间显得更宽大。由于散光板装在顶棚平面以上20cm处，所以发光的暗槽又增加了室内边缘空间的高度。散光板装在暗槽一边的边槽中，维修灯具时只需将散光板斜向取下即可。

2. 电子数据系统控制室

JPJ建筑公司的设计师们为德克萨斯州的电子数据系统公司设计了一个现代化的控制室。该公司拥有世界上最大的私人数据网络之一。在设计过程中，影响其独特的照明计划的有三个关键因素：一是控制室的形状和大小；二是控制室的功能作用；三是控制室要一年365天，天天24h运转。大卫·A明兹照明咨询有限公司设计的照明方案结合了定向照明和漫射照明这两种相互对立的灯光效果，如图6-1-9所示。

圆弧形的控制室里有200多名工作人员在从事高强度的数据处理和通信管理工作。工作人员坐在电脑工作区域内一排排工作台旁，监视投射在大型高清晰度屏幕上的图像。为避免电脑屏幕上的反光，灯光设计师避免使用点光源照明，而且，灯光师还要使弧形工作室一端的工作人员免受工作室另一端灯光的干扰。除此之外，控制室前大屏幕的表面反光度只有26.4Lm/m，所以环境照明光线不能直射到屏幕上，以使工作人员能看到清晰的图像，而离屏幕最远的工作人员距屏幕有27.4m之遥。最后，由于控制室是24h连续运作，因此，照明光源需要装在顶棚，以免影响控制室的正常运行。

为满足上述种种要求，灯光设计师和建筑师共同协作，设计出凹式格栅顶棚照明方式，使光线向控制室后方反射，避免了电脑屏幕和控制室大屏幕上的反光。顶棚由拱形格栅组成，格栅内装拱形胶布外壳吸音板。为使格栅发射的光向后反射，避免射向屏幕，板栅前部漆成白色，后部漆成黑色。为了维修方便，同时也为了光栅均匀受光，设计师选用PAR白炽灯结合光导管的照明方式，光导管可以将单一的光源折射到整个光管中，为下面的工作面提供合适的照度。由于控制室前部顶棚格栅比后部顶棚格栅长，所以，格栅直径

15cm 的光管长度各不相同，使用的灯具也是 90 ~ 250W 不等。各电路上的灯具装有调光装置，以使高瓦数和低瓦数灯具照度保持一致。

灯光设计师还特别强调，室内一切设施和陈设都要用暗色调，以最大限度地减少反光。

# 6.2 营业性办公空间室内照明设计

营业性办公空间是指银行、证券公司的营业厅以及火车站、汽车站、民航售票处、旅行社的售票厅等对外营业的办公空间。这种办公空间一般层高较高，空间较大，功能区划丰富多变，既有内部员工工作区域、公共活动区域等，又有对外服务的柜台、设备等。

## 6.2.1 营业厅的照度

营业厅要比一般办公室有较高的照度，通常为 750 ~ 1500lx。这是因为它是接待顾客的场所，该类空间的布局多直接与室外相连，所以应该减少室内外亮度的悬殊差异，避免使顾客从明亮的室外进到室内时产生视觉不适，同时，也是为了防止工作人员逆光观察顾客，以致很难看清顾客的表情而影响服务质量。

因此，营业办公空间的照明必须提高桌面上的水平照度，同时，针对客人面部等处采用足够的垂直照度进行照明。提高了垂直面的照度即提高墙面照度的照明方式会使房间显得宽敞，制造出活跃的气氛，这对于营业性办公空间也是非常重要的。

在银行营业厅等空间中，从空间比例和期望给予客人的印象等方面来考虑，多数情况下采用较高大的空间，顶棚较高，照明器的安装高度随之提高，为了在同一工作面上得到相同照度，就要多设置光源，这从经济或维修作业方面都会带来问题。

## 6.2.2 灯具的维护

营业性办公空间需要较高的照度，所以灯具的数量较多，品种较杂，灯具及其配件的更换、维修、检查等工作在设计时就应考虑到方便易行，相关连接与构造需尽可能暗藏在装饰顶棚内部，为方便维护时的操作还要在顶棚里面设置检查用照明灯具。

因空间设计功能和艺术氛围的要求，要保障空间中相当高的照度，灯具的数量必然较多，而事实上灯具的散热措施往往不够完备。因照明而产生的热量大部分成为空调负荷。这一点在灯具和照明设计时也是应该认真虑及的。

# 6.3 其他场所的室内照明设计

## 6.3.1 个人办公室室内照明

个人办公室是一个人占有的小空间，较之一般办公室，顶棚灯具亮度不那么重要，能够达到一般照明的要求即可，更多的则是希望它能够为烘托一定的艺术效果或气氛提供帮

图6-3-1 个人办公室照明设计一

图6-3-2 个人办公室照明设计二

助。房间其余部分由辅助照明来解决，这样就会有充分的余地运用装饰照明来处理空间细节。个人办公室的工作照明围绕办公桌的具体位置而定，有明确的针对性，对于照明质量和灯具造型都有较高的要求。个人办公室照明设计如图6-3-1～图6-3-4所示。

## 6.3.2 会议室照明

会议室内的家具布置没有办公室那样复杂，使用功能也较单一，主要是解决会议桌上的照度达标的问题，照度应均匀，同时，与会者的面部也要有足够的照明，保证与会者能够清晰地相互看清楚每位与会人员的表情，尤其应该保证在有窗的情况下防止靠窗的人们显出轮廓而需要的面部照度。通常，只要使人们的面部具有足够的垂直照度就能够解决这种现象。

对于整个会议室空间来说不一定要求照度均匀，相反会议桌以外的周边环境创造一定的气氛照明，会产生更理想的效果。另外要注意视频、黑板、展板、陈列、陈设的照明，恰如其分的艺术照明在会议室空间中也经常会产生令人叹为观止的效果。会议室照明设计如图6-3-5～图6-3-8所示。

## 6.3.3 绘图办公室照明

绘图办公室对于照明质量要求较高，合理的照明可以有效地避免绘图工具产生阴影，有助于提高工作效率。

1. 照明质量

选择间接照明和半直接照明方式能够减小阴影，采用直接照明方式也同样有效，但必须在绘图桌侧面进行照明，以减少光幕反射。

2. 辅助照明

采用安装在绘图桌上带摇臂的绘图灯进行辅助照明，可以根据实际情况调整，能够有效消除阴影。

## 6.3.4 档案室照明

档案室的照明应考虑水平、垂直、倾斜三个工作面的照明。档案室的均匀照明是为水平工作面服务的，同时，在档案柜上可设置局部照明，并由单独开关控制。

## 6.3.5 入口、门厅照明

（1）入口、门厅是公司、企业办公楼的进出空间，是给人以最初印象的重要场所，要想使公司显得与众不同，能够充分展现公司业务特征及审美品位，除了依靠各界面的装饰与装修，还应该发挥照明的特长来加强展示效果。

图 6-3-3 个人办公室照明设计三

图 6-3-4 个人办公室照明设计四

图 6-3-5 会议室照明设计一

图 6-3-6 会议室照明设计二

图 6-3-7 会议室照明设计三

图 6-3-8 会议室照明设计四

图 6-3-9 科宁公司总部入口的灯光设计

科宁公司总部入口的灯光设计就是一个有代表意义的优秀案例，参见图 6-3-9 所示。

科宁公司是一家以生产、销售液晶显示，光学纤维和激光技术为主要业务的公司。当公司着手布置其设在纽约斯多依班大厦的国际总部时，公司要求设计师多诺万和格林把总部的入口设计得与众不同，并反映出公司目前业务的高科技特征。为满足这一要求，设计师营造出一个引人入胜的彩灯世界，突出展现公司从事玻璃产品和灯具制作的传统业务。

为加强展示效果，设计师运用光学原理，使用了双色滤光镜，反光镜和各种棱镜。设计师与杰里・库格勒公司的灯光设计师相互配合，把入口处 15.2m 长的狭窄门厅墙面用五颜六色的彩光装点，显得生动活泼。墙顶端的挡板后面装有 50 只卡口 MR-11 卤化物灯，灯上装了聚光镜和可调节的彩虹镜，以使灯光光柱直径都在 0.5m 以下。

选择这些灯具不仅因为它们有聚光能力，还因为它们发出的白光可以转换成各种可见光色。纤细的光柱射向墙中部 0.3m 宽的部位，穿过装在墙中部的滤色镜，光色便产生变化，滤色镜的角度对灯光效果也有一定影响，光柱成直角或斜角射入滤色镜，变幻出五颜六色的彩光，每道彩光再经随意安置的棱镜和镜片散射到墙面上，形成道道七彩的羽毛状光团。

为使彩光显更加生动，光源由电脑控制，一天之中彩光闪烁，变换无穷。每 5 个灯具连接一个输入电脑程序的调光系统，电脑有规律地调整光源，形成一系列的动感效应。走廊中央用一组低瓦数的 PAR36 下射灯照明，丝毫不影响闪烁光的效果。

（2）入口、门厅以白天使用为主，多数情况是入射大量的天然光，而且因为它是通行、通过的地方，所以，在门厅的照明设计时主要应考虑以下事项：

1）应该照明的场所和对象。要在图纸上充分调查天然光入射状况或从大厅内观看时的亮度分布情况。探讨在白昼应该进行人工照明的场所和对象。

2）光源的光色和色温。从门厅的结构和风格考虑，应该创造出与室外相连的感觉的空间或与室外隔绝的感觉的空间等，要和建筑设计人员很好地协商，以确定人工照明的光源的光色和色温。

3）墙面和人的面部。要考虑提高门厅主要墙面和行人面部的垂直面照度（天然光为背光时面部的照度）的照明方法。

垂直面照度值应该考虑进入门厅时或相反时眼睛的适应状态来确定。一般来说，人的面部由于天然光的入射状况或门厅的种类、风格而不相同，但是需要大致能够识别程度的照度。根据经验，即使在天然光的影响少的门厅中在背光的情况下（面部）也需要 150lx 左右。

办公楼门厅照明设计如图 6-3-10 ~ 图 6-3-13 所示。

图 6-3-10 办公楼门厅照明设计一

图 6-3-11 办公楼门厅照明设计二

图 6-3-12 办公楼门厅照明设计三

图 6-3-13 办公楼门厅照明设计四

## 6.3.6 走廊、楼梯间照明

走廊照明注意不要造成由相邻场所往返的人眼睛的不适。荧光灯之类的线状灯具横跨布置可使走廊显得明亮，也可以根据室内设计风格设定导向明确的局部灯光，既可以保障基本照度，又有一定的趣味性，如图 6-3-14 和图 6-3-15 所示。

楼梯间灯具的布置应努力减小台阶处的阴影和灯具可能产生的眩光，并考虑到灯具的更换与维修方便，如图 6-3-16 和图 6-3-17 所示。

图 6-3-14 走廊的灯光布局一

图 6-3-15 走廊的灯光布局二

图 6-3-16 楼梯间的灯光布局

图 6-3-17 运用灯光进行导向的楼梯间

第7章

# 博物馆与美术馆空间室内照明设计

实物收藏、科学研究、社会教育通常被认为是博物馆、美术馆的基本属性，该属性揭示出博物馆、美术馆的角色的多元化：

（1）作为城市与国家的理念的宣言。

（2）作为休闲、娱乐的场所。

（3）作为地区文化中心。

（4）作为公共交流的窗口等。

光环境是衡量博物馆、美术馆水平的一项重要指标，一方面，应该妥善保管展品，以使之避免受到光学辐射的损害；另一方面，良好的照明设计可以为观众创造理想的参观环境。

# 7.1 博物馆与美术馆空间的展示照明设计

在博物馆、美术馆中，观众的主要活动就是观赏陈列室中的展品。光不仅能揭示展品，还能将展品的魅力充分展现在观众面前。陈列室光环境的好坏关系着博物馆、美术馆的使用效果。

## 7.1.1 陈列室的自然采光与人工照明

光源有自然光源与人工光源之分。自然光源是太阳直射地面的阳光和天空光属于自然光。进入室内的自然光由直接天光、外部反射光和室内反射光组成。人工光源是各种灯具，灯具所产生的光，是人工照明。

早期的博物馆陈列室以自然采光为主，主要是研究采光口的设计，采光口的调节，采光口的面积计算等几个方面。而后来则一度有“黑暗博物馆”模式的流行，就是不注重自然采光，大量依靠人工照明的博物馆设计。我国 JGJ 66—91《博物馆建筑设计规范》第 3.3.6 条规定：除特殊要求采用全部人工照明外，普通陈列室应根据展品的特征和陈列设计要求确定天然采光与人工照明的合理分布与组合。

在同一博物馆中，各陈列室陈列的展品并不相同，不同的展品需要不同的光来烘托才能取得最佳展示效果，所以，陈列室的光环境设计要“因物而宜”，“因地制宜”，区别对待，不能一概而论。

## 7.1.2 陈列室光环境设计的一般要求

### 7.1.2.1 根据陈列品的感光性决定适宜的照度

陈列室一般照度达 100lx 较宜，最低需要 50lx。在各式各样的博物馆、美术馆中，陈列品也多种多样，不同类别的陈列品因其材质、色彩等的不同其感光度也不相同。因此，陈列室的一般照度应根据陈列品的类别来确定。为陈列品选择适宜的照度才能取得良好的展示效果，如表 7-1-1 ~ 表 7-1-4 所示。

表 7-1-1　各种陈列品的最大照度推荐值

| 陈列品类别 | 色　温 | 照度推荐值 |
| --- | --- | --- |
| 对光不敏感的物品：<br>金属、石材、玻璃、陶瓷、珠宝、搪瓷、珐琅等 | 日光、荧光灯<br>6500 ~ 4200° K | 不大于 300lx<br>出重点陈列之外 |
| 对光较敏感的物品：<br>较大部分博物馆藏品属于这一类，竹器、木器、藤器、漆器、骨器、油画、壁画、角制品、天然皮革、动物标本等 | 日光、荧光灯、白炽灯<br>4200° K 左右 | 不大于 180lx |
| 对光敏感的物品：<br>纸质书画、纺织品、印刷品、树胶彩画、染色皮革、植物标本等 | 白炽灯 2900° K | 不大于 50lx |

表 7-1-2　英国照明工程学会的照明规范

| 内　容 | lm（Sq・ft） | 限制眩光指数 |
| --- | --- | --- |
| 陈列室一般照明 | 15 | 16 |
| 陈列品 | 专定 | 16 |
| 不做局部照明的艺术陈列室照明 | 20 | 10 |
| 有局部照明的艺术陈列室照明 | 10 | 10 |
| 悬挂绘画 | 20 | 10 |
| 实验室 | 30 | 19 |

注　1lm（Sq・ft）=10.76lx。

表 7-1-3　国际照明委员会照明标准（CIES 008/E—2001）

| 室内作业或活动种类 | $E_m$（lx） | $VGR_L$ | $R_a$ | |
| --- | --- | --- | --- | --- |
| 博物馆（普通） | 300 | 19 | 80 | 照明须符合陈列的要求，防止辐射 |

表 7-1-4　图书馆建筑照明标准值

| 房间或场所 | 参考平面及其高度 | 照度标准值（lx） | $UGR$ | $R_a$ |
| --- | --- | --- | --- | --- |
| 一般阅览室 | 0.75m 水平面 | 300 | 19 | 80 |
| 国家、省市及其他重要图书馆的阅览室 | 0.75m 水平面 | 500 | 19 | 80 |
| 老年龄阅览室 | 0.75m 餐桌面 | 500 | 19 | 80 |
| 珍善本与图书阅览室 | 0.75m 水平面 | 500 | 19 | 80 |
| 陈列室、目录厅（室）出纳厅 | 0.75m 水平面 | 300 | 19 | 80 |
| 书库 | 0.25m 水平面 | 50 | | 80 |
| 工作间 | 0.75m 水平面 | 300 | 19 | 80 |

#### 7.1.2.2　陈列室的光环境设计要以突出陈列品为主

在陈列室中，陈列品的照度宜大于陈列室的环境照度。展品对于背景的照度对比至少为 2：1才容易显示出来。陈列橱柜的照明，因光线向上、向下、向侧反射，照度与陈列室照度之比要达到 2：1 ~ 3：1。

观众所在位置的照度宜为陈列室展品照度的 1/5，观察时较为明晰。一般陈列室的照度与陈列室的照度比控制在 10：1 以内，以免出现视觉疲劳。

#### 7.1.2.3　陈列品的照度、陈列室的环境照度要均匀

一般画面最低照度和最高照度之比，不应小于 0.7，特大画面不应小于 0.3。

#### 7.1.2.4　防止光学辐射对陈列品的损害

实践已经证明光学辐射与藏品的蜕变有着明晰的关系。由光辐射引起的展品损害可以划分为两个主要类型——热效应和化学效应。破坏效应的类型与辐射的波长是密切相关的。

1. 光辐射的热效应

辐射热效应是指由于获得入射的辐射能量而造成物体表面温度升高，超过环境温度。

辐射热效应使被照射物品的表面温度升高，为化学作用提供动力，同时，随着热环境的改变，材料发生空间上的变形。这类变形发生在材料具有不同热延展系数的位置，特别是具有高延展系数的位置，物体的部分被遮挡也能造成这类变形。日复一日的照明的开与关造成了表面的延展和收缩的循环，以及湿气的不断移动。破坏特别容易发生于吸湿材料（包括所有有机材料，如木材和皮毛）或表面由多层不同材料构成的物品（例如由多层颜料绘制的作品）。

控制辐射热效应最简单的办法：一是选择在红外波段输出低的光源；二是使用红外滤镜。传统的热吸收玻璃滤镜被二色性玻璃滤镜（同二色性光源相反——透过可见光和紫外辐射，反射红外辐射）所替代。同二色性光源比起来，二色性滤镜由于放置在光源前部而承受相对较低的热压，受使用时间的影响更小。

2. 光辐射的化学效应

光化学作用是使物质分子发生化学变化的过程，变化的激活能量来自于对光子（光量子电磁能的量子，一般认为是零质量、无电荷和不定长寿命的离散性粒子。）的吸收。四个因素决定了光化学作用的级别：辐射照度、辐射时间、入射辐射的光谱能量分布及接收材料的响应光谱。

3. 基于保护的照明策略

（1）基于展品保护的藏品分类。博物馆、美术馆的藏品可以分成两大保护类别：矿物质或无机物材料和有机物材料。无机物材料对光轻度敏感或不敏感，有机物材料对光中度敏感或高度敏感。

（2）控制可见光。限制照度水平，限制曝光时间，限制年曝光量等。

### 7.1.2.5 尽量避免产生眩光

眩光是由同整个视野范围内的总体亮度相比过于亮的光源直接或间接地被看到而形成的。眩光使人感到刺眼，引起眼睛不适，无法看清陈列品。为了保证陈列效果，对展品、光源、观察者的相对位置的选择应该进行科学的计算。

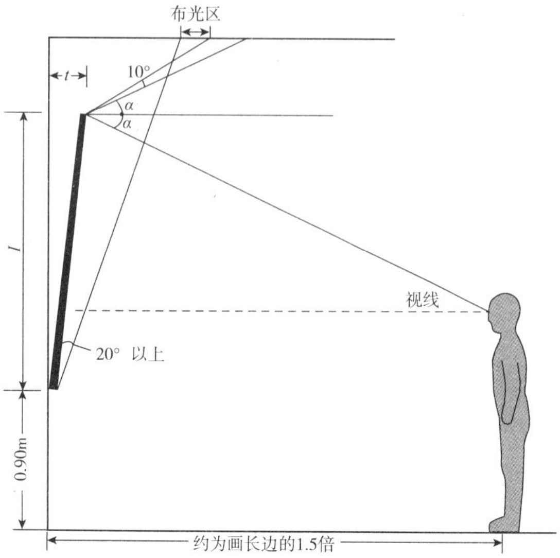


图7-1-1 防止一次反射眩光的布光区

观赏陈列在不是从内部照明的展柜中的物体时，视觉经常会被外部光源、照亮的展品或其他物品的反射光所干扰，称为反射眩光。一次反射眩光——光源通过画面，特别是带镜框的画面反射所产生。二次反射眩光——由于观众自身或周围物品的亮度高于画面亮度，以致在玻璃面上反射影像而出现的眩光。

眩光不能和高光混淆，后者是由来自珠宝或金属物品之类的陈列品的光泽反射形成的高亮度的点或图案。高光对于视觉的影响很小，甚至有助于陈列品的展示。

防止一次反射眩光的布光区如图7-1-1所示。

### 7.1.2.6 阴影的调整

对雕刻、造型物等立体展品，照明阴影的状况，对观赏价值有很大影响。应把主光源的照射方向和光照强度等予以调整，克服不良阴影的影响。

#### 7.1.2.7 合理安排光源投射角

合理安排灯光对展品的投射角，可以保障观众观看展品时达到良好的效果。视觉对不同灯光的投射角、灯光位置等有不同的要求。

1. 灯光最佳投射角及位置

灯光最佳投射角及位置如图 7-1-2 和图 7-1-3 所示。

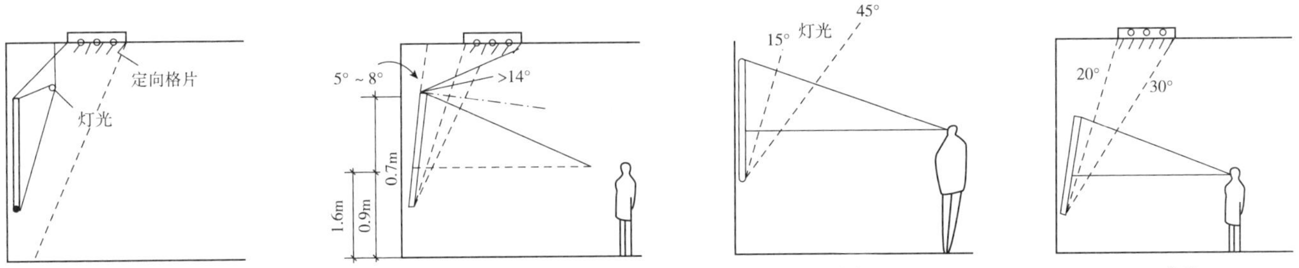


图 7-1-2 灯光的最佳投射角

(a) 垂直面照明；(b) 防止展版反射；(c) 一般照明；(d) 最佳投射角

2. 视觉对灯光不同投射角的反应

光源位置图解如图 7-1-4 所示。

3. 顶棚灯光位置

顶棚灯光位置图解如图 7-1-5 所示。

## 7.1.3 安全保障照明、维护照明的设计

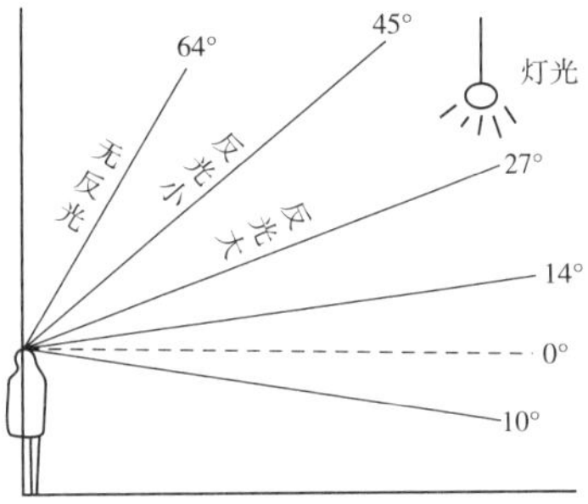


图 7-1-3 灯光的最佳位置

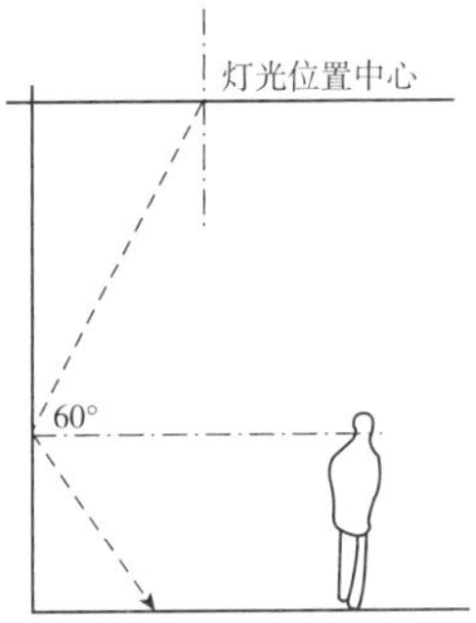


博物馆、美术馆应其房屋和展品的价值要求，在其建筑和室内设计的过程中非常重视安保系统的设计，安保照明则是安保系统中的重要组成部分。博物馆、美术馆中的展品通常对于光辐射比较敏感，因此，开放时间以外的照明应该尽可能地降低，用于安保和维护的照明应该尽量避免照射到展品，确保安保和维护照明不干扰展品保护和其他的视觉过程。

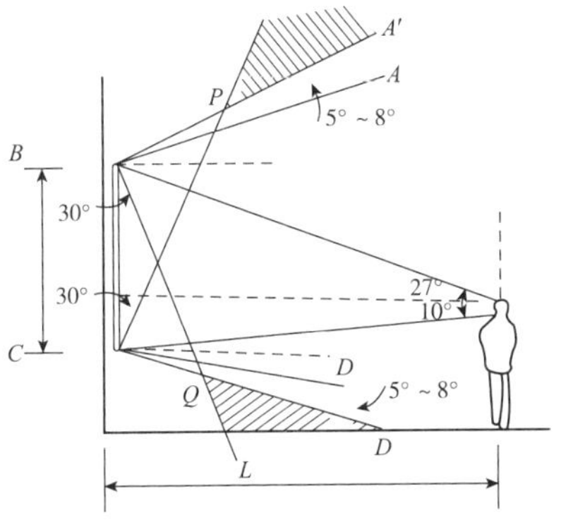


图 7-1-4 光源位置图解

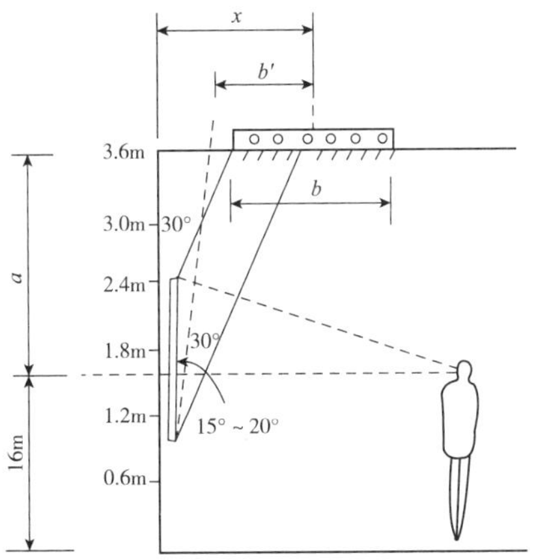


图 7-1-5 顶棚灯光位置图解

a—人视平线至顶棚高度；b—光源最佳位置；x—光源最佳位置中心距墙边距离

# 7.2 常见的展示空间照明方式

## 7.2.1 发光顶棚照明

通常由天然采光和人工照明结合使用（部分非顶层展厅由人工照明创造天然采光的效果），通过感光探头联动的控制系统实现两者的有机结合。其特点是光线柔和，适用于净空较高的博物馆。发光顶棚内部的人工照明通常由可调光的荧光灯管提供，其发光效率取决于灯具、灯具的反射状况和散射玻璃的透光能力，散射玻璃多采用磨砂玻璃、乳白玻璃、遮光玻璃等。发光顶棚的灯距间距一般为其距顶棚的 1.5 ~ 2.0 倍，如图 7-2-1 所示。

图 7-2-1 发光顶棚照明

## 7.2.2 格栅顶棚照明

与发光顶棚方案相比，透明板换成了金属或塑料格栅，其特点是亮度加强，灯具效率提高，但墙面和展品上照度不高，必须与展品的局部照明结合使用。在造价允许的情况下，格栅角度可调，通过与天空光的组合，以适应不同的展陈模式，如图 7-2-2 和图 7-2-3 所示。

## 7.2.3 嵌入式洗墙照明

嵌入式洗墙照明可以灵活布置成光带，更可以将荧光灯具（部分卤钨灯、白炽灯也可）的反射罩根据项目特点进行定制加工，将光投射到墙面或展品上，增加其照度和均匀度，灯具隐蔽，形成“光檐”，光线柔和，不易产生眩光，效果较好，如图 7-2-4 和图 7-2-5 所示。

图 7-2-2 格栅顶棚照明一

图 7-2-3 格栅顶棚照明二

图 7-2-4 嵌入式洗墙照明一

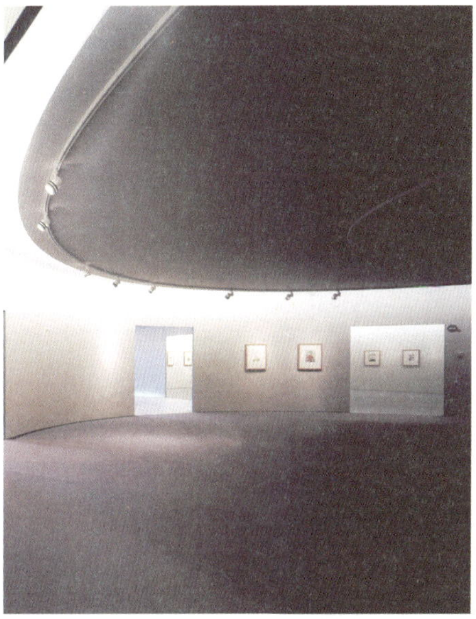

图 7-2-5 嵌入式洗墙照明二

## 7.2.4 嵌入式重点照明

嵌入式重点照明与嵌入式荧光灯结合使用，使照明形式多样，还可以通过特殊选择的反光罩达到局部加强照明的效果。此类方案对于灯具的要求相对严格，应具备尽可能大的灵活性，如光源在灯具内可旋转，光源能够精确锁定，能够根据项目需要更换不同功率的光源，反光罩可更换，可增设光学附件等，如图 7-2-6 所示。

图 7-2-6 嵌入式重点照明

## 7.2.5 导轨投光照明

导轨投光照明在天花顶部吸顶，或在上部空间吊装、架设导轨，灯具安装较方便，安装位置可任意调整。通常用作局部照明，起到突出重点的作用，是现代美术馆、博物馆常用的照明方法之一，其供电容量至少为 $50W/m^2$，如图 7-2-7 和图 7-2-8 所示。

图 7-2-7 导轨投光照明一

## 7.2.6 反射式照明

通过特殊灯具或建筑构件将光源隐藏，使光线投射到反射面再照到画廊空间，光线柔和，形成舒适的视觉环境。需要注意的是，反射面为漫反射材质，反射面的面积不可过小，否则可能成为潜在的眩光源。同时，如图 7-2-9 ~ 图 7-2-12 所示的试验中可以知道，除了粗糙的质感以外，光

图 7-2-8 导轨投光照明二

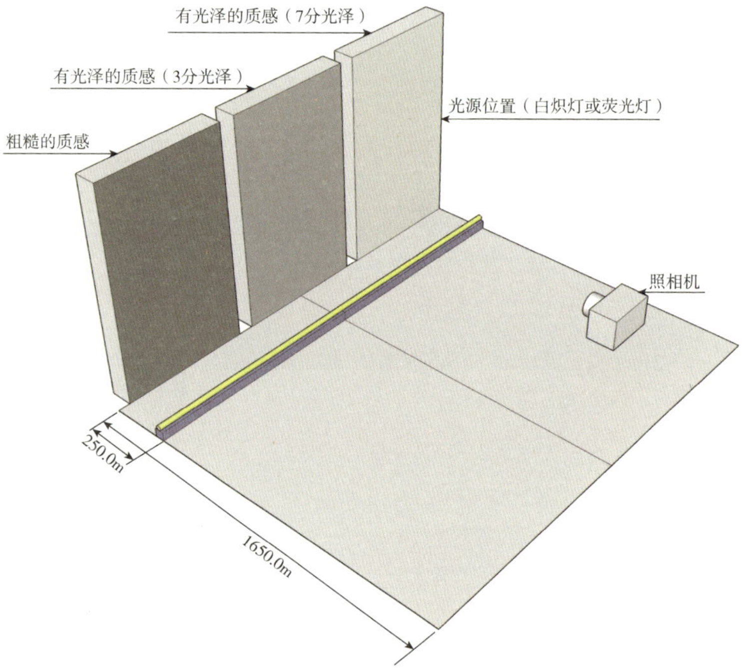


图 7-2-9 反射式照明材质质感和灯具布局试验示意图

光源：费司通光源（白炽灯）

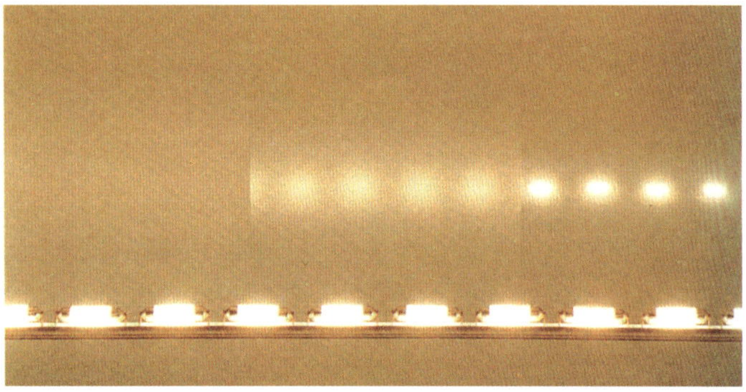

粗糙的质感　有光泽的质感（3分光泽）　有光泽的质感（7分光泽）

图 7-2-10 白炽灯与反射面质感的关系验证结果

光源：両端无插头直管灯管（荧光灯）

粗糙的质感　有光泽的质感（3分光泽）　有光泽的质感（7分光泽）

图 7-2-11 荧光灯与反射面质感的关系验证结果

源都会从反射面映入而暴露，即使是3分光泽的反射面也会被映入，因此，为了将光线柔和地扩散，被照面有必要做成粗糙的质感。图 7-2-13 中所示是故宫博物院午门展厅，吊顶内部采用卤钨灯上射照亮古建天花板，吊顶钢梁底部嵌入射灯轨道，轨道射灯为卤钨灯，提供重点照明，柱础暗藏荧光灯照亮柱子底部，侧墙上射和下射均为卤钨灯，展柜内重点照明照亮展品，空间中的照明全部为人工照明，采用了先进的调光系统。

## 7.2.7 环境照明

不同的陈列品应采用不同的照明，以达到一定的氛围。因此，无论是顶棚照明、室内照明、表面照明以及局部照明，都应根据不同的环境氛围加以调整。环境照明如图 7-2-14 所示。

## 7.2.8 局部照明

为表现陈列室内展品的某种特点，或一般照明不能满足照明要求时，需采用局部照明。

局部照明的几种方式如图 7-2-15 所示，其实景如图 7-2-16 和图 7-2-17 所示。

1. 垂直版面照明

悬挂于版面前上方的白炽灯或荧光灯，隐蔽在版面前上方顶棚之内，光线定向投向版

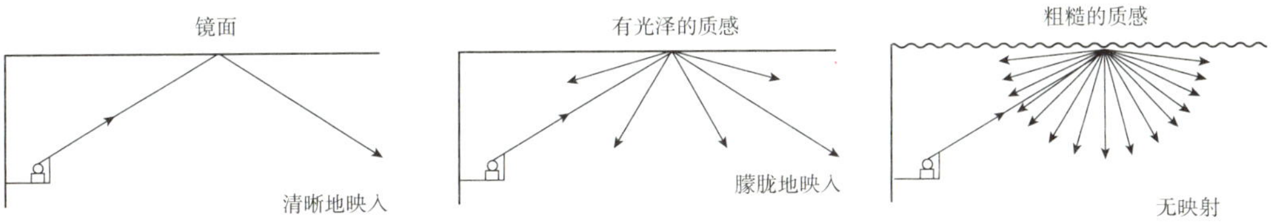


图 7-2-12 灯具与反射面关系总结

图 7-2-13 午门展厅实景

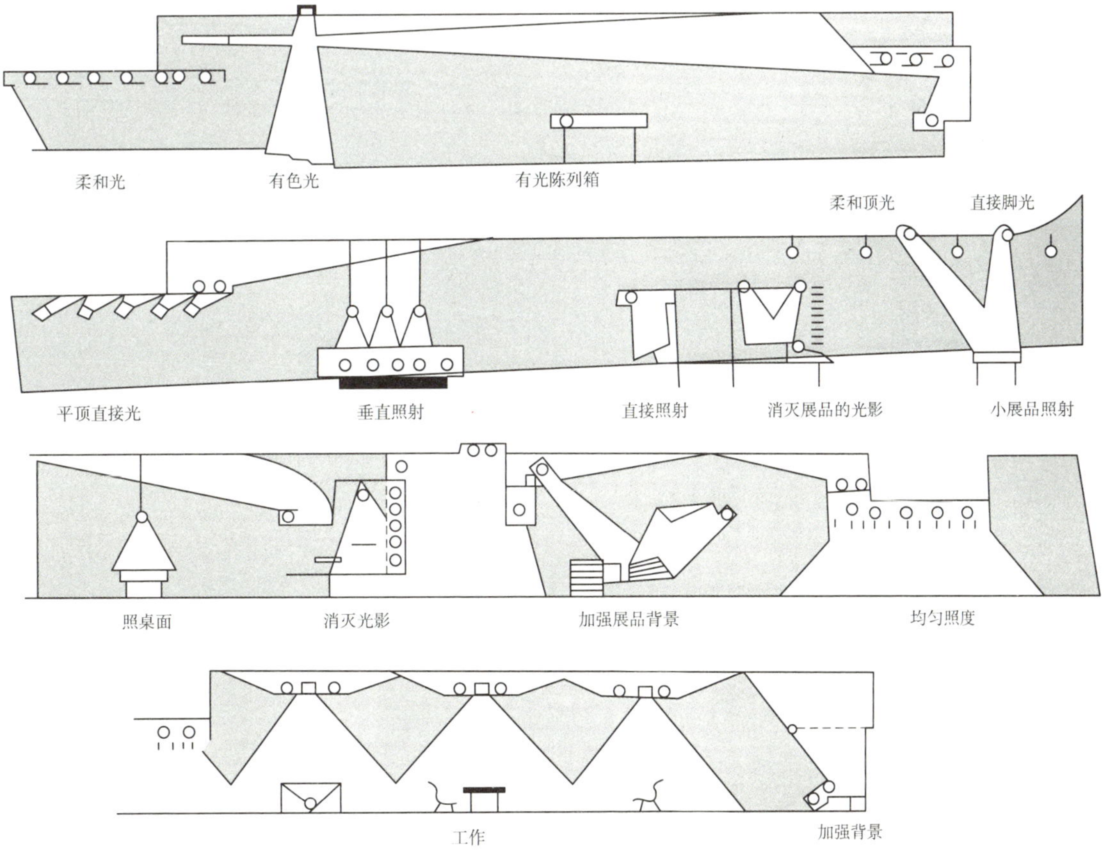


图 7-2-14 环境照明

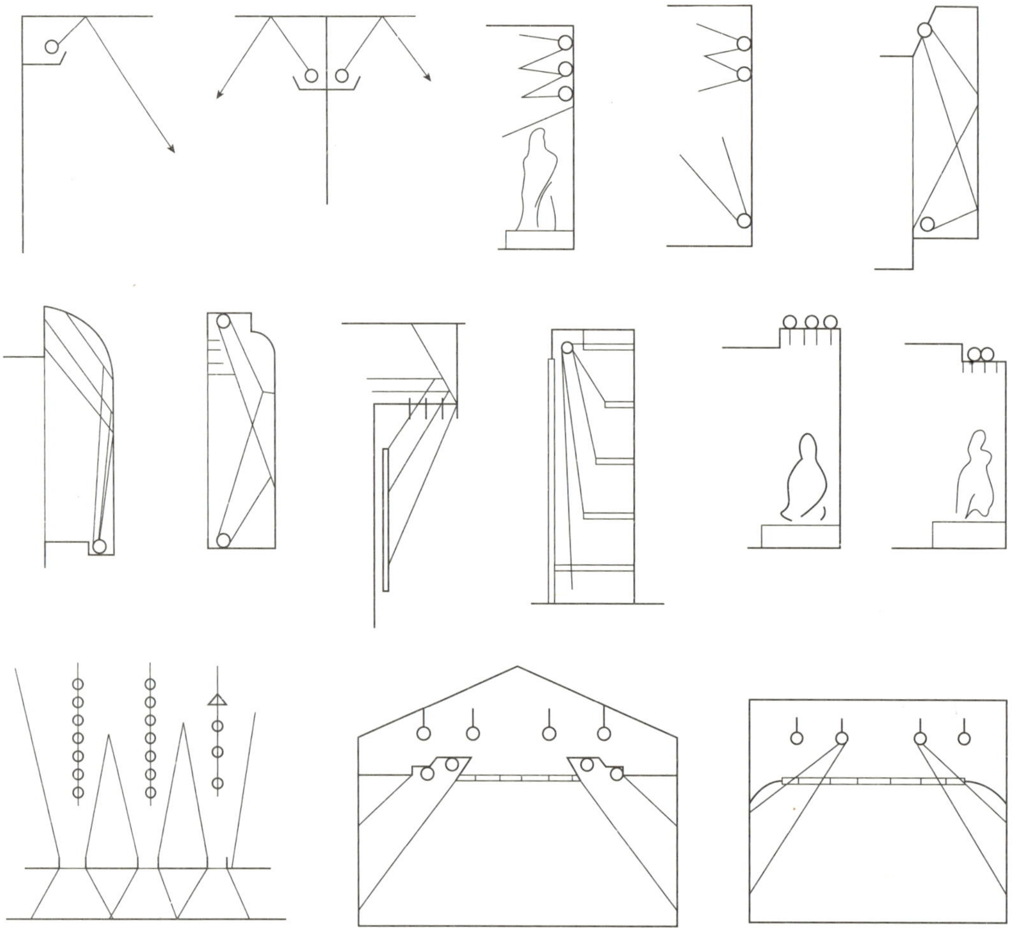

图 7-2-15　局部照明的几种方式

图 7-2-16　局部照明实景一

图 7-2-17　局部照明实景二

面，照度均匀，成排设置。顶棚内的荧光灯应罩以格片，以免眩光。

大的版面需设大的投光灯，其上、下方都应有光源。

垂直版面照明方式如图 7-2-18 所示，其实景如图 7-2-19 ~ 图 7-2-21 所示。

2. 垂直版面与陈列台照明

照明要兼顾版面与陈列台。陈列台上放置实物、文件、手稿或较小的展品（有时设有玻璃面的橱柜或陈列桌），应将陈列台或陈列柜橱、陈列桌的玻璃面加以倾斜，以避免眩光。

必要时柜橱或陈列桌内再加局部照明。

陈列版和陈列台照明如图 7-2-22 所示，其实景如图 7-2-23 所示。

3. 陈列橱柜照明

展品为了防尘、防潮、防虫、防盗的需要，多以橱柜形式进行展出。照明有设于柜内或柜外之分。采用哪种形式依展品的特点和陈列橱柜的形式而定。橱柜的玻璃，为防止灯光中紫外线的照射，应加涂膜。

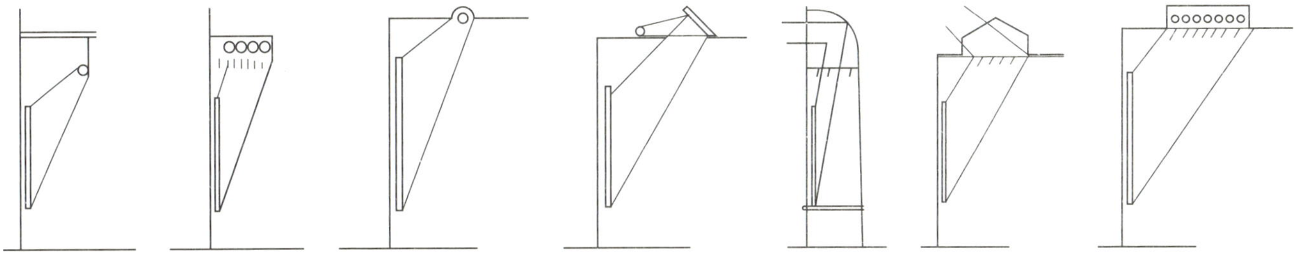

图 7-2-18 垂直版面照明方式

图 7-2-19 垂直版面照明实景一

图 7-2-20 垂直版面照明实景二

图 7-2-21 垂直版面照明实景三

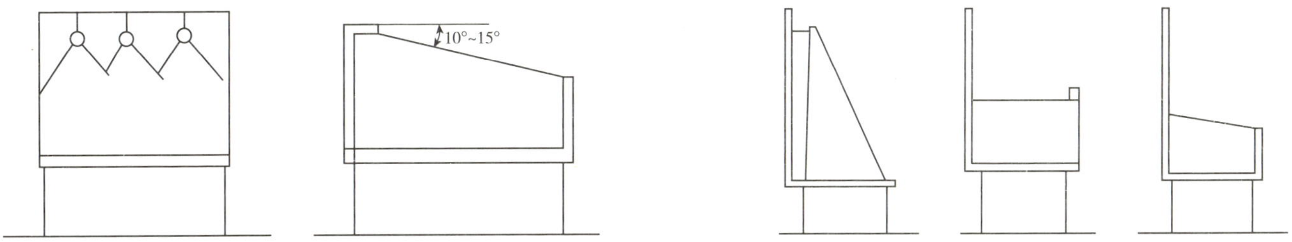


图 7-2-22 陈列版和陈列台照明

图 7-2-23 陈列版和陈列台照明实例

大量的文物、绘画、书法为了保护起见，亦陈列于橱柜中，在柜内都需要加局部照明，其光源应加隐蔽，并考虑热量的排除孔洞和通风。油画表面不光滑，橱柜内照明灯光投射角小，易产生阴影，不宜在橱柜内陈列。

橱柜内灯光设置位置：

（1）光源设在橱柜内前方上侧或上下两侧。

（2）光源设在展品前方四缘。

（3）光源设在展品上方，并安设格片。

（4）光源设在橱柜顶部。

（5）光源设在悬挂式陈列箱前上方。

（6）陈列品如为透明胶片图像，则灯光设于橱柜之内。

展柜照明示意如图 7-2-24 所示，其设计及相关设计说明实例如图 7-2-25 和图 7-2-26 所示，展柜照明实例如图 7-2-27 和图 7-2-28 所示，展柜内顶部灯具设置如图 7-2-29 所示。

4. 景箱照明

景箱是动物、植物生态的再现，或强化物态的面貌，如地质构造，或陈列历史原貌，都需用景箱陈列。景箱一般有生态景箱、动态景箱、对照景箱等，生态景箱布置生态环境，动态景箱反映物像动态变化，如行驶的车辆，地形的变化，对照景箱系反映事物的新旧对比。一个景箱中多次换景才能达到要求时，应利用不同的灯组在时间先后显示物像。

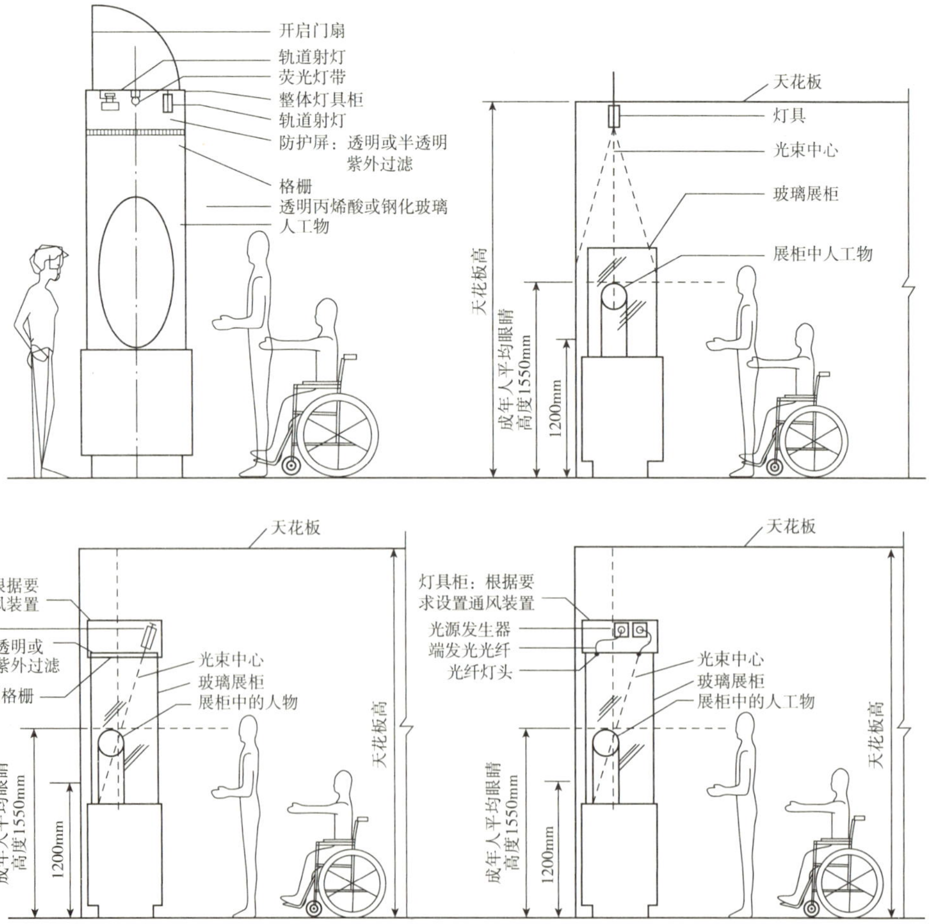


图 7-2-24 展柜照明示意

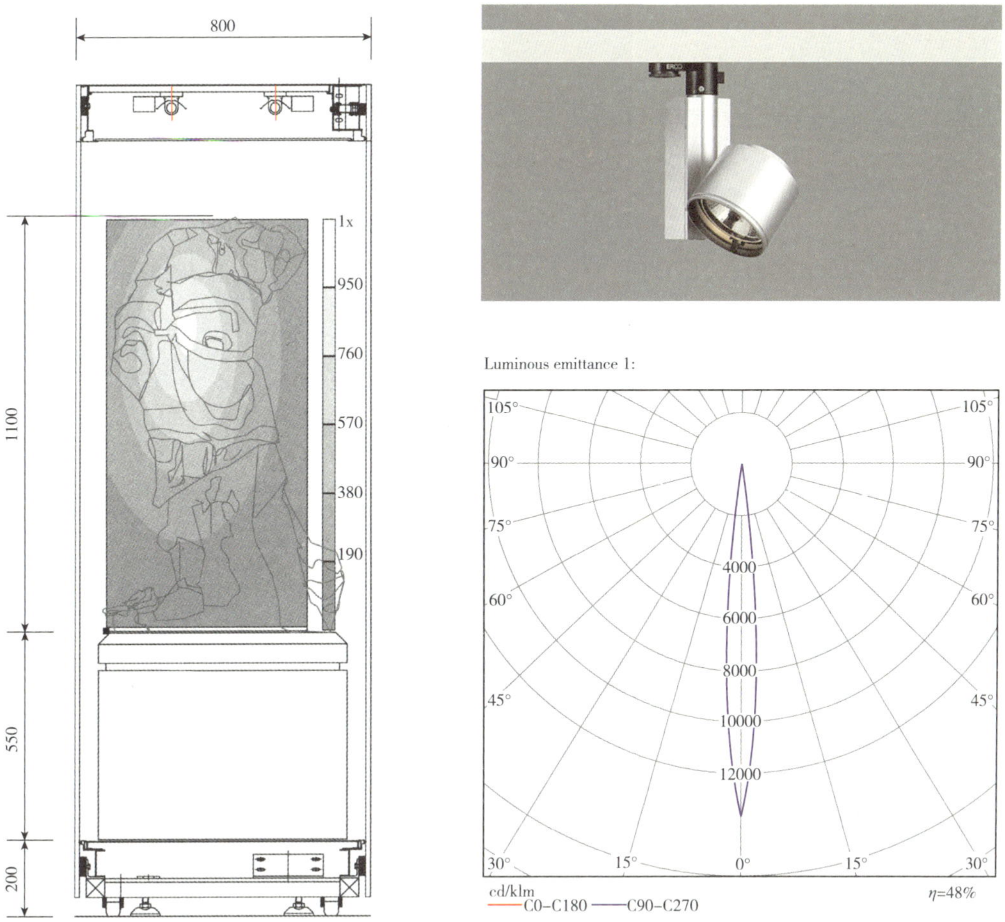


图 7-2-25 独立展柜照明设计图（单位：mm，图纸提供：邵战赢、卢正鹏）

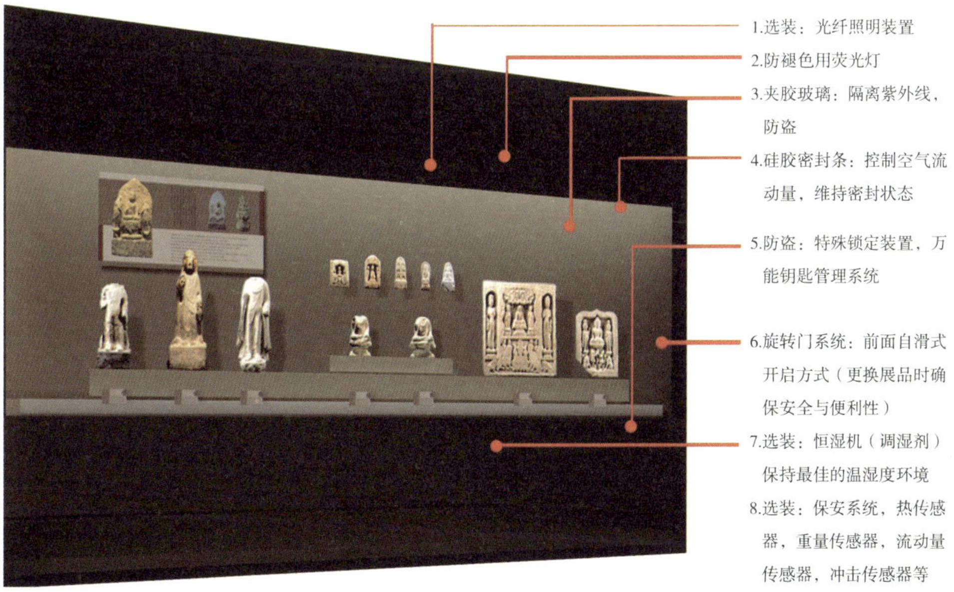


图 7-2-26 沿墙展柜照明设计及相关设计说明实例（图片提供：邵战赢、卢正鹏）

因此，在照度要求上一是较其他部位要强才能醒目；二是除透明胶片外在视角内不要出现光源；三是景象的更换在于灯光的变换。

景箱照明实景如图 7-2-30 和图 7-2-31 所示。

5. 雕塑照明

雕塑无论是个体或群体，应根据雕塑的体型特点，在前上左方设主要照明，对侧面、

图 7-2-27　展柜照明实例一（图片提供：邵战赢）

图 7-2-28　展柜照明实例二

图 7-2-29　展柜内顶部灯具设置实例

图 7-2-30 景箱照明实例一

图 7-2-31 景箱照明实例二

下面、背面还要设辅助灯光，使之有立体感。

为使雕塑不易失真，宜以天然光为主，辅以人工照明。

雕塑照明方法示意如图 7-2-32 所示，照明设计如图 7-2-33 所示，其实景如图 7-2-34 和图 7-2-35 所示。

### 6. 立体展品照明

机器、设备、大型产品、古代车船、器械、动物骨骼等，主要是表现总的形态与外貌，只要有一定的均匀照度，不出现眩光即可，其照明实景如图 7-2-36 和图 7-2-37 所示。

### 7. 沙盘、模型照明

沙盘、模型照明是室内环境照明与展品照明二者的结合，一

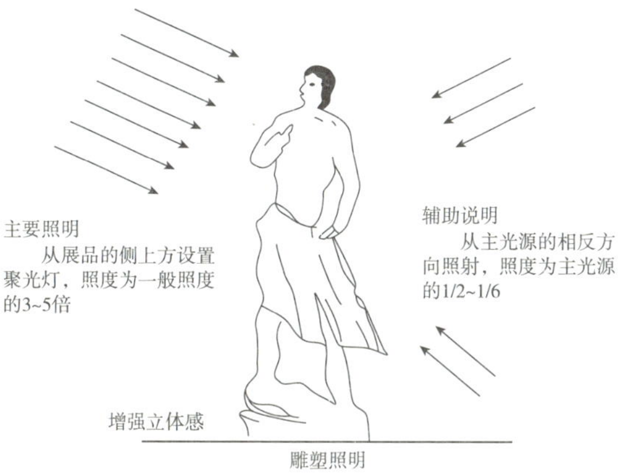


图 7-2-32 雕塑照明方法示意

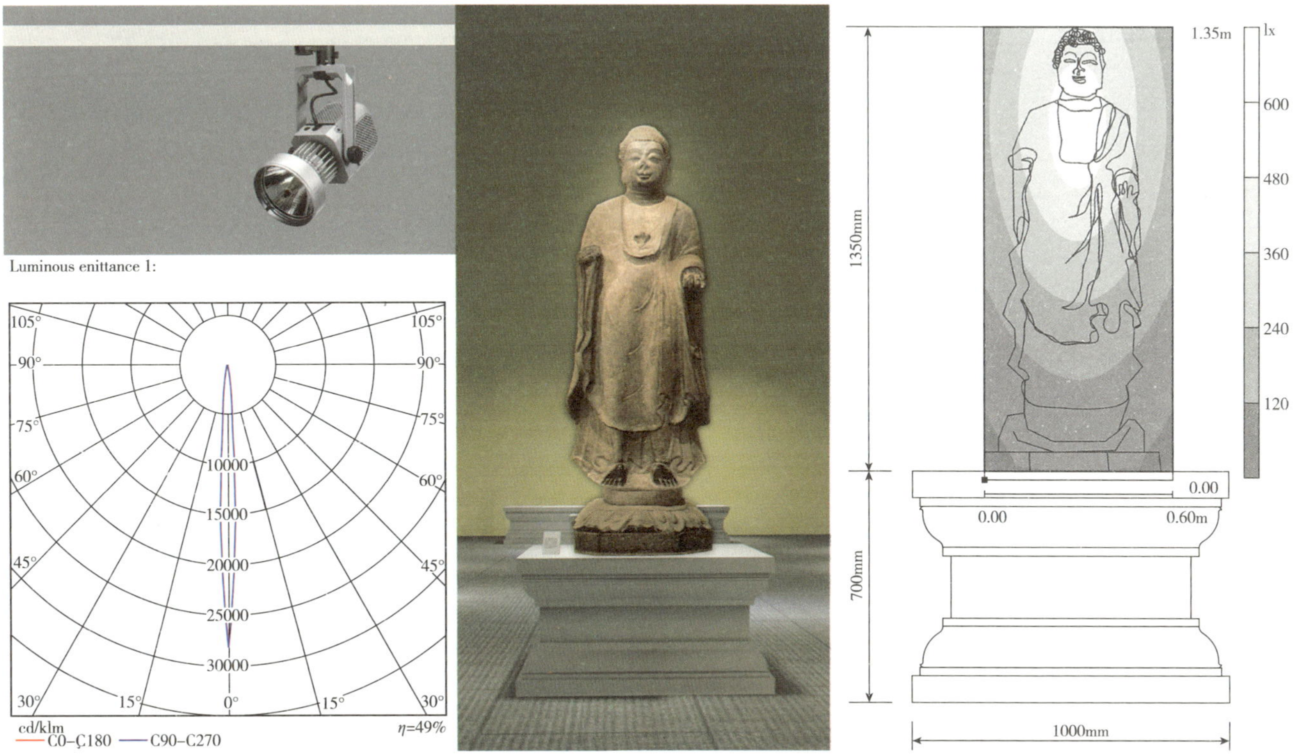


图 7-2-33 雕塑照明设计图（图纸提供：邵战赢、卢正鹏）

方面室内要求明亮，采用侧窗、顶窗解决，因为模型尺度较小，沙盘比例更小，多呈鸟瞰或俯视观察，顶窗较为理想。另一方面，模型与沙盘也可以安装各种灯光，使其生动。

当模型、沙盘有玻璃护罩时，若高度在视平线以下，要注意护罩产生的眩光影响。

沙盘、模型照明实景如图 7-2-38 所示。

图 7-2-34　雕塑照明实例一

图 7-2-35　雕塑照明实例二

图 7-2-36　立体展品照明一

图 7-2-37　立体展品照明二

图 7-2-38　沙盘和模型照明

# 7.3 光源与灯具的选择

光源与灯具的选择如表 7-3-1 所示。

表 7-3-1 光源与灯具的选择

| 照明方式 | 灯　具 | 光　源 | 特性描述 |
| --- | --- | --- | --- |
| 一般照明 | 嵌入式、下射灯具、洗墙灯具 | 采用普通白炽灯、紧凑型荧光灯、卤钨灯、高强度气体放电灯及PAR 灯，功率为 20 ~ 50W | 易于更换<br>可调光<br>低亮度<br>大遮光角<br>控光良好<br>节能<br>可附设过滤装置 |
| | 表面安装普通白炽灯或紧凑型荧光灯 | | |
| | 圆柱形或方形，防眩光装置灯具 | | |
| 间接照明（漫射照明质量） | 产生宽光束的光源将光线投向天花板，反射至垂直或水平表面，效果取决于天花板表面形状、色彩、光泽度 | T8、T5 荧光灯管或紧凑型荧光灯<br>高强度气体放电灯<br>PAR 灯 | 吊杆或悬空架设（离天花板大约 300 ~ 500mm） |
| | | | 良好的光学系统、最大光效 |
| | | | 水平测量方法提供目视调整 |
| 重点照明 | 轨道装置<br>嵌入式下射灯具 | 20 ~ 500W PAR 灯<br>白炽灯、卤钨灯<br>T3、T4 直管荧光灯 | 轨道装置：拆装简便<br>可接附件<br>固定装置可多样化<br>灵活可变<br>电器布线简单 |
| 展柜照明<br>壁柜照明<br>隔板照明 | 微型（刚性或柔性）轨道，变压器远离安装 | 白炽灯：E12 灯座、4 ~ 25W、管型 7 ~ 9W 紧凑型荧光灯 | 灵活可调的灯具间隔 |
| | 带状灯类型：<br>大约 50mm × 50mm | — | 小型的约 19mm × 19mm<br>易于成型，可制成所需形状可根据使用空间尺寸分割 |
| | 光纤照明 | 卤钨灯、金属卤化物灯 | 远离热源<br>所有的电气设备在展柜外 |
| 泛光照明 | 嵌入式：椭圆反射器下射白炽灯具 | 普通白炽灯<br>150 ~ 250W 卤钨灯 | 易于更换<br>过滤紫外辐射<br>光源破损防护 |
| | 荧光灯反光槽：抛物线式反射器、间接式 | T8、T5 | |
| | 表面：轨道安装<br>间接式白炽灯 | 150 ~ 300W 卤钨灯<br>高强度气体放电灯 | 抗高温棱镜<br>过滤紫外辐射<br>菲涅尔光学系统<br>可调角度<br>提供色彩媒介和色彩修正 |
| 戏剧照明 | 调焦式投光灯<br>追光灯<br>发光二极管<br>全数字式（液晶）激光灯 | 低压卤钨灯<br>高强度气体放电灯<br>特种光源 | 精确调焦<br>旋转色轮<br>投射影像和图示<br>要有维护人员和操作人员 |
| 安全照明（根据安全等级要求。过道内的照度至少 100lx，提供疏散指示） | 疏散指示（黑色背景上的绿色字母最佳） | 发光二极管 | 使用寿命长<br>连续工作<br>可靠性好 |
| | 台阶照明 | 紧凑型荧光灯 | |
| | 下射照明 | 低压白炽灯<br>小型光源 | |

# 第8章 商业空间室内照明设计

随着社会进步、生产发展、消费和文化水平的提高，商业已成为日常生活的重要组成部分。商店不再是单纯的买与卖的场地，而成为人们进行社会活动、交流、休息、观光的场所。因此，购物环境的形态特征能体现一个城市的文化素质和生活面貌，也是评价一座城市的重要标志。

商业发展了，人们对商业的观念也更新了。当前，商场一是向大型综合发展，追求商品极大丰富、品种繁杂，为顾客提供优良的服务；二是向专卖店发展，如服装专卖店、鞋帽专卖店、食品专卖店、杂品专卖店等。由于竞争激烈，一些大型商场还包含文化娱乐、休息、用餐等服务场所，形成了综合性服务环境。

为了提高市场的竞争能力，购物环境应设计得十分精彩，除店堂装饰舒适宜人外，室内的照明环境也应激起顾客的购买欲望，加深顾客对商场的印象。这就要求照明设计师必须懂得商业知识。

## 8.0.1 购物活动及购物环境

随着人们生活水平的提高，消费观念的改变，购物已不是单纯的买东西，它是社会活动必不可少的组成部分。从顾客角度看，购物活动是一种家务，是一种社交，是一种休息，也是一种消遣。

对购物环境的要求是尽可能吸引顾客，因此购物环境要显出繁荣昌盛、琳琅满目的景象。顾客在购物中心逗留的时间越长，购买机会就越大，所以商业环境单调乏味是商业活动的大忌。

## 8.0.2 购物方式

购物方式因人而异，与人的生活习惯有关。购物方式通常可分为三种，即方便型、比较型和冲动型。

方便型是指购买必需的基本生活品，如蔬菜、水果、肉、鱼、杂货、药品、化妆品、烟、酒等。这类商品易腐烂、消耗快，需经常购买。

比较型是指一些商品不需频繁购买，而要定期或周期性地购买。购买时，要对品种、质量、价格以及售后服务等多方面进行比较，才能作出抉择。

冲动型是指顾客因冲动而购买商品。这种购物方式带有随意性，看到合适的就买，但顾客很少因冲动购买贵重商品。

在超市内行走的顾客，从货架上取下物品放入篓中或搁在小推车内，到出口去结账、装包，商店的进出口设置监控，一般售货不需营业员。自选购物方式基本上销售方便型商品，如食品日用品等。商场的布局货架多为行列式，以方便为主，从入口到出口尽可能的顺着一个连续的行走路线，因此陈列商品要能最大限度地得到展示。营业厅要求宽敞明亮，一目了然，照明设计要满足以上要求。

随着照明科技的发展，未来的商场照明将由现在的满足买卖商品这个行为对照明的需求发展成为为消费者提供更好的购物体验而配置合适的照明系统。该照明系统将为买卖双方的更好的互动营造轻松愉悦又令人惊奇的体验环境，满足人们情感上的需求。

更为人性化的购物环境帮助商场内的店家为消费者提供更为舒适的购物体验。一个和谐安静的照明环境配以温馨舒适的自然光线能让消费者在一个没有购买压力的情景下根据自身情况作出自然的购买的决定，整个购买过程显得轻松愉快，就像参加朋友的聚会一样让人感到意犹未尽。

随着大型复合式的商场成为我国大中城市商场的发展主流，如何在平衡各项照明指标间找到合理的设计方案，将成为这些商场的业主面临的问题。新方案即可以刺激顾客购买更多商品，也可以通过大幅减少照明用电而降低照明温度所减少的空调用电来达到降低运营成本，具有广阔的发展空间。

## 8.1 商业空间的分类

商业建筑的分类有很多种，一般按行业类型、消费行为、建筑形式、市场范围及规模等对商业建筑的类型进行划分。

### 8.1.1 按照行业类型划分

商业建筑按照行业类型可以分为零售类商业建筑、批发类商业建筑、餐饮类商业建筑。零售类商业建筑又可以分为杂货店、专卖店、百货商场、超市、购物中心、步行商业街等。购物中心、步行商业街等商业建筑，往往将餐饮类商业建筑及其他广义商业建筑（如娱乐休闲类建筑、健身服务类建筑等）进行融合，具有规模大、复合度高的特点。

### 8.1.2 按照消费行为划分

商业建筑按照顾客的消费形式可以分为物品业态和体验业态商业建筑。物品业态商业建筑是指强调物品销售，以物品作为基本经营内容，为消费者提供购物服务的建筑形式，如百货商场、超市、购物中心、家居建材超市、直销折扣商店、各种商业街，以及各种类型产品的旗舰店和专业店。体验业态商业建筑，指为消费者提供某种身心感受的建筑形式，如娱乐、休闲类商业建筑。

### 8.1.3 按照建筑形式划分

商业建筑按照建筑形式的复合程度可以分为单体商业建筑和综合商业建筑。单体商业建筑指建设在独立地块上的商业建筑项目。综合商业建筑指在商业建筑中复合了住宅、酒店、写字楼、体育场馆等其他项目的建筑形式。

## 8.1.4 按照市场范围划分

按照市场范围划分，可以将商业建筑分为：

（1）近邻型商业建筑。市场范围——邻里周边消费者。

（2）社区型商业建筑。市场范围——某个社区的消费者。

（3）区域型商业建筑。市场范围——周边几个社区的消费者。

（4）城市型商业建筑。市场范围——所在城市的大部分区域。

（5）超级型商业建筑。市场范围——客户群覆盖所在城市及周边城市。

## 8.1.5 按照规模划分

根据中国商业建筑设计规范（JGJ 48—88），商业建筑的规模可分为大、中、小三类，如表 8-1-1 所示。

表 8-1-1　　商店建筑分类　　单位：$m^2$

| 规　模 | 百货商店、商场建筑面积 | 菜市场类建筑面积 | 专业商店建筑面积 |
|---|---|---|---|
| 大　型 | > 15000 | > 6000 | > 5000 |
| 中　型 | 3000 ~ 15000 | 1200 ~ 6000 | 1000 ~ 5000 |
| 小　型 | > 3000 | > 1200 | > 1000 |

## 8.1.6 有关商业空间的几个名词

（1）百货商店：销售多种类工业制品为主的商业空间，如图 8-1-1 所示。

（2）商场：民用商品的商场或商店，如图 8-1-2 所示。

（3）购物中心：被作为一个整体来统一规划、统一开发、统一运营、统一管理的零售店铺与配套设施的联合体，拥有自己的停车场。一般情况下，其规模和店铺数量会因目标商圈的大小而有所不同。

购物中心大致可以分为四类：

图 8-1-1　百货商店

图 8-1-2　商场

1）邻里型购物中心。

2）社区型购物中心。

3）区域型购物中心。

4）超区域型购物中心。

（4）超级市场：是指综合成本较低、薄利多销、采取自助式购物的商店。

（5）菜市场类：销售菜、肉类、禽蛋、水产和副食品的场、店。

（6）专业商店：专售某一类商品的商店，如服装专卖店、电器专卖店、药店等。

（7）自选商场：向顾客开放，可直接挑选商品，按标价付款的（超级市场）营业场所，如图 8-1-3 所示。

（8）联营商场：集中各店铺、摊位在一起的营业场所，也可与百货营业厅并存或附有饮食、修理等服务业铺位。

（9）步行商业街：一般位于市中心区，以露天街道为主要空间形态，实行空间统一规划与管理，但所有权分散，不实现统一经营管理，供人们进行购物、饮食、娱乐、美容、憩息等而设置的步行街道。步行街禁止不经允许的机动车行驶，如图 8-1-4 所示。

图 8-1-3 自选商场

图 8-1-4 步行商业街

# 8.2 商业空间的照明方式

GB 50034—2004《建筑照明设计标准》将商业空间的照明分为一般照明、分区一般照明、局部照明、混合照明。

## 8.2.1 一般照明

一般照明是采用少数种类的灯具对整体销售场所提供的普通照明，这种方式不管商品的位置如何，可以设置各种开关控制系统，以便灵活地利用空间并有效地用电。这种方式是最基础的照明形式，提供最基础的功能照明。

一般照明要求有较好的照度均匀度、适当的色温和较高的光源显色性。一般照明应能满足商店功能变化的需求，同时货架上的垂直照度应适当。

### 8.2.2 分区一般照明

一般照明是针对整个商业空间进行的照明方式，而在某些场所，虽然空间是整体的，但根据整体空间内部的功能的不同，产生了不同的照明需求，因此在一个大空间内，分割成不同的区间，每个区间具有不同的技术要求，这种方式即为分区一般照明。

### 8.2.3 局部照明

局部照明也叫重点照明。在商业照明中，展示样品需要突出和美化，因此将商品从环境中突出出来是非常重要的。所以，重点照明在商业照明中的地位举足轻重。不同的照明水平与环境的差别可以营造不同的渲染效果。同时来自不同方向的光线也会对营造商业气氛起不同的作用。

重点照明用重点照明系数描述重点照明的程度和效果。重点照明系数是聚光的亮度与基础照明的亮度之比率，不同的重点照明系数会产生不同的视觉效果。这里所说的基础照明指的是背景照明。

局部照明的效果也与物体本身的反射特性及背景的特性密切相关，当在深色背景中展示浅色的物体时会产生较深刻的视觉效果，具有中度反射特性的物体在非常深色的背景下亦可产生很好的效果。当设计师设计商业空间照明时，必须先了解目标客户群。一般来说，普通的商店需要均匀的、明亮的照明即可，这样可以让商店的布置较具灵活性。在高级的商店中对比强烈的照明可以塑造商品的高价值感，吸引顾客对商品的注意，引起购买欲，因此正确的照明设计是促销商品的重要因素之一。

### 8.2.4 混合照明

任何一个商业空间的照明都不是独立的，都是两个或多个方式的混合体，因此实际的照明设计中，往往采用上述方式的混合。但混合绝不是简单的累加，而是根据实际需要进行的照明设计照度、照度均匀度、色温、显色性等照明指标，还要包括戏剧性、风格化等多方面艺术评测指标，因此最终的效果应该是艺术和技术的统一，而不是简单的数字。

## 8.3 商业空间的照明标准

### 8.3.1 国内商业照明标准

根据 GB 50034—2004《建筑照明设计标准》对商业空间照明质量和照度的标准有如

表 8–3–1 所示规定。

表 8–3–1 商业建筑照明标准

| 房间或场所 | 参考平面及其高度 | 照度标准值 | *UGR* | $R_a$ |
|---|---|---|---|---|
| 一般商业营业厅 | 0.75m 水平面 | 300 | 22 | 80 |
| 高档商业营业厅 | 0.75m 水平面 | 500 | 22 | 80 |
| 一般超市营业厅 | 0.75m 水平面 | 300 | 22 | 80 |
| 高档超市营业厅 | 0.75m 水平面 | 500 | 22 | 80 |
| 收款台 | 台面 | 500 | — | 80 |

## 8.3.2 国际相关商业的照明标准

国际相关商业照明标准如表 8–3–2 ~ 表 8–3–5 所示。

表 8–3–2 CIE 推荐的零售店照明指标

| 房间或场所 | 照度标准值（lx） | *UGR* | $R_a$ |
|---|---|---|---|
| 小销售区域 | 300 | 22 | 80 |
| 大销售区域 | 500 | 22 | 80 |
| 收银台 | 500 | 22 | 80 |
| 包装台 | 500 | 19 | 80 |

表 8–3–3 美国商业照明的照度值

<table>
<tr><th>房间或场所</th><th colspan="3">场 所 区 域</th><th>规定照度（lx）</th></tr>
<tr><td rowspan="12">营业厅</td><td rowspan="3" colspan="3">流动区域（顾客）</td><td>300</td></tr>
<tr><td>200</td></tr>
<tr><td>100</td></tr>
<tr><td rowspan="3" colspan="3">销售区域（展示面、靠近欣赏）</td><td>1000</td></tr>
<tr><td>750</td></tr>
<tr><td>500</td></tr>
<tr><td rowspan="3" colspan="3">展示区域（吸引顾客）</td><td>5000</td></tr>
<tr><td>3000</td></tr>
<tr><td>1500</td></tr>
<tr><td rowspan="3" colspan="3">销售事务（价格、验证等）</td><td>1000</td></tr>
<tr><td>750</td></tr>
<tr><td>500</td></tr>
<tr><td rowspan="16">橱窗服务区域</td><td rowspan="2">白天</td><td colspan="2">一般</td><td>2000</td></tr>
<tr><td colspan="2">特殊</td><td>10000</td></tr>
<tr><td rowspan="2">夜间</td><td colspan="2">一般</td><td>2000</td></tr>
<tr><td colspan="2">特殊</td><td>10000</td></tr>
<tr><td rowspan="2">次要商业区或小商店</td><td colspan="2">一般</td><td>1000</td></tr>
<tr><td colspan="2">特殊</td><td>5000</td></tr>
<tr><td rowspan="2">试衣间</td><td colspan="2">着装</td><td>200 ~ 300 ~ 500</td></tr>
<tr><td colspan="2">试看</td><td>1000 ~ 2000</td></tr>
<tr><td rowspan="3">修改间</td><td colspan="2">一般</td><td>1000 ~ 1500</td></tr>
<tr><td colspan="2">烫平</td><td>2000</td></tr>
<tr><td colspan="2">缝纫</td><td>> 2000</td></tr>
<tr><td colspan="3">衣柜间</td><td>100 ~ 150 ~ 200</td></tr>
<tr><td rowspan="4">库房</td><td colspan="2">不繁忙</td><td>50 ~ 75 ~ 100</td></tr>
<tr><td rowspan="3">繁忙</td><td>粗</td><td>50 ~ 75 ~ 100</td></tr>
<tr><td>中</td><td>100 ~ 150 ~ 200</td></tr>
<tr><td>细</td><td>200 ~ 300 ~ 500</td></tr>
</table>

表 8-3-4 英国商店照明的标准

| 场所或区域 | 照度标准值（lx） | 说 明 | 场所或区域 | 照度标准值（lx） | 说 明 |
|---|---|---|---|---|---|
| 有柜台的小商店 | 500 | 柜台平面或墙面 | 检查台 | 500 | 传送带的水平面 |
| 有岛式陈列柜的自选商店或超市 | 500 | 陈列台的垂直面 | 大物品陈列室 | 500 | 地面或展品立面 |
| 一般 | 500 | 陈列台的垂直面 | 走廊 | 130 | 地面 |

表 8-3-5 商业建筑照明功率密度值（GB 50034—2004）

| 房间或场所 | 照明功率密度（W/m²） | | 对应照度值（lx） |
|---|---|---|---|
| | 现行值 | 目标值 | |
| 一般商店营业厅 | 12 | 10 | 300 |
| 高档商店营业厅 | 19 | 16 | 500 |
| 一般超市营业厅 | 13 | 11 | 300 |
| 高档超市营业厅 | 20 | 17 | 500 |

# 8.4 商业空间的照明设计

现代商场，无论规模大小，都在考虑消费者购买行为和心理变化的细节。在这些因素中，照明环境对于商场和消费者至关重要。

为了保证人群高流通率，商场的大空间照明就要求保持比较高的基础照明照度水平，而照度水平的选取应根据商场所在地区的经济、电力供应和环境来确定。通常推荐的平均照度水平为 500 ～ 1000lx，显色性为 $R_a > 80$，光色方面建议根据不同环境选择暖日光色或冷日光色。在功能上：①商场照明要能够展示出商场独特的形象，让顾客能够看清商品和商场的设施设备，这是基本需求，包括对空间、走廊的照明等内容；②照明需要更贴切地体现商品的色彩、质地、工艺与质量等细节，能帮助顾客清楚地辨别商品，了解商品的特性，甚至体验商品所能带给顾客特殊感受，例如服装、珠宝、油画等，这是商场照明中的重点照明部分；同时，在强调绿色环保的今天尽可能地节约能耗。

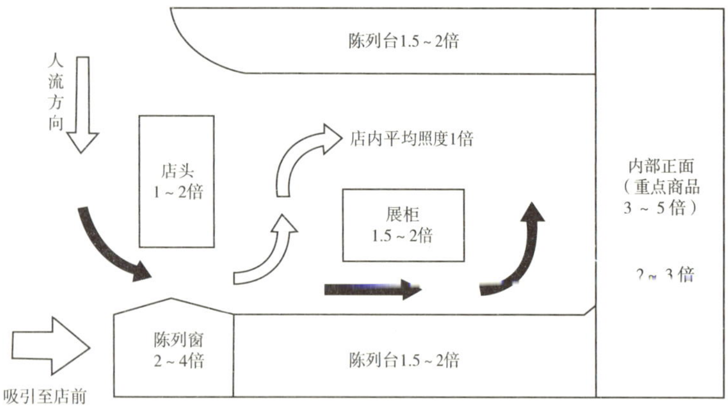

图 8-4-1 商店各部分照明关系

商店各部分照明关系如图 8-4-1 所示。

## 8.4.1 店面照明

1. 确保店面亮度

考虑店内照明与周围亮度的平衡，在商店入口处适当加大亮度，满足安全、吸引等多种要求。通常利用荧光灯等灯具所发出的均匀的、柔和的灯光作为整体照明。

2. 利用自动调光装置使照明产生多变效果

有的商店为了适应顾客的心理特点，表现一定的行业特色采用闪光效果的照明或调光变化的照明照射店面，这有助于同时吸引有目的消费者和无目的消费者，创造良好的商业气氛。

3. 强调装饰效果

采用彩色灯光或特色灯具，也可将灯具排列成装饰性图案使店面照明富有生气，给过往顾客留下深刻印象。

4. 重点照明要醒目

招牌、标志、铭牌等重点位置的照明要醒目，让人一目了然，过目不忘。

店面照明如图 8-4-2 ~图 8-4-5 所示。

图 8-4-2 店面照明一

图 8-4-3 店面照明二

图 8-4-4 店面照明三

图 8-4-5 店面照明四

## 8.4.2 橱窗照明

橱窗内的陈列，一般是该商店重点商品的陈列与展示，它具有一定代表性，反映着商店销售的商品类型、档次及风格，同时通过陈列方式的设计、照明及环境气氛的营造，还会引导消费者去想象，以至于对该商店产生良好的印象和兴趣，并引起关注。通常可以通过以下方法来创造醒目的橱窗照明：

（1）依靠强光，使商品更显眼。

（2）通过照明强调商品的立体感、光泽感、材料质感和色彩等。

（3）利用装饰性的照明器来吸引人的注意。

（4）让照明状态变化。

（5）利用彩色光源，使整个橱窗更绚丽。

橱窗照度一般是店内营业平均照度的 2 ~ 4 倍。位于商业中心的商店的橱窗内照度可以是 1000 ~ 2000lx，而远离这一中心的商店的橱窗内照度则可以是 500 ~ 1000lx 左右。橱窗照明在白天应防止橱窗生镜现象，可采用下光灯具照明，灯具可以是漫射型也可以带有遮光板；当灯具在橱窗顶部距地面大于 3m 时，灯具的遮光角易小于 30°，低于 3m 时灯具的遮光角易大于 45°。通常，展览的商品通过平坦型光照明，重点部位可以使用多个装在电源导轨上的聚光灯，进行聚光照明；橱窗照明应选择和陈列商品协调的灯具和光源，使灯光和商品和谐；配合商品性质，采用合适灯光照明；采用脚光照明能展现特殊商品轻轻浮起的作用。背光照明（光源安装在看不见位置上）能强调玻璃制品之类的透明度。

橱窗照明要求如表 8-4-1 和表 8-4-2 所示。其照明方式及结构如图 8-4-6 ~ 图 8-4-8 所示。其实景如图 8-4-9 和图 8-4-10 所示。

表 8-4-1 白天橱窗的照明要求

| 类 型 | 向外橱窗照度（lx） | 店内橱窗照度（lx） | 重点照明系数 AF | 一般照明色温（K） | 重点照明色温（K） | 显色指数 $R_a$ |
|---|---|---|---|---|---|---|
| 最高档 | > 2000 | 大于一般照明 | 10 ∶ 1 ~ 20 ∶ 1 | 4000 | 2750 ~ 3000 | > 90 |
| 中高档 | > 2000 | 周围照度的两倍 | 15 ∶ 1 ~ 20 ∶ 1 | 2750 ~ 4000 | 2750 ~ 3500 | > 80 |
| 平价 | 1500 ~ 2500 | 四周照度高 2 ~ 3 倍 | 5 ∶ 1 ~ 10 ∶ 1 | 4000 | 4000 | > 80 |

表 8-4-2 夜间橱窗的照明要求

| 类 型 | 一般照明照度（lx） | 重点照明照度（lx） | 重点照明系数 AF | 一般照明色温（K） | 重点照明色温（K） | 显色指数 $R_a$ |
|---|---|---|---|---|---|---|
| 最高档 | 100 | 1500 ~ 3000 | 15 ∶ 1 ~ 30 ∶ 1 | 2750 ~ 3000 | 2750 ~ 3000 | > 90 |
| 中高档 | 300 | 4500 ~ 9000 | 15 ∶ 1 ~ 30 ∶ 1 | 2750 ~ 3500 | 2750 ~ 3500 | > 80 |
| 平价 | 500 | 2500 ~ 7500 | 5 ∶ 1 ~ 15 ∶ 1 | 3000 ~ 3500 | 3000 ~ 3500 | > 80 |

## 8.4.3 售货场陈列照明

### 8.4.3.1 陈列柜照明

售货场地的陈列柜、陈列台、陈列架等均应增加局部照明，不仅要有水平照度而且必须考虑垂直照度。要想把商品的质感表现出来，垂直照度是十分重要的，同时也应注意避免眩光。

展柜（台）一般为多层的棚式。为了照亮商品并加强商品和展台的装饰美感，在每个

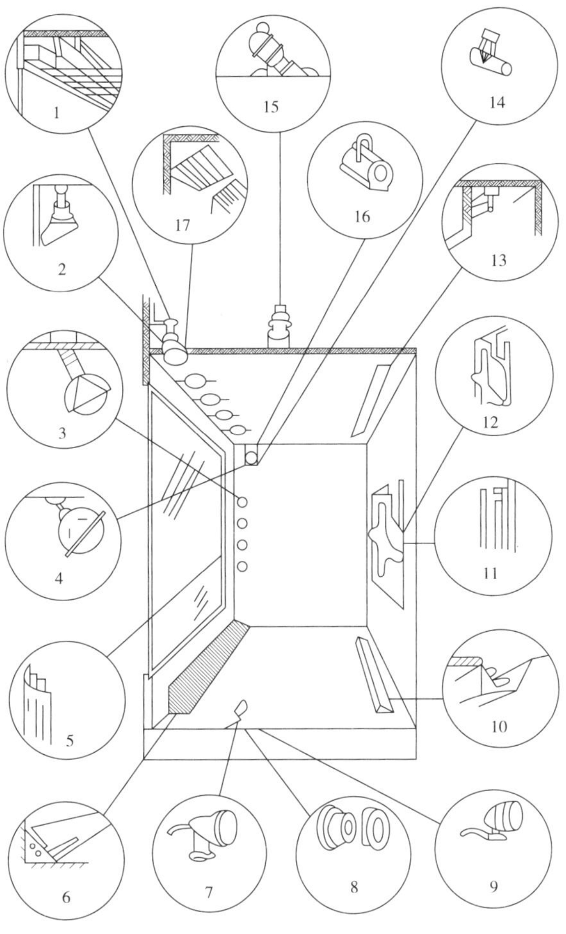


图 8-4-6 橱窗装饰照明灯具及照明方法

1—格栅顶棚；2—金属反射罩（斜照型）；3—反射型投光灯泡；4—光束形灯泡；5—纵向安装荧光灯；6—带玻璃格栅的脚光灯；7—摆头型投光灯；8—装彩色滤色片；9—筒式投光灯；10—下方背景照明；11—发光窗；12—用影子表现形状的照明；13—上方背景照明；14—聚光投光灯；15—嵌入式聚光灯；16—投光灯；17—前框架照明用荧光灯或白炽灯

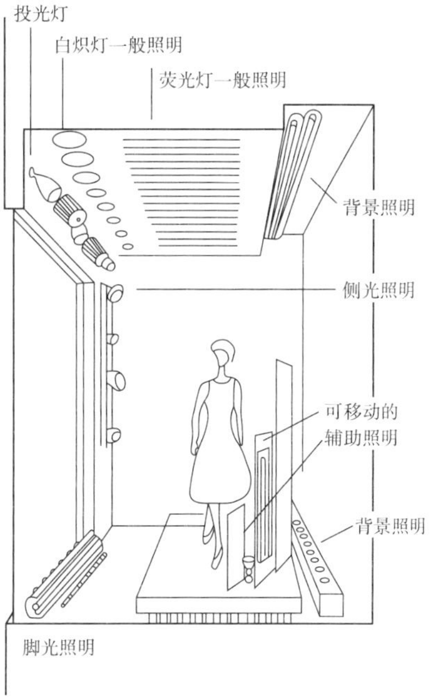


图 8-4-7 橱窗照明的组成部分

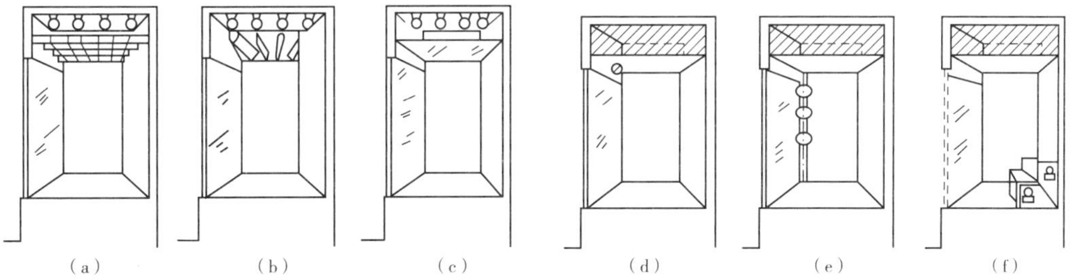


图 8-4-8 橱窗主要装饰照明方式

(a) 格栅；(b) 折板式；(c) 光顶棚；(d) 上部投光灯；(e) 侧面投光灯；(f) 脚光

棚下作系统照明，常常采用架子下的线状光源灯，如 16mmT5、8mm 荧光灯等，灯具可以按吸顶式或嵌入式安装，棚架下用线槽布线，并安装进线端子、带接地线的插头以及分支接头等。

商品陈列柜照明灯具原则上应装设在顾客不能直接看到的地方，手表、金银首饰、珠宝等贵重商品需要装设重点光源。为了强调商品的光泽感而需要强光时，可利用定点照明或吊灯照明方式。照明灯光要求能照射到陈列柜的下部。对于较高的陈列柜，有时下部照度不够，可以在柜的中部装设荧光灯或聚光灯。

图 8-4-9 橱窗照明设计实例一

图 8-4-10 橱窗照明设计实例二

商品陈列柜的基本照明手法有以下四种：

（1）柜角的照明。在柜内拐角处安装照明灯具的照明手法，为了避免灯光直接照射顾客，灯罩的大小尺寸要选配适当。

（2）底灯式照明。对于贵重工艺品和高级化妆品，可在陈列柜的底部装设荧光灯管，利用穿透光有效地表现商品的形状和色彩，如果同时使用定点照明，更可增加照明效果，显示商品的价值。

（3）混合式照明。对于较高的商品陈列柜，仅在上部用荧光灯照明的话，有时下部亮度不够，所以有必要增加聚光灯作为补充，使灯光直接照射底部。

（4）下投式照明。当陈列柜不便装设照明灯具时，可在顶棚上装设定点照射的下投式照明装置。此时为了不使强烈的反射光耀眼，给顾客带来不适，难于看清商品等，应该结合陈列柜高度、顶棚高度和顾客站立位置等因素，正确选定下投式灯具的安装高度和照射方向。

为了使店内陈列的商品看起来很美，必须考虑一般照明和重点照明亮度的比例，使之取得平衡。重点照明时，照射方向和角度的确定是要保证把垂直面照得明亮。

柜台照明指标如表 8-4-3 所示。其照明方式如图 8-4-11 所示。

表 8-4-3 柜 台 照 明 指 标

| 指 标 | 数值或说明 |
|---|---|
| 一般照度（lx） | 500 ~ 1000 |
| 重点照明系数 AF | 5 ∶ 1 ~ 2 ∶ 1 |
| 色温（K） | 宜 3000 |
| 显色指数 $R_a$ | > 80 |
| 应用灯具 | 石英杯灯、陶瓷金属卤化物灯、小型荧光灯等 |

陈列柜的照明要点以及防止眩光的方法如下：

（1）为了增加商品的魅力，可采用白炽灯筒灯或在商品柜台上方设外形良好的吊灯，或在商品柜台内设置灯具。

（2）商品照明的照度应为店内照度的 3 ~ 4 倍，采用细管荧光灯或光通量大的灯泡。

（3）在商品柜外设置灯具时，玻璃面上的反射光不应照到人眼，以防反射眩光。

（4）灯罩的深度应大些，以防止产生直接眩光，眩光的限制如图 8-4-12 所示。

陈列柜照明实景如图 8-4-13 和图 8-4-14 所示。

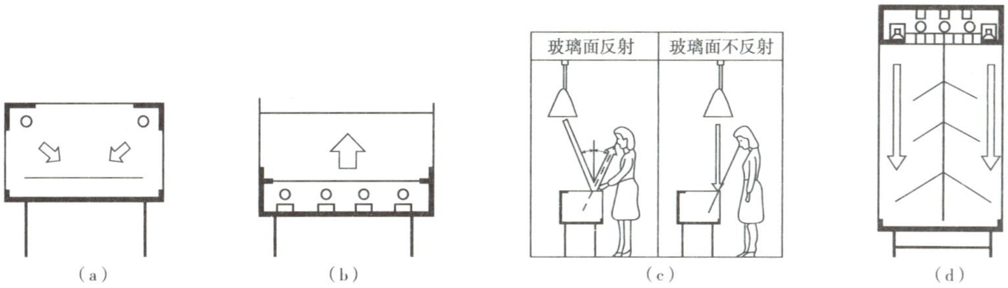


图 8-4-11 展柜照明方式

(a) 柜角照明方式; (b) 底灯照明方式; (c) 下投式照明; (d) 混合照明方式

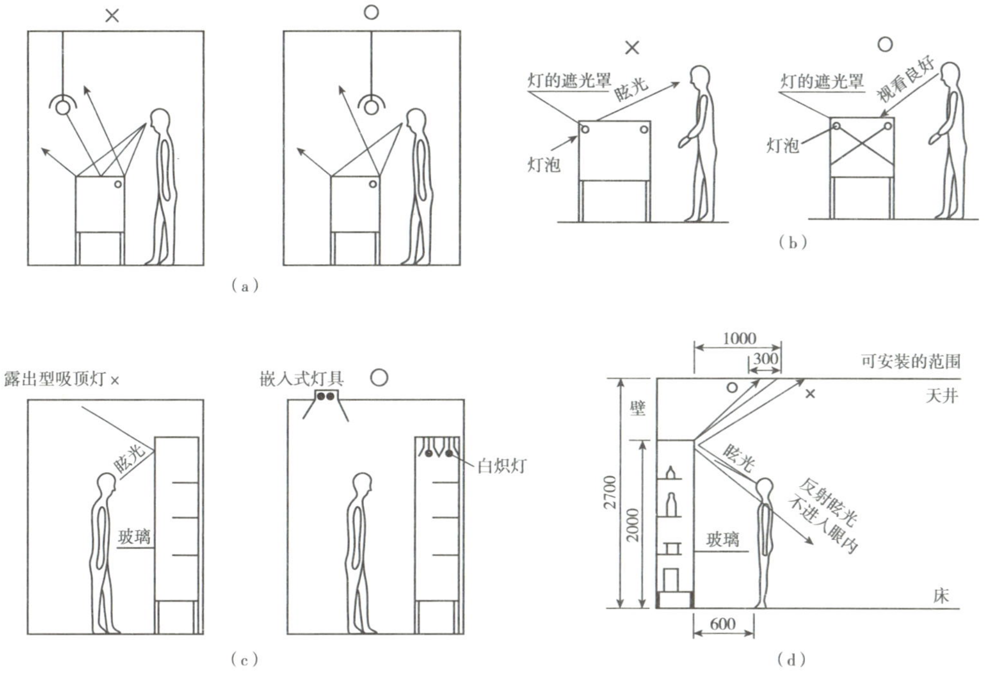


图 8-4-12 商品陈列柜照明中眩光的限制

(a) 低位反射眩光的防止; (b) 柜台中部眩光的防止; (c) 箱体高处反射眩光的防止; (d) 投射灯安装位置

图 8-4-13 陈列柜照明实例一

图 8-4-14 陈列柜照明实例二

### 8.4.3.2 陈列架照明

商品陈列架应根据架上陈列的商品，结合销售安排，采用不同照明方式装设不同层次的照明。为了使全部陈列商品亮度均匀，灯具设置在陈列架的上部或中段。光源可采用荧光灯，也可采用聚光灯照明。重点商品必须给以足够的照度，可以使用定点照明灯，使商品更加引人注目。

陈列架照明方式如图8-4-15所示。定点照明灯的安装方式如图8-4-16所示。其实景如图8-4-17～图8-4-20所示。

### 8.4.3.3 售货区域照明

通常的陈列区、售货区、展示区应采用重点照明以突出被照商品，刺激顾客购买力，灯具可采用射灯、轨道灯、组合灯等。陈列区照明指标如表8-4-4所示。

表8-4-4　　　　　　　陈列区照明指标

| 指　标 | 数值或说明 |
|---|---|
| 照度（lx） | 由重点照明系数决定，一般要达到800 |
| 重点照明系数AF | 5∶1～15∶1 |
| 色温（K） | 根据被照物体颜色决定，一般在3000以上 |
| 显色指数$R_a$ | >80 |
| 应用灯具 | 射灯、轨道灯、组合射灯等 |
| 光源 | 石英灯、卤钨灯、陶瓷金属卤化物灯、高显色钠灯等 |

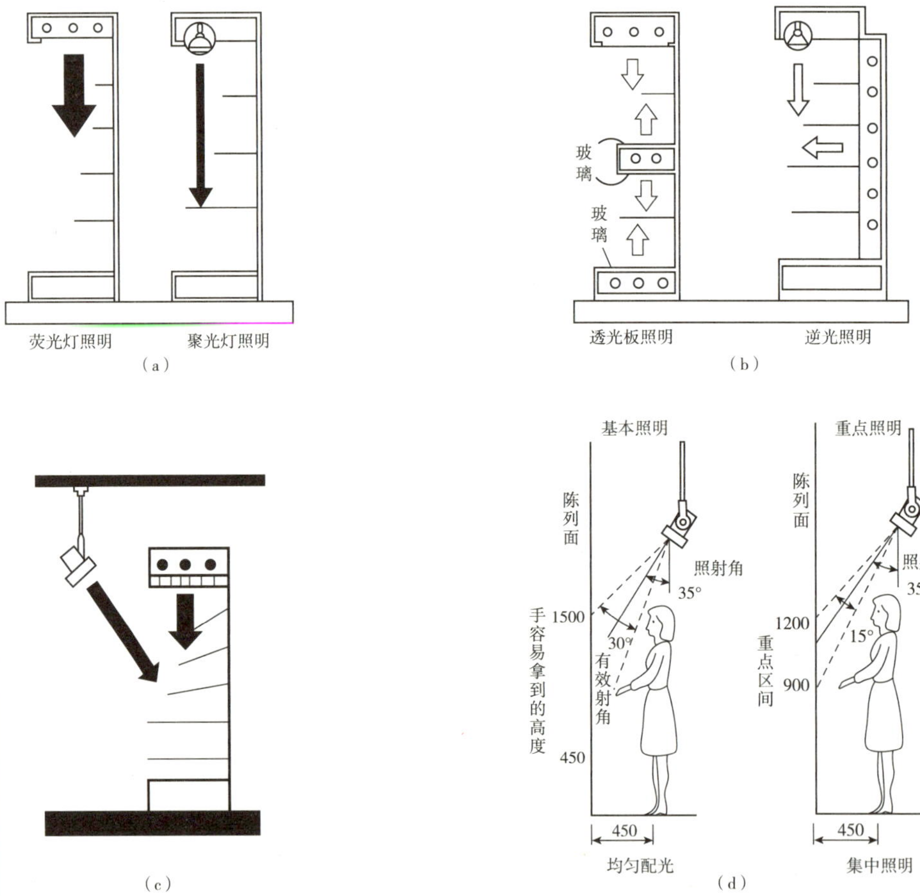


图8-4-15　陈列架照明方式

（a）陈列架一般照明方式；（b）透光板照明方式；（c）定点照明方式；（d）聚光灯照明方式

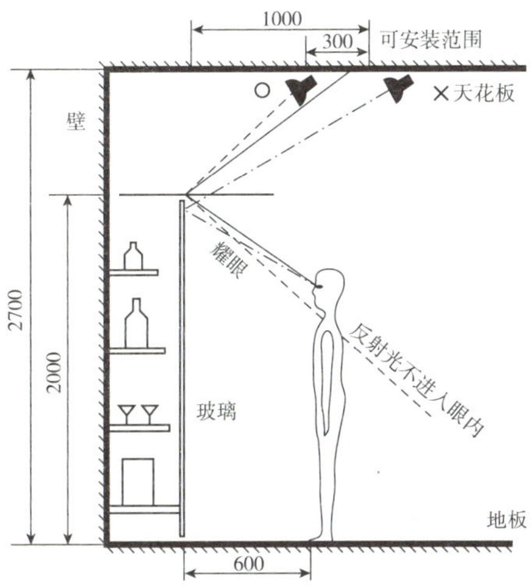


图 8-4-16 定点照明灯的安装方式（单位：mm）

图 8-4-17 陈列架照明设计实例一

图 8-4-18 陈列架照明设计实例二

图 8-4-19 陈列架照明设计实例三

1. 百货区照明

为了满足顾客节省时间的需要，在货架上陈列的商品应该具有较高的照度，同时应该帮助顾客辨别物品的品质和颜色，这样顾客就可以较快的浏览、选购商品。

百货区照明要求如表 8-4-5 所示，其实景设计如图 8-4-21 ~ 图 8-4-23 所示。

表8-4-5 百货区照明要求

| 照明参数 | 要 求 |
|---|---|
| 照度要求 | 800lx，在高照度下人们的行为较为快捷和兴奋 |
| 均匀度 | 在顾客活动的空间范围内，需要达到一定程度的照度均匀度，避免光空间分布明显不均匀，导致不适感。在照明设计时，应该注意货架档光的作用，这样会引起局部的不均匀 |
| 色温（K） | 4000 ~ 6000，除了特殊场合，建议色温在6000左右 |
| 显色指数 $R_a$ | > 80 |
| 眩光控制 | 应确保人所处的光环境，在正常视野中不应出现高亮度的物体 |

## 2. 家电区照明

家电区照明指标如表8-4-6所示。其实景设计如图8-4-24和图8-4-25所示。

表8-4-6 家电区照明指标

| 设备名称 | 照度（lx） | 色温（K） | 显色指数 $R_a$ | 备 注 |
|---|---|---|---|---|
| 音像制品 | 500 ~ 750 | 4000 | ≥ 80 | |
| 屏幕 | 300 ~ 500 | 3000 | ≥ 80 | 屏幕上的垂直照度不宜过亮 |
| 灯具、光源 | 嵌入卤素筒灯或荧光灯 | | | |

图8-4-20 陈列架照明设计实例四

图8-4-21 百货区照明设计一

图8-4-22 百货区照明设计二

图8-4-23 百货区照明设计三

图 8-4-24 家电区照明设计一

图 8-4-25 家电区照明设计二

3. 新鲜货物区

此类区域应该突出视觉的新鲜感，尤其是配餐食品，希望通过良好的照明来提高新鲜货品的诱惑力，成功的照明在于营造出一个新鲜的环境。

肉食／熟食区域：被照明物体需要展现新鲜和诱人。

顾客希望买到高质量、品种繁多的食品，享受到随时随地、热情快捷的服务，所以此类区域应重点突出食品的新鲜感，尤其是熟食及配餐食品。

新鲜货物区照明要求如表 8-4-7 所示，其实景设计如图 8-4-26 和图 8-4-27 所示。

表 8-4-7 新鲜货物区照明要求

| 照明参数 | 肉制品及熟食区 | 水果、蔬菜、鲜花区 | 面包房 |
|---|---|---|---|
| 照度（lx） | 1000 | 1000 | 1000 |
| 色温（K） | 3000 ~ 4000 | 3000 ~ 4000 | 2500 ~ 3000 |
| 显色指数 $R_a$ | > 80 | > 80 | > 80 |
| 灯具、光源 | 荧光灯、吊灯等，光源可为直管荧光灯、单端荧光灯、高显色钠灯、金卤灯等 | | |

## 8.4.4 入口及过渡区照明

商业空间的入口展示给顾客以第一印象，经常与橱窗统一设计，形成风格上的整体

图 8-4-26 新鲜货物区照明设计一

图 8-4-27 新鲜货物区照明设计二

性，向顾客进行连续的视觉冲击，加深顾客对商店、品牌的印象。

入口处的照明一般应设计得比室内平均照度高一些，约 1.5 ~ 2 倍，光线也更聚集一些，色温的选择应当与室内相协调，所选用的灯具可以是泛光灯、荧光灯、霓虹灯或 LED 等。其照明要求如表 8-4-8 所示。

表 8-4-8　　入口区照明要求

| 指　标 | 数　值 |
|---|---|
| 照度（lx） | 1000 |
| 色温（K） | 3000 ~ 6000 |
| 显色指数 $R_a$ | > 80 |

商店内的照明，应越往里越明亮，产生一种引人入胜的心理效应。吸引进入商店内的照明方法如下：

（1）从入口看进去的深处正面照得明亮一些。

（2）把深处正面的墙面作重点陈列，作为第二橱窗考虑，并对陈列的商品作特殊照明。

（3）在主要通道上，通过照明对地面创造明暗相间的光影，表现出水平面的韵律感。

（4）把沿主要通道的墙面照得均匀而明亮。

（5）通过照明在通道的两侧墙面上创造明暗相间的光影变化，或设置广告照明等。

（6）在重要的地方设置醒目的装饰用照明器。

图 8-4-28　收银区照明设计

## 8.4.5　收银区照明

收银区要强调视觉的导向性，应该具有良好的照明水平，通常通过灯具布置的密度改变来产生相对加强的照明效果。收银区照明要求如表 8-4-9 所示，其实景设计如图 8-4-28 所示。

表 8-4-9　　收银区照明要求

| 指　标 | 数　值 |
|---|---|
| 照度（lx） | 500 ~ 1000 |
| 色温（K） | 4000 ~ 6000 |
| 显色指数 $R_a$ | > 80 |

## 8.4.6　仓储区照明

仓储区无特殊的要求，能够保证员工在短时间内进行简单的操作即可，应该注意的是，发热量较高的光源应该远离物品，以免影响物品的质量，力求降低火灾风险，其照明要求如表 8-4-10 所示。

表 8-4-10　　仓储区照明要求

| 指　标 | 数　值 |
|---|---|
| 照度（lx） | 300 |
| 色温（K） | 3000 ~ 6000 |

## 8.4.7 商场特定用途照明

1. 疏散照明

除专用疏散通道、疏散楼梯、消防前室等设专用疏散照明外，一般商场疏散照明兼作一般照明或兼作警卫照明，照度按国家规范为 0.5lx，实际应用时更高一些（如 2lx）更为合适。①商场人员高度密集；②顾客对商场疏散路线大多不熟悉；③万一有灾害发生，比其余场所更易失散商品、展品，会造成故障。疏散照明多用白炽灯泡的筒灯。

2. 疏散指示标志照明

疏散指示标志和出口标志灯，人站在商场中的任何位置，至少能看到（除柱遮挡外）一个。灯具宜沿疏散路线或出口处高位布置，如《应急照明设计指南》中定为 2 ~ 2.5m，避免高货架的遮挡。

3. 安全照明

在收款处，贵重商品处和必要部位，设带蓄电池的应急灯，主要照明熄灭后，能小于 0.5s 之内亮起来。

4. 警卫照明

商场营业清场后，为确保安全，应设警卫照明，警卫照明多与疏散照明兼用。

## 8.4.8 不同种类专卖店设计要点

照明设计要根据当地条件、店铺构造以及其他条件进行，不可千篇一律。尤其对于一些专卖店，要突出商品的特色，现择要说明几种商店的设计。

1. 服装及衣料店

服装及衣料店主要应考虑照度和显色性。

在照度方面，由于服装及衣料店分为大众化店与高级品店两种，两者照度要求不同。大众化商店要给人以商品丰富、价格便宜的印象，店内的一般照明应明亮，使人感到气氛活跃，照度应为 300 ~ 500lx（国外为 800 ~ 1000lx）。陈列照明和重点照明应根据陈列方式进行设计。高级品店基本照明的照度为 200 ~ 300lx，照度适当降低，主要利用重点照明突出商品，以便取得较好的效果，因此可采用投射灯。白天大众化商店顾客很多，所以应注意从店门向内看时不要很暗。

显色性对于服装衣料店正确识别色彩十分重要，因此可采用高显色荧光灯或三基色荧光灯。然而无论哪种光源，当光量较少时正确识别色彩仍然是困难的，因此照度至少要高于 300lx。

另外，使用乳白玻璃灯泡或格栅灯具时扩散光会令商品失掉光泽和美感，设计时要注意所用光源的亮度。服装专卖店照明设计实景如图 8-4-29 和图 8-4-30 所示。

2. 鞋店

鞋店应主要考虑局部照明和一般照明的协调。

无论在大众化鞋店或高级品鞋店，选鞋时基本照明都需要高照度。由于此商品比服装商品尺寸小，常常采用投光照明将整个陈列柜照亮。橱窗、陈列柜内基本照明的照度要提高。白天防止橱窗玻璃将外景映入视线，采用背景照亮方式效果较好。因鞋的光泽、立体感等十

图 8-4-29 男士服装专卖店照明设计

图 8-4-30 女士服装专卖店照明设计

分重要，所以可采用射灯进行重点照明。需要低温的地方可采用冷光镜面反射光束灯泡。

鞋店照明设计实景如图 8-4-31 和图 8-4-32 所示。

3. 食品店、食料店

食品店和食料店主要应考虑照度、亮度和色温。

高级品店要求整个室内亮度均匀且照度较高，商品陈列柜照度应达到 1000lx 以上。陈列柜采用荧光灯照明时，可在外部增加投光灯，这种方式效果较佳。

大众化商店一般照明的照度应在 500 ~ 750lx。使用较高照度是为了突出商品的丰富色彩，这种商品照明可将荧光灯与白炽灯并用。

鲜鱼肉店、蔬菜店这类商品店需要较高亮度，以增加商品的新鲜感，因此，宜采用中色温或低色温灯，并用高照度。这类商店可采用高亮度光源光束型投射灯照明。

4. 文具店、书店、音像制品店

文具店、书店、音像制品店是人们选购文具、图书、音像制品的场所，主要应考虑环境照明。

店内应以基本照明为主体，照度值在 300 ~ 500lx，重点照明照度在 750lx 以上。要求店内通道没有眩光，采用荧光灯作一般照明时应特别注意。此外，陈列架上部和下部的照度应尽量均匀，陈列柜与灯要隔开。因墙面是活跃店内气氛的组成部分，因而应有相同的亮度。在店内进深较大处，墙壁宜采用重点照明。

书店照明设计如图 8-4-33 所示。音像店照明设计如图 8-4-34 所示。

5. 贵金属店、钟表店、眼镜店

（1）陈列照明。此类店以柜台、柜橱陈列为主，陈列台、陈列柜内的照度要求为

图 8-4-31 鞋店专卖店照明设计一

图 8-4-32 鞋店专卖店照明设计二

图 8-4-33 书店照明设计

图 8-4-34 音像店照明设计

1500～3000lx，柜内重点照明照度可为3000～7000lx。

（2）商品照明。当商品尺寸小或商品本身反光性能好时，显示商品光泽就十分必要。此时，可采用小功率、高亮度灯泡（如低压卤钨灯、反射型灯泡等）从不同的角度照射。

首饰店照明设计如图8-4-35和图8-4-36所示。眼镜店照明设计如图8-4-37所示。珠宝店照明设计如图8-4-38所示。

图8-4-35 首饰店照明设计一

图8-4-36 首饰店照明设计二

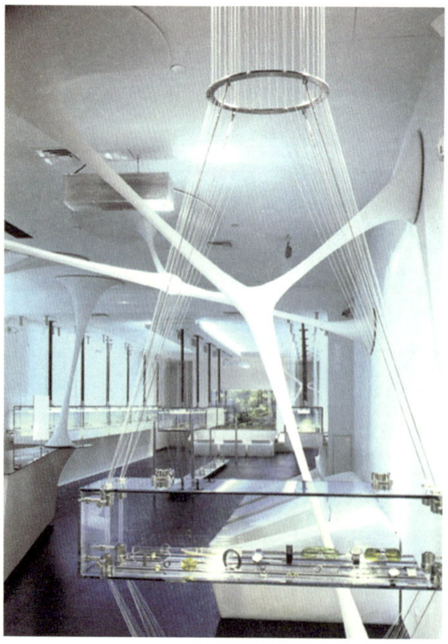

图8-4-37 眼镜店照明设计

图8-4-38 珠宝店照明设计

# 第9章 学校与图书馆室内照明设计

在学校建筑中，室内空间类型较多，包括教学楼、图书馆、宿舍、活动中心、体育中心、食堂、文化交流中心等，其中，学校照明中最具特点的空间是教学楼和图书馆的室内空间。

学校照明的目的就是创造一个良好的光环境，为学校教育的视觉工作提供保障，满足学生和教师的视觉作业要求，保护视力，提高教学和学习效率。

学校以白天教学为主，也应考虑晚间上课和自习活动的照明需要，所以，教室除自然采光外，还必须设置人工照明。这些照明设备按分区进行开关控制，使之有效地补充自然采光的不足。在晴天时，由于直射阳光照进教室，为保护视力健康，应设置窗帘或百叶帘等。

学校照明除应满足视觉作业要求外，还要做到安全、可靠、方便维护与检修，并与环境协调一致。

为防止意外触电，学校各配电线路均暗敷设。教学用房与非教学用房的照明线路分设不同支路。门厅、走道、楼梯照明线路应设单独支路，教学用房设照明回路，控制范围不宜过大。

# 9.1 教学楼照明

## 9.1.1 教室照明的基本要求

教学楼照明中最主要的是教室照明，一般教学形式分为正式教学和交互式教学，正式教学主要是教师与学生之间交流，即教师看教案、观察学生、在黑板上书写，学生看书、写字，看黑板上的字与图，注视教师的演示等；交互式教学增加了学生之间的交流，学生之间应能互相看清各自的表情等。目前，教学中也较多采用投影等教学形式，学校以白天教学为主，有效利用自然采光以利节能，因此，教室照明中最基本的任务是：

（1）满足学生看书、写字、绘画等要求，保证视觉目标水平和垂直照度要求。

（2）满足学生之间面对面交流的要求，亮度的分布要合理。

（3）要引导学生把注意力集中到教学或演示区域，创造舒适的视觉照明环境。

（4）照明控制适应不同的演示和教学情景，并考虑自然光的影响。

（5）满足显色性，控制眩光，减少光幕反射，保护视力，提高视功能和可见度水平。

除此之外，教室照明还应做到安全、可靠，方便维护与检修，并与环境协调。

1. 照度标准

照度标准如表 9-1-1 ~ 表 9-1-3 所示。

2. 亮度分布

教室照明是否均匀，不同区域亮度差是否过大，对学生视觉影响非常大。当眼睛注视一个目标时，便确立了一种适应水平；当眼睛从一个区域转向另一个区域时，就要适应新的水平。如果两个区域亮度水平相差很大，瞳孔则会急骤变化，引起视觉疲劳。视看对象的亮度与环境亮度差别越小，舒适感越好。

表 9-1-1 学校建筑照明标准值（GB 50034—2004）

| 房间或场所 | 参考平面及其高度 | 照度标准值（lx） | *UGR* | $R_a$ |
|---|---|---|---|---|
| 教室 | 课桌面 | 300 | 19 | 80 |
| 实验室 | 实验桌面 | 300 | 19 | 80 |
| 美术教室 | 桌面 | 500 | 19 | 90 |
| 多媒体教室 | 0.75m 水平面 | 300 | 19 | 80 |
| 教室黑板 | 黑板面 | 500 | — | 80 |

表 9-1-2 国际照明委员会照明标准（CIES008/E—2001）（学校、图书馆部分）

| 室内作业或活动种类 | Em（lx） | $UGR_L$ | $R_a$ | 备 注 |
|---|---|---|---|---|
| （1）教育建筑 | | | | |
| 幼儿园房间 | 300 | 19 | 80 | |
| 托儿所教室 | 300 | 19 | 80 | |
| 托儿所手工室 | 300 | 19 | 80 | |
| 教室 | 300 | 19 | 80 | 必须可控光 |
| 夜校教室、成人教育教室 | 500 | 19 | 80 | |
| 讲座厅 | 500 | 19 | 80 | 必须可控光 |
| 黑板 | 500 | 19 | 80 | 防止镜面反射 |
| 示范桌 | 500 | 19 | 80 | 在讲座厅 750lx |
| 艺术、手工教室 | 500 | 19 | 80 | |
| 艺术学校艺术室 | 750 | 19 | 90 | $T_{cp}$>5000K |
| 工程制图室 | 750 | 16 | 80 | |
| 实践室、实验室 | 500 | 19 | 80 | |
| 教学实习工场 | 500 | 19 | 80 | |
| 音乐练习室 | 300 | 19 | 80 | |
| 计算机上机室 | 500 | 19 | 80 | |
| 语言实验室 | 300 | 19 | 80 | |
| 准备室、讨论室 | 500 | 22 | 80 | |
| 学生公共室、集合厅 | 200 | 22 | 80 | |
| 教师办公室 | 300 | 22 | 80 | |
| （2）图书馆 | | | | |
| 书架 | 200 | 19 | 80 | |
| 阅读区域 | 500 | 19 | 80 | |
| 柜台 | 500 | 19 | 80 | |

表 9-1-3 学校建筑照明功率密度值（GB 50034—2004）

| 房间或场所 | 照明功率密度（W/m²） | | 对应照度值（lx） |
|---|---|---|---|
| | 现行值 | 目标值 | |
| 教室、阅览室 | 11 | 9 | 300 |
| 实验室 | 11 | 9 | 300 |
| 美术教室 | 18 | 15 | 500 |
| 多媒体教室 | 11 | 9 | 300 |

教室亮度分布的最佳条件如下：

（1）物件的亮度应该等于或稍大于整个视觉环境的亮度。

（2）环境视场中较大面积的亮度不应与工作面亮度差别过大，两者越接近，舒适感越好。

（3）高亮度不宜超过工作面亮度的5倍，低亮度最低不得低于工作面亮度的1/3。

（4）工作物件邻近的那些表面亮度不应超过工作物件本身的亮度，也不应低于工作物件亮度的1/3。

（5）不存在有害的直射眩光和反射眩光。

3. 减少光幕反射

光幕反射是在一个漫反射作业上叠加镜面反射的现象，就像给作业蒙上一层光幕，减弱了作业与背景之间的亮度对比，致使部分或全部地看不清作业细节，降低了可见度。我们在看书或写字的时候（尤其是用铅笔写字），常常遇到这种情况。由于印刷油墨是规则反射为主的材料，如果它将投射到书本的光线大部分朝观察者视线方向反射，就会使字迹或画面的亮度大大提高，冲淡黑字与白纸间的对比，结果看上去一片闪亮，模糊不清，造成烦人的视觉干扰，破坏视觉舒适感。

调查结果显示，在工作面上85%的人的视角变动范围为0° ~ 40°，而以25°角为最经常。图9-1-1显示，从人眼视线到工作面上一点，由此点做工作面的垂线，垂线前方40°夹角构成的区域上方成一个正方形，这便是干扰区，在此区域内有亮的光源时便会产生光幕反射。教室布灯方式如图9-1-2所示。

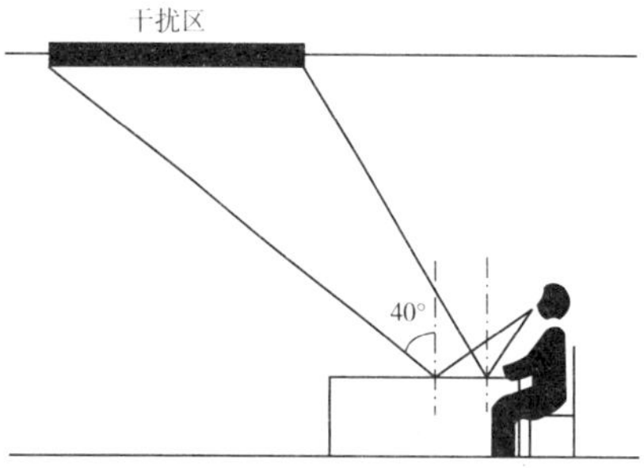


图9-1-1　光幕反射的干扰区

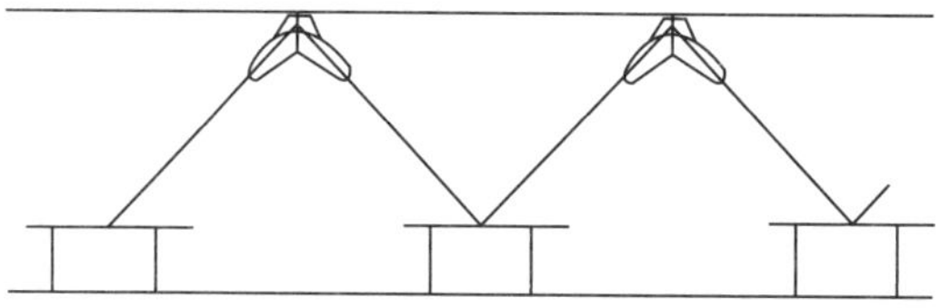

图9-1-2　教室布光方式

要补偿光幕反射造成的影响，所需的附加照度是很大的，因此，应正确选择布灯位置和合理的配光灯具，以减少光幕反射作用。为了在工作面上看不到反射光，灯具应布置在工作面两侧或在人的后方。

为减少光幕反射并提高有效照度，通常在干扰区不应布灯，灯具应选用蝠翼形照明器，灯具布置在教室课桌的侧面，使大部分投到桌面上的光来自非干扰区，以增加有效照明。

4. 控制教室的不舒适眩光

不舒适眩光是眩光源造成的另一种效应。它虽然不降低可见度，但令视觉不适。不舒适眩光与失能眩光经常同时出现。所谓失能眩光是指室内高亮度光源的杂散光投射到视网膜中心窝以外的区域，经过眼球的扩散笼罩在视网膜的物像上形成的。它使物像模糊不清，因而降低了作业可见度。

应注意减少失能眩光与瞬时适应对视功能的影响。瞬时适应效应是指视线扫视作业周围环境时，人眼为适应环境中具有不同亮度的部分而发生的相对对比灵敏度的短暂损失。

这种情况在教室中经常遇到，频繁的瞬时适应会加速视觉疲劳，降低视觉功效。为此在教室内不允许使用露明荧光灯，如盒式荧光灯，因为它会造成严重的失能眩光。由于眼睛扫视周围环境是经常的，为降低瞬时适应造成的视觉疲劳，应减少周围环境亮度与工作面亮度的差别。二者亮度越一致，瞬时适应造成的影响越小。

## 9.1.2　光源与灯具的选择

1. 光源

教室照明推荐采用稀土三基色荧光粉的直管荧光灯，具有显色性好、光效高、照度均匀度良好、寿命长等特点，易于满足显色性、照度水平及节能的要求。普通教室可用 T8 直管型荧光灯，有条件的可采用 T5 直管荧光灯，色温在 4500 ~ 6000K 之间，具有明亮略带一点温暖感的气氛。

2. 灯具选择

（1）普通教室不宜采用无罩的直射灯具及盒式荧光灯具，宜选用有一定保护角、效率不低于 75%的开启式配照型灯具。

（2）有要求或有条件的教室可采用带格栅（格片）或带漫射罩型灯具，其灯具效率不宜低于 60%。

（3）宜采用具有蝙蝠翼式光强分布特性的灯具，一般有较大的遮光角，光输出扩散性好，布灯间距大，照度均匀，能有效地限制眩光和光幕反射，有利于改善教室的照明质量，并利于节能见图 9-1-3 和图 9-1-4。

（4）不宜采用带有高亮度或全镜面控光罩（如格片、格栅）类灯具，宜采用低亮度漫射或半镜面控光罩（如格片、格栅）类灯具。

（5）如果教室空间较高，顶棚反射比高，可以采用悬挂间接或半间接照明灯具，该类灯具除向下照射外，还有更多的光投射到顶棚，形成间接照明，营造更加舒适宜人的光环境。如果教室有吊顶，一般采用嵌入式或吸顶式灯具。

教室灯具种类比较如表 9-1-4 所示。

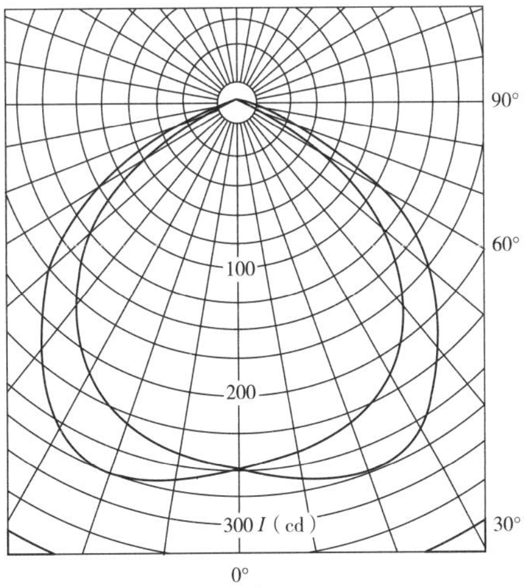


（a）

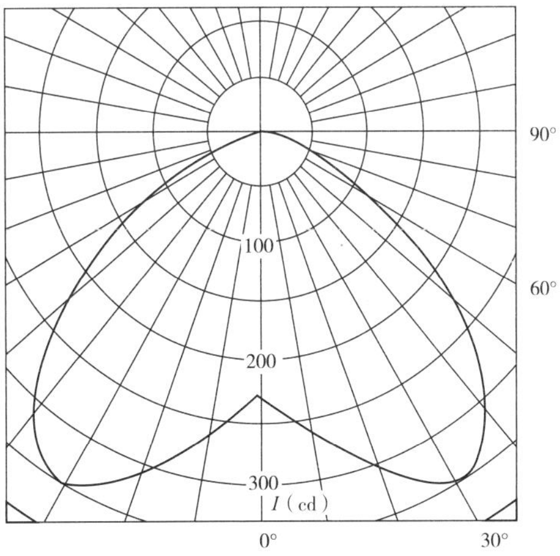


（b）

图 9-1-3　蝙蝠翼式光强分布特性灯具的光强分布

（a）中宽光强分布；（b）宽光强分布

表 9-1-4　　　　　　　　教室灯具种类比较

| 灯型 | 教室面积（m²） | 灯具数量（个） | 单位容量（W/m²） | $E_{av}$（lx） | $E_{av}$（W/m²） |
|---|---|---|---|---|---|
| 盒式 | 54=9×6 | 6 | 4.44 | 108 | 24.3 |
| 控照 | 56=8×7 | 9 | 6.43 | 169 | 26.3 |
| 蝠翼 | 54=9×6 | 6 | 4.44 | 157 | 35.4 |

## 9.1.3　教室照明对室内装修的要求

1. 室内各界面的反光比

室内照度主要是由光源决定的，但也有相当比例是由周围环境的反光决定的，室内各表面的反射光会调节整个光环境，使室内光照均匀，气氛稳重、安静。因此，教室、阅览室内各界面的表面应采用反射比高的浅色、无光泽的装修材料进行装修。

教室内各表面反射系数值如表 9-1-5 所示。

表 9-1-5　　　　　　　　教室内各表面反射系数值

| 表面名称 | 反射系数（%） | 表面名称 | 反射系数（%） |
|---|---|---|---|
| 顶棚 | 70 ~ 80 | 侧墙、后墙 | 70 |
| 前墙 | 50 ~ 60 | 课桌面 | 35 ~ 50 |
| 地面 | 20 ~ 30 | 黑板面 | 15 ~ 20 |

2. 室内各界面的表面颜色

调研数据显示，随着年龄的增长，学生偏爱的色彩由暖色逐渐变为冷色，比如大面积的红色对低年级的学生有比较强的吸引力，高年级的学生则喜欢偏冷的蓝灰色或绿灰色等。因此，教室内的色彩安排通常遵循这样的规律：高年级教室宜选用庄重的色调，低年级教室宜选用活泼欢快的色调。安装黑板的墙面的颜色应降低黑板与墙面的对比，降低对学生眼睛的刺激。绘画教室不宜采用彩色墙面，以免光线反射降低识别颜色的准确度，或造成识别困难，绘画教室的墙面应选用中性色、白色或灰色。无论任何颜色，教室均应选用无光饰面，要求环境明快、色调协调、气氛庄重。

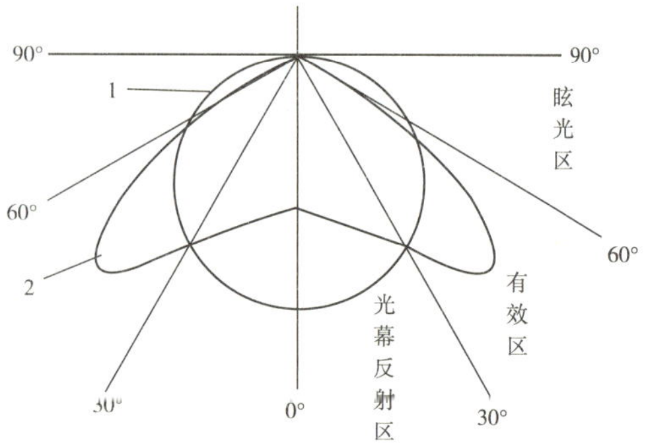


图 9-1-4　蝙蝠翼式光强分布特性灯具与余弦光强分布特性灯具的性能对比

1—余弦光强分布；2—蝙蝠翼式光强分布

另外，学校的教室空间应该及时修整，定期粉刷墙壁、顶棚、清理地面、油漆黑板等，保证教室内各表面的反射系数达到国家标准，为学生创造良好的学习成长环境。

（1）顶棚：白色。

（2）墙面：高年级教室为浅蓝、浅绿、白色等，低年级教室为浅黄、浅粉色等，成人用教室为白色、浅绿色等。

（3）地面：当人俯在桌上工作时，地面就是视看的第二背景，因此地板面应尽可能明快些。地板可采用浅色的材料，或用木质的本色以及其他不刺眼、耐脏的颜色。

（4）黑板：颜色应浅到与其背景相协调，又要求暗得能使粉笔字十分清晰。无光的墨绿色、深灰色的黑板较为理想，可以保证既能看清字迹又能保护视力。

## 9.1.4　普通教室照明

最亮的点或面通常最引人注意，在照明设计中，为确保学生集中注意力，桌面和黑板的亮度应为最高，因此，教室照明通常由对课桌的一般照明和对黑板的局部照明组成。

1. 教室一般照明

（1）普通教室课桌呈规律性排列，宜采用顶棚上均匀布灯的一般照明方式。为减少眩光区和光幕反射区，荧光灯具宜纵向布置，即灯具的长轴平行于学生的主视线，并与黑板垂直。如果灯具横向配光良好，能有效控制眩光，灯具保护角较大，灯具表面亮度与顶棚表面差别不大，灯具排列也可与黑板平行。

（2）教室照明灯具如能布置在垂直黑板的通道上空，使课桌面形成侧面或两侧面来光，照明效果更好。

（3）为保证照度均匀度，布灯方案应使距高比（$L/h$）不大于所选用灯具的最大允许距高比。如果满足不了上述条件，可调整布灯间距 $L$ 与灯具挂高 $h$，以至增加灯具、重新布灯或更换灯具来满足要求。

（4）灯具安装高度对照明效果有一定影响，当灯具安装高度增加，照度下降；安装高度降低，眩光影响增加，均匀度下降。普通教室灯具距地面安装高度宜为 2.5 ~ 2.9m，距课桌面宜为 1.7 ~ 2.1m。

（5）教室照明的控制宜平行外窗方向顺序设置开关（黑板照明开关应单独装设）。有投影屏幕时，在接近投影屏幕处的照明应能独立关闭。

插座的设置应严格按照国标规范的要求设置，并设漏电保护开关进行保护。普通教室前后墙面上各设组合插座一组，并适当预留投影仪、遥控幕布、空调等所需插座，考虑到安全性，插座均应采用带保护门的安全型插座。

2. 黑板照明

教室内如果仅设置一般照明灯具，黑板上的垂直照度很低，均匀度差，因此对黑板应设专用灯具照明，其照明要求如下：

（1）宜采用有非对称光强分布特性的专用灯具，其光强分布见图 9-1-5。灯具在学生侧保护角宜大于 40°，使学生不感到直接眩光。

（2）黑板照明不应对教师产生直接眩光，也不应对学生产生反射眩光。在设计时，应合理确定灯具的安装高度及与黑板墙面的距离。图 9-1-6 显示了教师、学生、黑板与灯

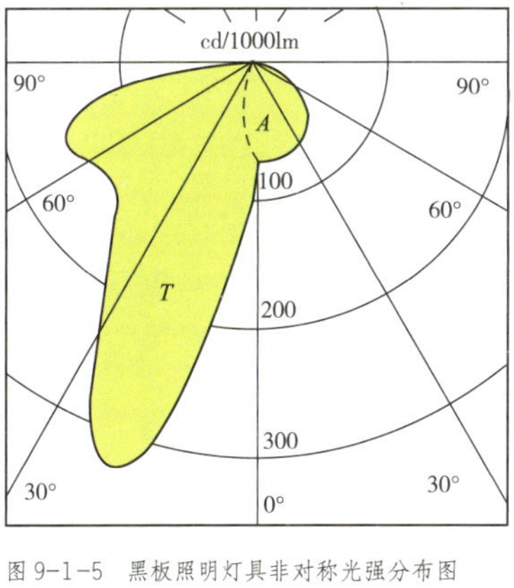


图 9-1-5 黑板照明灯具非对称光强分布图

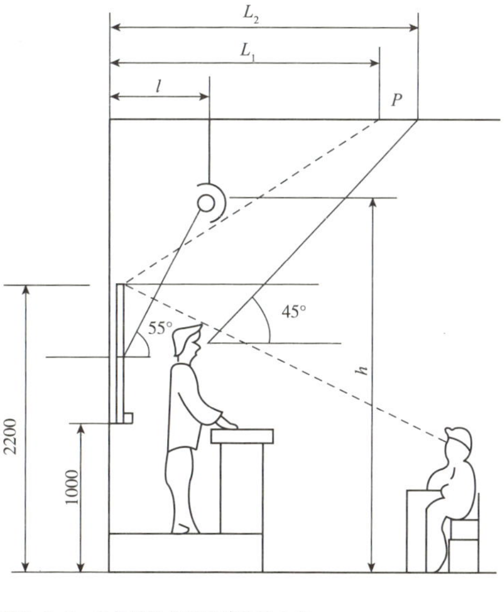


图 9-1-6 黑板照明灯具安装位置示意

具之间的关系。黑板照明要求照亮黑板，使黑板上照度高且均匀，但光不能照到教师身上，以避免在黑板上形成很深的阴影。为此，黑板照明用的照明器应装设在教师水平视线45° 仰角以上的位置。一般为提高黑板上的垂直面照度，黑板中心的投射角大约是 55° 。

黑板照明灯具通常有三种安装方式，分别为嵌入式、吊装式和壁装式，见图 9-1-7，可根据具体情况选用其中一种形式。

（3）黑板照明灯具数量，可参考表 9-1-6 进行选择。

表 9-1-6　　黑板照明灯具数量选择参考表

| 黑板宽度（m） | 30 ~ 36W 单管专用荧光灯（套） |
|---|---|
| 3 ~ 3.6 | 2 ~ 3 |
| 4 ~ 5 | 3 ~ 4 |

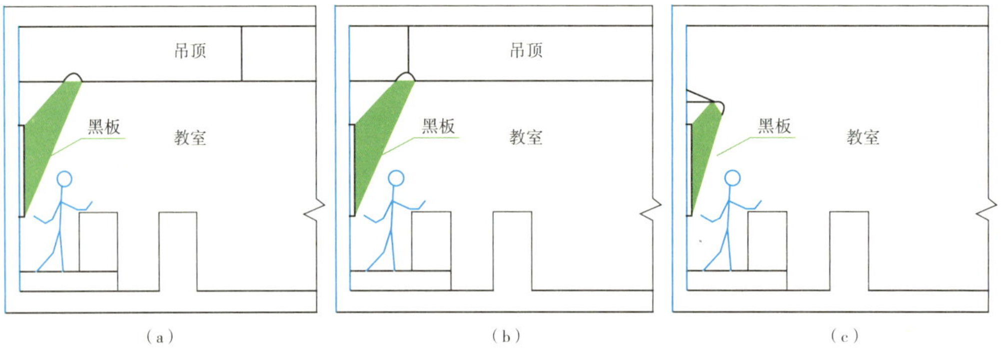


图 9-1-7　黑板照明灯具安装方式
（a）嵌入式；（b）吊装式；（c）壁装式

（4）黑板照明方案实例。

1）以某普通教室为例，黑板安装高度在 2.8m 以下，黑板宽度在 3.6 ~ 4.0m 左右，黑板高度在 1.2m 左右，教室选用 T8、36W 荧光灯，参考索恩公司 OPTUS1×36W 黑板灯计算，光通量 3350lm，显色性不小于 80。其照度（lx）分布与剖面示意如图 9-1-8 和图 9-1-9 所示。

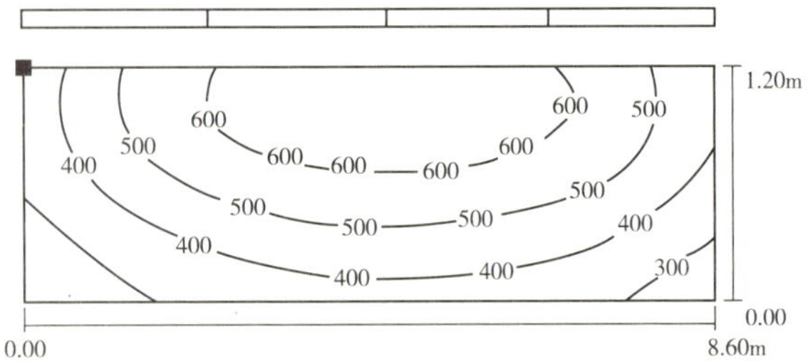


图 9-1-8　光通量 3350lm 时黑板照度分布

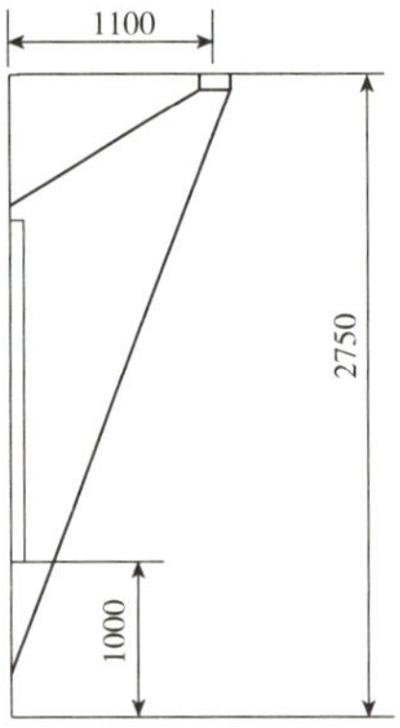


图 9-1-9　光通量 3350lm 时黑板照度分布剖面示意

2）以某阶梯教室为例，黑板安装高度在 4.8m 以下，黑板宽度在 4.0 ~ 6.0m 左右，黑板高度在 2.2m 左右，教室选用 T5，54W 荧光灯，参考索恩公司 OPTUS1×54W 黑板灯计算，光通量 4450lm，显色性不小于 80。其照度（lx）分布与剖面示意如图 9-1-10 和图 9-1-11 所示。黑板照明及常用灯具如图 9-1-12 所示。教室照明实景如图 9-1-13 和图 9-1-14 所示。

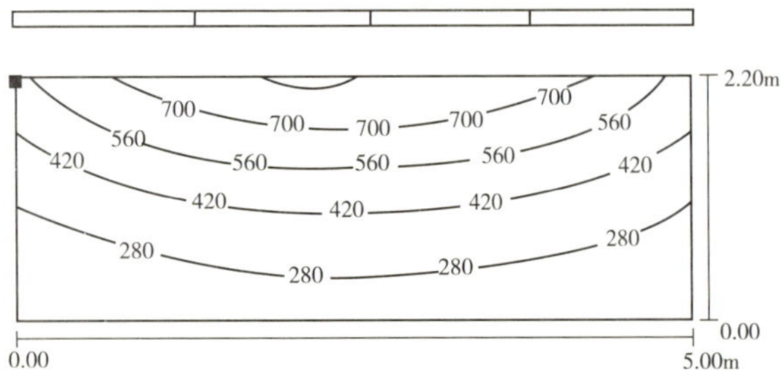


图 9-1-10　光通量 4450lm 时黑板照度分布

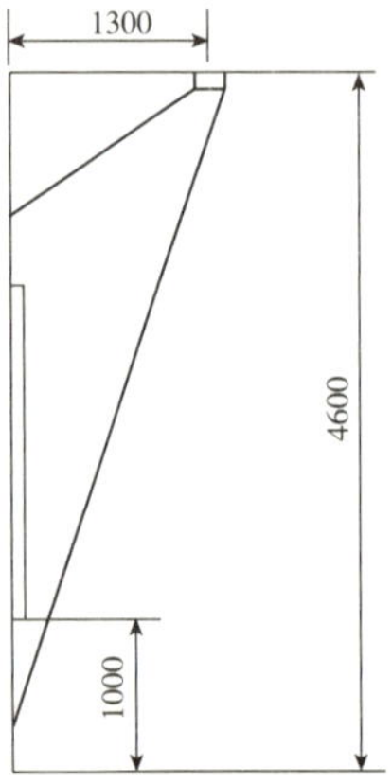


图 9-1-11　光通量 4450lm 时黑板照度分布剖面示意

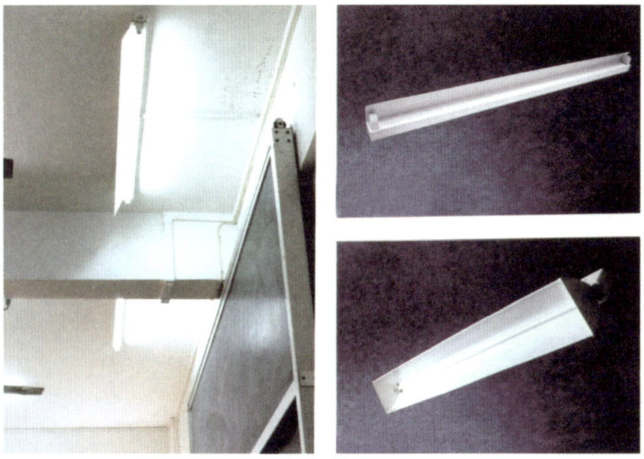

图 9-1-12 黑板照明及常用灯具

图 9-1-13 普通教室照明

图 9-1-14 普通教室照明侧面分析

# 9.1.5 专用教室照明

1. 阶梯教室（合班教室或报告厅）照明

（1）阶梯教室内灯具数量多，眩光干扰增大，宜选用限制眩光性能较好的灯具，如带格栅或带漫反射板（罩）型灯具、保护角较大的开启式灯具。有条件时还可结合顶棚建筑装修对眩光较大的照明灯具做隐蔽处理。阶梯教室灯具布置示意图如图 9-1-15 所示。其眩光控制如图 9-1-16 所示。

（2）为降低光幕反射及眩光影响，推荐采用光带（连续或不连续）及多管块形布灯方案，不推荐单管灯具方案。

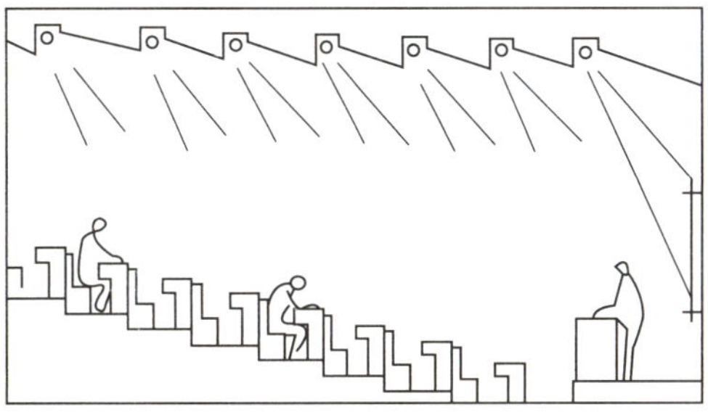

图 9-1-15 阶梯教室照明灯具布置示意

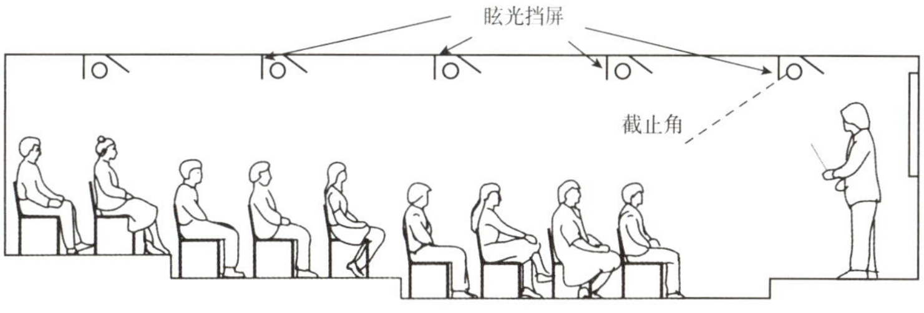


图 9-1-16 阶梯教室照明的眩光控制

（3）灯具宜采用吸顶或嵌入方式安装。当采用吊挂安装方式时，应注意前排灯具的安装高度不应遮挡后排学生的视线及产生直接眩光，也不应影响投影、电影等放映效果。

（4）当阶梯教室是单侧采光或窗外有遮阳设施时，有时即使是白天，天然采光也不够。教室内需辅以人工照明做恒定调节。教室深处与近窗口处对人工照明的要求是不同的。为改善教室内的亮度分布，便于人工照明的恒定调节与节能，宜对教室深处及靠近窗口处的灯具分别控制。

（5）阶梯教室一般设有上、下两层黑板（上、下交替滑动），由于两层黑板高度较高，仅设一组普通黑板专用灯具是很难达到照度及其均匀度要求的。一种方案是采用较大功率专用灯具，另一种方案是上下两层黑板采用两组普通黑板专用灯具分别照明。为改善黑板照明的照度，可对两组灯具内的光源容量做不同的配置。上层黑板专用灯具内的光源容量宜为下层光源容量的 1/2 ~ 3/4。

（6）阶梯教室内，当黑板设有专用照明时，投映屏设置的位置宜与黑板分开。一般可置于黑板侧旁，当放映时，同时也可开灯照明黑板。为减少黑板照明对投映效果的影响，投映屏应尽量远离黑板照明区并应向地面有一倾角。

（7）考虑幻灯、投影和电影的放映方便，宜在讲台和放映处对室内照明进行控制。有条件时，可对一般照明的局部或全部实现调光控制。

2. 计算机教室照明

应避免在视觉显示屏上出现灯具、窗等高亮度光源的影像，可采用以下措施抑制：

（1）选用适宜的灯具。灯具应具有在其下垂线 50° 角以上区域内的亮度不大于 200cd/$m^2$，见图 9-1-17，具有蝙蝠翼式光强分布特性的灯具。图 9-1-17 中，$a$=50° 为灯具亮度限制角，$b$=45° 为直接眩光限制角，$c$=20° 为屏幕向上仰角。由于限制了灯具在 $a$=50° 以上区域的亮度，在屏幕上不会产生反射眩光和映像。操作员也不会感到直接眩光。

计算机教室照明实景及选用灯具类型如图 9-1-18 所示。

对于算机教室等有眩光限制的场所，采用二次反光原理设计的太空灯盘，光线亮而不刺眼，是最理想的选择。

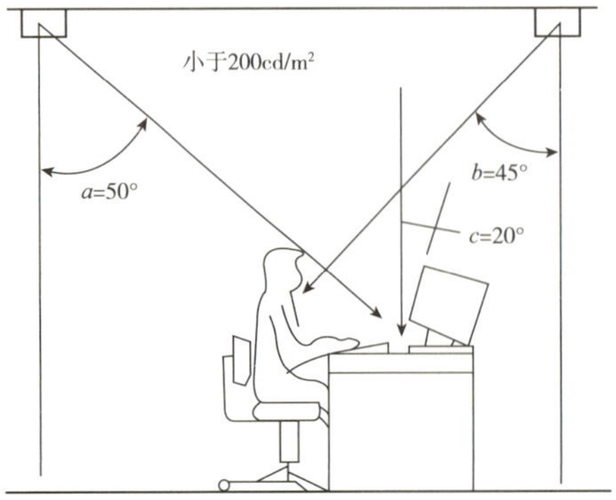

图 9-1-17 计算机教室照明

图 9-1-18 计算机教室照明实景及选用灯具的类型

（2）合理布置屏幕、高亮度光源（灯具、采光的窗与门等）和操作人之间的相对位置，应使操作人看屏幕时，不处在或接近高亮度光源在屏幕的镜面反射角上。

3. 绘画、工艺美术等教室照明

通常，朝北的天窗采光是最好的照明，人工照明的效果应与自然采光照明相似，因此，绘画、工艺美术等教室应选用显色性好的光源。有条件时，可增设部分导轨投光灯具，增加使用的灵活性，并可用作重点照明。为了更逼真地显示物体，宜选用高显色光源，采用间接照明将物体的阴影真实地表现出来。

4. 实验室照明

实验室会根据使用人员、实验内容的不同，进行不同的区域划分，并且在目前大部分实验室中，都会配有电脑，因此建议采用混合照明的方式。利用间接型或半直接型灯具进行一般照明，创造明亮宜人的环境，同时，实验室宜在实验台上或需要仔细观察、记录处增设局部照明。这样，可以有效地避免由于位置变动而产生的各种眩光。

5. 多媒体、语音教室照明

多媒体教室要满足垂直照度的要求，在接近投影屏幕处的一般照明应能独立关闭，以便能看清屏幕内容而不影响正常的视觉要求。

在有电视教学的报告厅、大教室等场所，多采用混合照明方式，并设置适当的控制点，其中，一般照明宜采用调光照明方式以满足不同功能的需要，同时应设置供记录笔记用的照明（如设置局部照明），还应该设置安全出口标志照明。地面应该设置接线盒，以方便提供临时移动设备或照明的电源。

电化教室的照度要比普通教室提高 1.3 ~ 1.6 倍。语音教室的照度要比普通教室提高 1.3 ~ 1.5 倍。

6. 儿童教室照明

幼儿园是儿童接受启蒙教育和学习生活的场所之一，科学合理的照明能营造充满活力的气氛，有利于儿童身心健康。

幼儿教室的一般照明宜选用荧光灯，可以吸顶装，也可以简式吊装，为减少眩光还可以选用格栅灯具，并将荧光灯的纵轴与教室的窗户平行布置。

幼儿教室的室内照度一般在 200lx 左右，在不需要注目看东西或适用于游戏的房间，室内照度可以降到 100lx 左右，适合用暖色调光源以渲染活跃欢乐的气氛。

由于幼儿好动，喜欢东摸西摸，因此灯具与电源插座都应安装在 1.8m 以上，对于只能安装在 1.8m 以下的灯具必须有接地措施，要求灯体坚固，使儿童的手指无法伸进灯具内接触带电部件，并尽可能用安全电压（50V 以下）点灯。

儿童教育照明实景如图 9-1-19 ~ 图 9-1-22 所示。

图 9-1-19　语音教室照明实景

图 9-1-20 工艺美术教室照明实景

图 9-1-21 实验室照明实景

图 9-1-22 幼儿园教室照明

# 9.2 图书馆照明

## 9.2.1 一般要求

（1）图书馆中主要的视觉作业是阅读、查找藏书等，照明设计除应满足照度标准外，应努力提高照明质量，尤其要注意降低眩光和光幕反射。

（2）阅览室、书库装灯数量多，设计时应从灯具、照明方式、控制方案与设备、管理维护等方面考虑采取节能措施。

（3）重要图书馆应设置应急照明、值班照明或警卫照明。应急照明、值班照明或警卫照明宜为一般照明的一部分，并应单独控制。值班或警卫照明也可利用应急照明的一部分或者全部。

（4）图书馆内的公用照明与工作（办公）区照明宜分开配电和控制。

（5）对灯具、照明设备选型、安装、布置等方面应注意安全、防火。

图书馆照明设计如图 9-2-1 和图 9-2-2 所示。

图 9-2-1 图书馆照明设计一

图 9-2-2 图书馆照明设计二

## 9.2.2 阅览室照明

### 9.2.2.1 照明方式

阅览室可采用一般照明方式或混合照明方式。面积较大的阅览室宜采用分区一般照明或混合照明方式。图书阅览室应按照 200 ~ 750lx 的照度设计，同时要求避免扩散光产生的阴影，光线要充足，不能有眩光，应该尽量减少书面和背景的亮度比。在阅览室要使书面的照度达到 300 ~ 1500lx，这时可用台灯补充照明。阅览室照明方式如图 9-2-3 和图 9-2-4 所示。其实景如图 9-2-5 和图 9-2-6 所示。

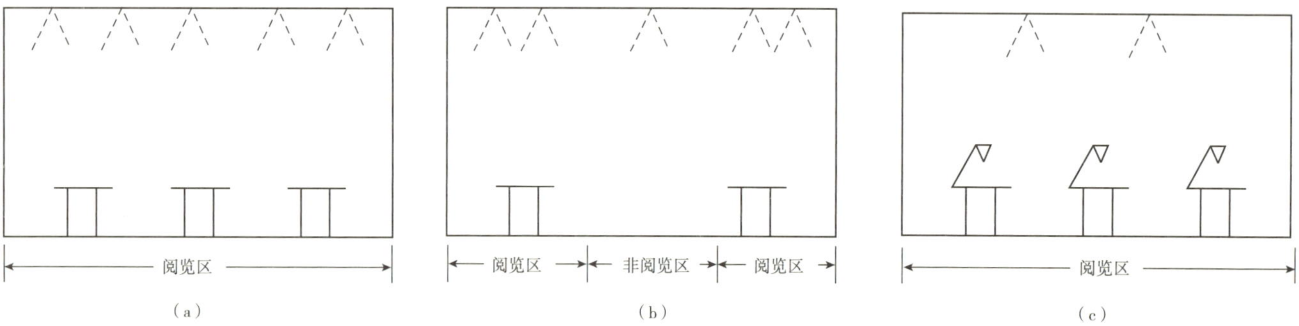


图 9-2-3 阅览室照明方式示意图
(a) 一般照明方式；(b) 分区一般照明方式；(c) 混合照明方式

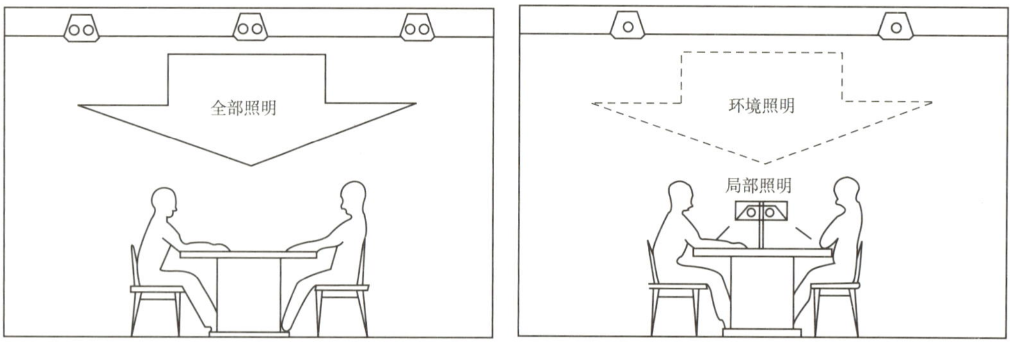


图 9-2-4 阅览室照明方式

图 9-2-5 阅览室照明设计一

图 9-2-6 阅览室照明设计二

当采用分区一般照明方式时，非阅览区的照度，一般可为阅览区桌面平均照度的1/3 ~ 1/2。

当采用混合照明方式时，一般照明的照度宜占总照度的 1/3 ~ 1/2。

### 9.2.2.2 光源与灯具选择

1. 光源的选择

阅览室宜采用荧光灯照明，应注意选择优质电子镇流器或低噪声节能型电感镇流器，要求更高的场所宜将电感镇流器移至室外集中设置，防止镇流器产生噪声干扰。

2. 灯具的选择

（1）宜选用限制眩光性能好的开启式灯具、带格栅或带漫射罩、漫射板等型的灯具。

（2）灯具格栅及反射器宜选用半镜面、低亮度材料。

（3）宜选用蝙蝠翼式光强分布特性的灯具。

（4）选用的灯具造型及色彩应与室内设计风格相协调。

#### 9.2.2.3 灯具布置

（1）灯具不应布置在干扰区（容易在作业面上产生光幕反射的区域）内，以避免产生光幕反射。灯具通常布置在阅读者的两侧（单侧时宜为左侧），对桌面形成两侧（或左侧）投射光，效果良好。

（2）为减少直接眩光影响，灯具长边应与阅读者主视线方向平行，一般多与外侧窗平行方向布置。

（3）面积较大的阅览室，条件允许时，宜采用两管或多管嵌入式荧光灯光带或块形布灯方案，其目的是加大非干扰区，减少顶棚灯具的数量，增加灯具的光输出面积，降低灯具的表面亮度，提高室内照明质量。

（4）阅览室多采用混合照明方式。阅览桌上的局部照明也宜采用荧光灯。局部照明灯具的位置不宜设置在阅读者的正前方，宜设在左前方，以避免产生严重的光幕反射，提高可见度。

### 9.2.3 书库照明

1. 对书库照明的一般要求

（1）书库照明中，视觉任务主要发生在垂直表面上，书脊处的垂直照度宜为200lx。

（2）书架之间的行道照明应采用专用灯具，并设单独开关控制。开架书库设有研究厢时，应在研究厢处增设局部照明。

2. 灯具选择

（1）书库照明一般采用间接照明或者具有多水平出射光的荧光灯具，对于珍贵图书和文物书库应选用有过滤紫外线的灯具。

（2）书架间行道照明的专用灯具宜具有窄配光光强分布特性，如图9-2-7所示。

（3）书库灯具一般安装高度较低，应有一定的限制眩光措施，开启式灯具保护角不宜小于10°，灯具与图书等易燃物的距离应大于0.5m。

（4）书库灯具不宜选用锐截光型灯具，否则会在书架上部产生阴影。也不宜采用无罩的直射灯具和镜面反射灯具，因为它能引起光亮书页或光亮印刷字迹的反射，干扰视觉。

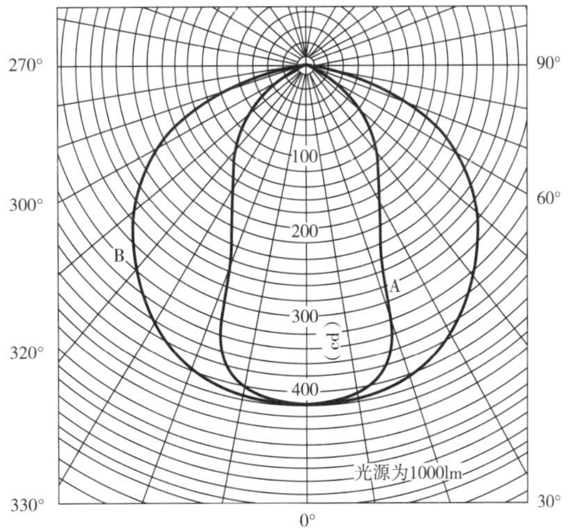

图9-2-7 窄配光光强分布示意

3. 灯具安装方式

书架行道照明专用灯具一般安装在

书架间行道上空，具有较大的灵活性，但应采取必要的电器安全防护及防火措施。为了便于管理与节能，书架通道照明应设独立开关，书库两端也有通道时，宜设双控开关，书库楼道照明也宜设双控开关。

书库照明灯具安装方式如图 9-2-8 所示，其设计实景如图 9-2-9 和图 9-2-10 所示。

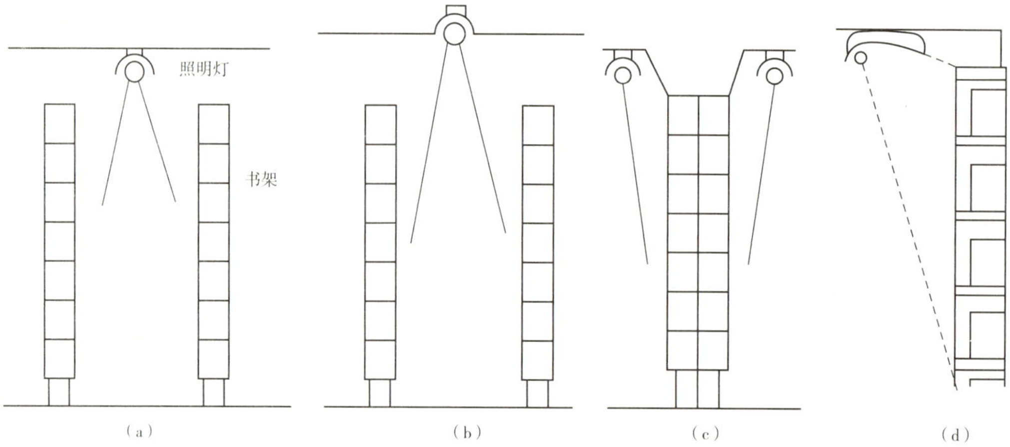


图 9-2-8 书库照明灯具安装方式
（a）吸顶安装；（b）嵌入式安装；（c）灯具安装与书架一体化；（d）单侧书架投射方式

图 9-2-9 书库照明设计一

图 9-2-10 书库照明设计二

## 9.2.4 借阅处照明

一般图书馆是将目录室设于借阅室或阅览室内，照度要求在 150 ~ 200lx 左右，借阅处可设置前台灯，照度应在 200 ~ 300lx 左右。

# 第10章 旅馆与饭店室内照明设计

我国国家标准 GB/T 14308—2003《旅游饭店星级的划分与评定》给出了旅馆的标准定义：能够以夜为时间单位向旅游客人提供配有餐饮及相关服务的住宿设施。按不同习惯它也被称为旅游饭店、宾馆、酒店、旅馆、旅社、宾舍、度假村、俱乐部、大厦、中心等。

旅馆按其档次的高低由低到高可分为五个等级，即一星级、二星级、三星级、四星级、五星级，其中五星级酒店包含更高档次的白金五星级。星级越高，表示旅游饭店的档次越高，也就是要求有更高的硬件设施，还要有更高的附属设施、服务项目和运行管理能力。

对于旅馆、饭店的照明，除了要满足一定的功能要求以外，更重要的是通过照明的手段对旅馆、饭店的风格和特色加以渲染和补充，让顾客来到这样的环境中有舒适、安全和温馨的感觉，在这样的环境中能够惬意地休息并愉悦心境。

旅馆建筑标准如表 10-0-1~ 表 10-0-3 所示。

表 10-0-1　　旅馆建筑国内外照度标准值对比　　单位：lx

| 房间或场所 | | CIE S008/E—2001 | 美国 IESNA—2000 | 日本 JIS Z9110—1997 | 德国 DIN 503—1990 | 中国 GB 50034—2004 |
|---|---|---|---|---|---|---|
| 客房 | 一般活动区 | — | 100 | 100 ~ 150 | — | 75 |
| | 床头 | | — | — | | 150 |
| | 写字台 | — | 300 | 300 ~ 750 | | 300 |
| | 卫生间 | | 300 | 100 ~ 200 | | 150 |
| 中餐厅 | | 200 | — | 200 ~ 300 | 200 | 200 |
| 西餐厅酒吧间 | | — | — | — | — | 100 |
| 多功能厅 | | 200 | 500 | 200 ~ 500 | 200 | 300 |
| 门厅、总服务台 | | 300 | 100<br>300（阅读处） | 100 ~ 200 | — | 300 |
| 休息厅 | | | | | | 200 |
| 客房层走廊 | | 100 | 50 | 75 ~ 100 | — | 50 |
| 厨房 | | — | 200 ~ 500 | — | 500 | 200 |
| 洗衣房 | | — | — | 100 ~ 200 | — | 200 |

表 10-0-2　　旅馆建筑照明标准值

| 房间或场所 | | 参考平面及其高度 | 照度标准值 (lx) | UGR | $R_a$ |
|---|---|---|---|---|---|
| 客房 | 一般活动区 | 0.75m 水平面 | 75 | — | 80 |
| | 床头 | 0.75m 水平面 | 150 | — | 80 |
| | 写字台 | 台面 | 300 | — | 80 |
| | 卫生间 | 0.75m 水平面 | 150 | — | 80 |
| 中餐厅 | | 0.75m 水平面 | 200 | 22 | 80 |
| 西餐厅酒吧间 | | 0.75m 水平面 | 100 | — | 80 |
| 多功能厅 | | 0.75m 水平面 | 300 | 22 | 80 |
| 门厅、总服务台 | | 地面 | 300 | — | 80 |
| 休息厅 | | 地面 | 200 | — | 80 |
| 客房层走廊 | | 地面 | 50 | 22 | 80 |
| 厨房 | | 台面 | 200 | — | 80 |
| 洗衣房 | | 0.75m 水平面 | 200 | — | 80 |

表 10-0-3　　旅馆建筑照明功率密度值（GB 50034—2004）

| 房间或场所 | 照明功率密度（W/m²） | | 对应照度值（lx） |
|---|---|---|---|
| | 现行值 | 目标值 | |
| 客房 | 15 | 13 | — |
| 中餐厅 | 13 | 11 | 200 |
| 多功能厅 | 18 | 15 | 300 |
| 客房层走廊 | 5 | 4 | 50 |
| 门厅 | 15 | 13 | 300 |

# 10.1　入口与门厅照明设计

## 10.1.1　入口照明

在城市中的旅馆和饭店多利用照明来强调入口，其设施包括：

（1）有灯光照明的招牌及店徽，可用氖管灯或灯箱来制作。设置位置可在楼顶部，雨篷上部或临街的建筑墙面上。

（2）雨篷和入口车道的顶棚下面或者入口处的其他必要位置设灯具，宜选用色温低、色彩丰富、显色性好的电光源，以增加入口的温馨感、亲切感，并有效避免顾客由室外进入室内受光线突然变化造成的不适感，为使旅客的眼睛能够适应亮度变化，照明强度应该逐步增加，从入口至门厅为 200lx, 然后到服务台上部集中照明处为 400lx。灯具可为槽形灯，星点灯、吸顶灯、枝形花灯、庭院灯等，要求与建筑形式及室内设计风格统一协调。

（3）在入口处设置车道照明以引导车辆安全到达入口。

（4）入口处应该设置节日期间使用的特殊照明的电源。

## 10.1.2　门厅照明

门厅是室外与室内的过渡空间，是给客人留下第一个印象的重要空间，从装修风格到照明设计，都要与酒店的整体风格、整体定位相统一，同时，还应考虑到门厅仅仅是过渡空间，客人在此只会短暂滞留，并且门厅往往与主厅、大堂等重要空间连接在一起，门厅的照明设计简洁明快，才会有助于衬托出大堂的豪华气派，所以在照明设计上应采用简练的手法，仅以功能照度为准即可，对照明器的设计也应洗练、单纯，便于协调。考虑到室外照度的昼夜变化，作为室外与室内的过渡空间，门厅的照明要设置调光器或开关，方便随时按需调节该空间的照明亮度，以适应室外照度的变化。

在入口门厅内还要注意提高墙面和人面部的垂直面照度（天然光为背光面时，面部的照度）。照度值应考虑出、入门厅时眼睛的适应状态，要达到能够识别人面部表情程度的照度要求。门厅照明设计实景如图 10-1-1 和图 10-1-2 所示。

图10-1-1 门厅照明设计一

图10-1-2 门厅照明设计二

# 10.2 大堂照明设计

大堂往往集多种服务功能于一身，根据不同功能，大堂的内部可分为若干区域，如接待服务区、大堂副理区、休息会客区、大堂咖啡座与酒吧等消费区、垂直交通空间等，在选择照明方式上既要满足整体空间的照度要求又要兼顾不同功能区域及相关功能的要求，为客人及服务人员提供充足合理的照度及照明方式，以提高使用效率及服务效率。不同的照明形式，应和谐统一，形成完整的一体。所以在设计照明时可作多方面考虑。

## 10.2.1 总体照明

由于大堂在整座饭店建筑中所处的重要地位，对其总体照明应加以重点处理。总体照明是大堂内的中心照明，起装饰和控制空间尺度及气氛的作用，在设计时要与建筑、空间统一考虑，具体处理方法形式多样，其中带装饰性的发光顶或槽灯，结合豪华的主题灯具等形式最为常见。大堂的总体照明要求照度在150～250lx左右。大堂照明的控制开关可设在总服务台内或在饭店服务人员方便操作的地方。一般饭店的大堂总设有日夜不息的长明灯。

在考虑总体照明时还要考虑各功能区域内的局部照明因素。大堂总体照明可作为一般照明，而各功能区域内的局部照明可以补充一般照明的不足，同时也会丰富光环境的层次感。

## 10.2.2 功能照明

服务台上部照明、休息区照明、低空间的照明及道路照明等属于功能照明。对主要照明进行补充，形式要以主要照明为主体进行辅助设计。

大堂的接待区是客人进入旅馆、饭店办理入住或结账手续、咨询各项事务的地方，常以服务台的形式组成，它突出的功能决定了这个区域要有高于整个空间一般照度水平的照度，使这个区域能够在整体空间内成为视觉的焦点，有意引导客人明确空间中主要的服务区域所在，服务台表面亮度要均匀，能够方便阅读及文字书写，并且垂直照度良好，使服务人员及客人的面部均有良好的照度，使人有亲切的感觉。接待区多用暗藏式照明，以免产生眩光。

大堂的休息区是客人休息及会客的地方，在环境和气氛创造上相对隐蔽，有一定亲切感，通过恰当的照明可以更好的渲染这种气氛。休息区多配合家具的布局设置体量适中、造型得体、风格独特的装饰台灯或落地灯进行照明，一方面可以满足功能要求；另一方面可起装饰作用，并在大空间内起到与主要照明相呼应的作用。

目前，许多饭店的大堂是由多层空间组合而成的中庭空间，其中多以楼梯、电动滚梯、透明观光电梯等为垂直的交通手段，它们在大堂中的位置及景观作用非常重要，针对它们的照明应有较强的功能性及艺术性。功能性是指作为楼梯要有足够的照度，使人能够看清楼梯踏步，而艺术性是指当楼梯有一定装饰作用和空间组织作用时，就要通过照明，使它的立体感、材料质感得以适当地表现。

对于大堂内一些服务设施。如银行的提款机、自动售货机、指示牌、电脑咨询、大堂经理台、展示柜等可以采用局部照明方式，在设置灯具时要注意避免产生眩光，同时照度要适度，不易过亮。

大堂既是客人进出的主要场所，应急照明理应是考虑重点。

## 10.2.3 装饰照明

以照明器的形式装饰环境，或对装饰墙面、陈设进行照明，这种照明有时也兼作补充照明。大堂装饰照明实景如图 10-2-1~ 图 10-2-8 所示。

图 10-2-1 大堂空间的装饰照明灯具

图 10-2-2 大堂空间的总体照明

图 10-2-3 大堂空间的照明

图 10-2-4 大堂灯具与室内空间的设计风格协调一致

图 10-2-5 大堂接待处照明设计

图 10-2-6 大堂的主题灯具

图 10-2-7 大堂的灯具与照明设计

图 10-2-8 大堂服务台的照明设计

# 10.3 客房照明设计

三星级以上的旅馆都设有标准双床间、标准单床间、双套间、三套间，甚至豪华总统套间等。客房对照明的要求是满足一定使用功能，控制方便，就近开、关灯，亮度可调，能够创造温馨宜人的气氛。旅馆照明设计如图 10-3-1~ 图 10-3-4 所示。

图 10-3-1 豪华套房

图 10-3-2 标准双床间

图 10-3-3 标准单床间

图 10-3-4 标准单床客房

## 10.3.1 客房照明

客房入口处可以通过装在顶棚上的灯具或下射式电子节能灯具使入口处明亮一些，并使卫生间入口及壁柜能够有一定的照度，满足其使用要求。

从室内其他照明的设置来看，有床头照明、台面照明、休息区照明等，可以不设顶部照明灯具，而通过其他照明方式及反射光满足室内一般照明，这种照明组合会使客房内充满温暖安逸的气氛。

室内照明应从门口及床头两方面操作，方便客人使用。

床头照明应该为读书看报提供充足的光线，同时它的照射角度又不干扰同房间其他客人休息。如果采用床头壁灯，则其安装高度应略高于一个人端坐在床上的人头部高度。

休息区照明可以采用可移动的地灯或窗帘盒内照明，地灯的好处是可以根据客人在室内的活动要求而移动位置。

化妆镜灯或化妆台上的台灯是满足客人在写字台上书写化妆用照明。镜前灯可采用显色性好的白炽灯或 TLD/80 荧光灯管等，要求灯具款式简洁大方迎合空间的装修风格，光线漫射而柔和。

卫生间内一般照明通常利用荧光灯或白炽灯照明，要求有良好的显色性及较高的照度，使客人能够看到自己良好的肤色及细部，一般灯具设置在镜面上方。如卫生间较大，可加设防水防尘吸顶灯照明，以补充其他环境的照明。

客房灯具要求如表 10-3-1 所示，其照明平面实例如图 10-3-5 所示。

表 10-3-1　　客房灯具要求

| 部位 | 灯具类型 | 要　求 |
| --- | --- | --- |
| 过道 | 嵌入式筒灯或吸顶灯 | |
| 床头 | 台灯、壁灯、导轨灯、射灯、筒灯 | |
| 梳妆台 | 壁灯、筒灯 | 灯应安装在镜子上方并与梳妆台配套制作 |
| 写字台 | 台灯、壁灯 | |
| 会客室 | 落地灯 | 设在沙发、茶几处，由插座供电 |
| 窗帘盒灯 | 荧光灯 | 模仿自然光的效果，夜晚从远处看，起到泛光照明的作用 |
| 壁柜灯 | | 设在壁柜内，将灯开关（微动限位开关）装设在门上，开门则灯亮，关门则灯灭，应有防火措施 |
| 地脚夜灯 | | 安装在床头柜的下部或进口小过道墙面底部，供夜间活动用 |
| 顶灯 | | 通常不设顶灯 |
| 卫生间顶灯 | 吸顶灯和嵌入式筒灯 | 防水防潮灯具 |
| 卫生间镜箱灯 | 荧光灯或筒灯 | 安装在化妆镜的上方，三星级旅馆，显色指数要大于 80。设防水防潮灯具 |

## 10.3.2　客房照明控制

1. 客房照明控制应依据方便、灵活的原则，采用不同的控制方式

（1）进门小过道顶灯采用双控，分别安装在进门侧和床头柜上。

（2）卫生间灯的开关安装在卫生间的门外墙上。

（3）床头灯的调光开关及地脚夜灯开关安装在床头柜上。

（4）梳妆台灯开关可安装在梳妆台上。

（5）落地灯使用自带的开关和在床头柜上双控。

（6）窗帘盒灯在窗帘附近墙上设开关，也可在床头柜上双控。

2. 现代旅馆客房还设有节能控制开关，控制冰箱之外的所有灯光、电器，以达到人走灯灭，安全节电的目的

常见节电开关有如下几种：

（1）在进门处安装一个总控开关，出门关灯，进门开灯。优点是系统简单，造价低。

（2）与门钥匙联动方式，即开门进房后需将钥匙牌插入或挂到门口的钥匙盒内或挂钩上，带动微动开关接通房间电源。人走时取下钥匙牌，微动开关动作，经 10 ~ 30s 延时使电源断开。这种称为继电器式节能开关的优点是控制容量大，客人通过取钥匙就自动断电。

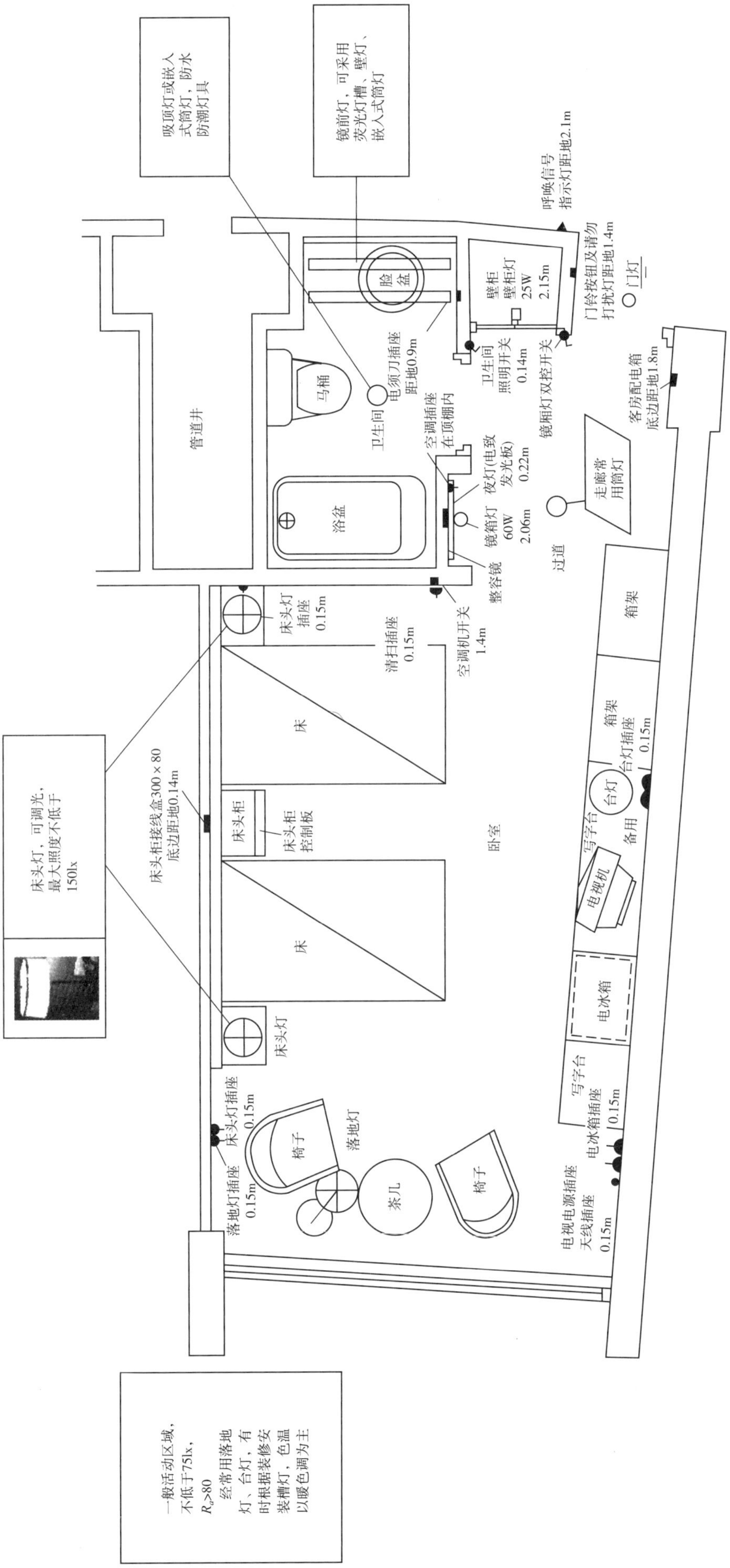


图 10-3-5 客房照明平面示例

（3）直接式节能钥匙开关，是通过钥匙牌上的插塞直接动作插孔内的开关，通断电源，有 30s 的延时功能，但控制功率较小。

（4）智能总线控制，通过移动传感器，探测到有人时接通电源，灯亮，当没有人在房间里时，延时关断点源。

标准客房的照明设计如图 10-3-6 所示。

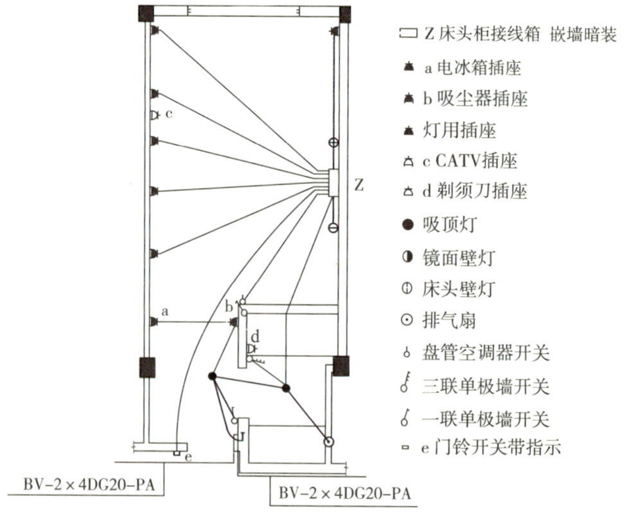


图 10-3-6 标准客房的照明设计

注：进门过道灯及插座 a、b 不受床头柜控制，也不受节能开关控制。其他灯具，包括卫生间在内都受节能开关控制。

# 10.4 走廊、楼梯间、电梯间的照明设计

宾馆客房部的走廊大多采用内走廊，走廊两边都是客房，走廊很长，而且封闭，缺乏自然采光，所以无论白天夜晚都要通过人工照明来实现照明。另外，这种走廊的吊顶通常较低，因为空调风管，给排水设计中的喷淋管，供电线管等都要敷设在走廊吊顶上部，过长而直的走廊会使照明器更易进入人的视线范围，所以走廊照明多采用建筑化照明、发光灯槽、吸顶或嵌顶灯具。走廊照明灯具的光源可以选用荧光灯、白炽灯、节能灯，因白炽灯利于瞬时启动，所以选用白炽灯为最佳。

走廊中应装置应急灯和疏散指示灯。后者应装在墙上，高度为 1.8 ~ 2.0m，使人一抬头就可以看到。疏散指示灯一般是指向转弯的出口、疏散楼梯或疏散出口。也可以将应急灯与疏散指示灯结合在一起。现在有不少旅馆也在走廊和楼梯，特别是通往安全门的部位，设置长明灯。

走廊照明的平均照度在 15 ~ 30lx 之间。

图 10-4-1 中所示是客房走廊在实现基本照明功能的前提下，充分结合项目整体设计风格将灯具进行戏剧化处理，既方便房客识别客房门口灯笼上的门牌号码，又能够为空间营造出浓郁的中式氛围。图 10-4-2 为某楼梯间的艺术照明设计。

在楼梯间多采用漫反射式吸顶灯，对于回转楼梯，可在回转处安装吸顶灯或壁灯。

电梯间是人员走动频繁的地方，一般设计照度在 75 ~ 150lx 左右，采用吸顶有罩荧

光灯具为宜，也可以采用筒灯、壁灯、荧光灯槽、装饰性较强的组合灯等，应有单独的照明控制开关，可以就地控制，也可以在服务台集中控制，中高档旅馆多采用智能照明控制系统。各层电梯间的照明灯具应统一形式。至于楼梯平台灯的光源，以采用能瞬时启动的白炽灯为宜，灯具形式以乳白罩较好。楼梯平台照度为 10 ~ 15lx。

图 10-4-1 客房走廊照明设计（室内设计：马庆）

图 10-4-2 楼梯间照明设计

# 10.5 餐厅照明设计

## 10.5.1 餐厅照明设计

旅馆、饭店中餐厅的照明设计应针对风味特点、地域特色来满足灵活多变的功能。餐厅内灯具的形色要显出与装修格调匹配的不同风格，符合餐厅内的空间艺术要求，因此灯具在这里也称作灯饰。在中餐厅中可以选用中国古代的宫灯或现代的花色吊灯，以显示东方情调。西餐厅则采用西式吊灯以显示西方的情调。

中国人喜欢明亮、富丽堂皇，所以，中餐厅比西餐厅的照度高一些，中餐厅的照度要求在 60 ~ 200lx 之间，而西餐厅的照度则在 50 ~ 100lx 之间。无论中西餐厅中，光源色温都是营造餐厅环境氛围的主要手段。餐厅应该选用显色指数不低于 80 的高效灯具，灯具效率要符合 GB 50034—2004 的要求。餐厅常见的灯光设置有：

（1）均匀布置的顶光，采用吸顶灯或嵌入式筒灯做行列布置或满天星布置，也可采用装饰吊灯。

（2）烘托气氛的槽灯，一般有槽灯或分块暗槽灯等形式。

（3）适当位置、数量的装饰壁灯。

（4）餐厅铭牌灯光，比如用 LED、霓虹灯组成的铭牌。

（5）专门照射陈设品的射灯。

（6）服务台的局部照明灯等。

一般高级饭店的大餐厅中都不设 KaraOK 唱机，KaraOK 可以设置在包房内，因包房的门可以关闭，不致影响其他用餐客人。但可以设有舞池和乐队伴奏台。这种跳舞场地不需另设专用灯具。

餐厅、咖啡厅、快餐厅、茶室等还应该设有地面插座和灯光广告用插座。有集中空调时，吊顶上设有出风口，还可能有烟感探测器和喷淋装置，所以灯具的布置还须与其他工种设计相配合。

餐厅中的照明控制仍以集中控制为佳，集中控制照明开关箱的位置须设置在餐厅工作人员便于操作的地方。按供电规范，空调立柜的供电要有单独的回路，不能与照明回路合并。

餐厅照明设计如图 10-5-1 ~ 图 10-5-6 所示。

图 10-5-1 特色餐厅照明设计

图 10-5-2 西餐厅照明设计

图 10-5-3 中式餐厅室内照明设计

图 10-5-4 宴会厅室内照明设计

## 10.5.2 餐厅设计案例

CHINA 公社位于山东省青岛市市南区闽江三路八号，是一座洋溢着后现代风情的文化艺术主题酒店。酒店涵盖餐饮、住宿、会议等诸多功能。酒店在原工业厂房建筑基础上加以改造，建筑与室内设计风格鲜明独特，经营理念前卫时尚。该项目室内设计师是马庆。

图 10-5-5 西餐厅豪华单间照明设计

图 10-5-6 风格餐厅室内照明设计

CHINA 公社的设计灵感主要来自对中国传统民居建筑神韵的感悟。其中重点汲取了客家土楼和四合院两种最具代表性的民居建筑的精华。以天井和庭院为核心，展现出中国传统居住文化中所凝结的人与自然、人与人、人与建筑之间的“和合”特质。

客家土楼是我国传统民居中极特殊的一种建筑形式，特别是它的平面造型，令人惊奇与称叹，举世瞩目。圆形土楼是所有土楼中造型最为纯粹、明晰、圆满的类型。在继承其内向型的灵活与沟通的同时，设计师将其利于防御的外墙从材质到肌理进行了合乎全新功能与时代要求的升华，封闭厚重的竹筋土墙或三合土墙由可以自由开启的实木门扇代替，门扇闭合时安静内敛，端庄浑厚，开启时圆形土楼顿时焕发出令人震撼的青春魅力，传统建筑的内向型顾盼流连瞬间华丽转身为内外兼顾，出人意料而又在情理之中。

CHINA 公社建筑群落的圆形土楼部分为酒店的餐饮部分，内部三层，一层为茶餐厅，二、三层为山东菜馆，拥有 400 多个散座餐位，22 间宴会厅。室内设计不做作、不刻意，在自然而然中传承中式文脉，在率性天真中靠内心的灵感涌动感动受众，与受众共鸣。土楼的核心——室内中庭的空间整体大气，果敢豪放，三层回马廊上下贯通，景观意识强烈，受众无论身处哪一个座位都有作为景观组成部分和惬意观景的美好体验。中庭顶部采用钢化玻璃透明材质使天然采光结合室内照明，为室内空间带来季节与时刻的光影变幻，空间与时间巧妙结合，空间承载了时间，时间延展了空间。室内中庭延续整体建筑设计理念，内向立面同样设置收放有度，开合灵活的油布窗扇，大大地丰富了空间的层次，使中庭立面简洁而又多元。与此同时，设计师还着意于传统材料和工艺方面寻找突破、展现创意，体现出对于传统精神的深刻理解。在照明设计时设计师同样随时随地展现出灵感迸发的活力和细致入微的关怀——中庭散座的局部照明采用特别设计的鸟笼灯具，既与空间氛围配合得当，又能够很好地满足照明功能的需要。如图 10-5-7 ~图 10-5-11 所示。

图 10-5-7 中庭空间照明设计结合自然光

图 10-5-8 为中庭散座提供局部照明的“鸟笼灯具”

图 10-5-9 中庭二楼环廊散座的局部照明

图 10-5-10 餐厅雅间中的照明设计一

图 10-5-11 餐厅雅间中的照明设计二

## 10.5.3 多功能宴会厅照明设计

多功能宴会厅是举行大型宴会并兼顾其他功能（如表演、讲演、会议、舞会等）的大型空间，照明方式要求多种方式组合，并配有调光器及分路开关设备，以适应不同活动所需要的特殊照明与气氛。多功能宴会厅一般照明的照度要均匀，在照明灯具及照明形式上，多突出华贵、热烈和较强的装饰性。灯具的尺度应与空间的面积、高度等协调。多功能宴会厅的照度应达到750lx，光源的显色性要高，在一些特殊的活动时可考虑光色的变化。

图 10-5-12 多功能宴会厅照明设计一

图 10-5-13 多功能宴会厅照明设计二

# 10.6　购物中心照明设计

旅馆、饭店内的购物中心主要销售一般生活用品和工艺品。为了增强对于顾客的吸引力，除基本照明外，还必须对主要商品及陈列柜橱设置重点照明，其亮度一般为基本照明的3～5倍，利用光色表现商品所具有的特征和色彩。有时要使用方向性强的灯光，加强商品的立体感和质感，因此可以采用吊轨灯配用反射灯泡射到商品上，使商品非常突出。导轨灯的优点是可以根据商品陈列的情况，随时移动增加或减少灯具数量，调配照射各种商品的亮度以突出其中最有广告作用的商品。

重点推荐灯具：筒灯、天花射灯、导轨射灯等。

# 10.7　舞厅照明设计

旅馆、饭店内的舞厅是一种公共娱乐场所，应该使得环境幽雅、气氛热烈，其照明系统必须是多层次的。在舞厅内一般设置内嵌式灯具做点式布置，作为咖啡座的低调照明和舞池的背景照明。舞池的顶棚上设置各种颜色的小型投射灯、导轨式射灯和旋转式射灯，中间通常还设有旋转反光球，接受颜色变换器的直接照射而不断地变换颜色，或者直接设置直射式旋转变色光球。导轨式和固定式的各种颜色的射灯实行音控，随着舞曲的音调起伏和节奏变化而不断闪烁，把人们带入虚幻迷离、若隐若现的意境。

舞厅照明设计如图10-7-1和图10-7-2所示。

图10-7-1　舞厅室内照明设计采用的灯具

图10-7-2　舞厅室内照明设计

# 10.8 理发店、美容店、健身场所照明设计

## 10.8.1 理发店及美容店照明设计

旅馆、饭店内的理发店及美容店的照明基本上要确保清洁感，重点是要突出照明的效果及轻松的气氛。

1. 理发、烫发、吹风区域的照明

理发师的工作是面向镜子站在顾客的后面的，需要看清顾客的头发的造型及光泽，所以在这个区域内一定要避免眩光。由于发型师或美容师工作时对视觉的要求非常高，这就使得要求光线能够均匀地投向顾客的头部和面部，确保足够高的照度值，通常安装可调节照射方向的镜前灯，照度保证在 750 ~ 1500lx 之间，显色性大于 82。

2. 洗发、美容区域的照明

洗发、美容区域因为顾客多面向顶棚接受服务，所以，应该保证顾客的视线方向不要看到外露的光源，灯具可采用带罩或格片的荧光灯。光源的显色性要较高，一般照明的照度在 300 ~ 500lx 之间，化妆区的照度要在 750 ~ 1500lx 之间。

洗发、美容区域的照明设计如图 10-8-1 和图 10-8-2 所示。

图 10-8-1　理发区域的照明设计

图 10-8-2　洗发区域的照明设计

## 10.8.2 健身场所照明设计

旅馆、饭店内的附属健身场所，例如游泳池、健身房等是为了给客人提供休闲、放松身心的空间，其中的灯光环境必须舒适得当，照度不是主要的因数，应尽可能地避免由于过高照度给人带来的紧张感或者过低照度给人带来的压抑感，以至于影响运动功能，一般

来说保持 50 ~ 75lx 之间的照度较为适宜。如图 10-8-3 和图 10-8-4 所示。

图 10-8-3 健身房照明设计

图 10-8-4 室内泳池照明设计

# 第11章 会展中心室内照明设计

当今社会，经济发展成为全球性的主题。世界各国、各地区间的经济文化交流日益频繁，展览活动在这种交流中担当着重要的角色，发挥着巨大的作用。随着科技文化的交流和商业贸易的开展，大型展览活动日趋增多，规模和观众数量也不断扩大。展出形式之多样、内容之丰富对传统的展览建筑提出了全新的要求。进入信息时代，世界经济出现新的发展趋势，使展览业发展成为一项独立的产业，各种专门的商贸展览由于其重要的社会功能和巨大的经济效益而走向定期化、常规化。随着时代的进步，会议逐渐发展成为展览活动的重要组成部分，展览建筑除了具有传统的展览功能之外，还增加了会议、洽商、餐饮、办公、休憩等设施。在这种特定的经济形势下，一种新兴的建筑类型——会展建筑应运而生，并逐渐超越传统的展览建筑而成为城市建设和经济活动的重要组成部分。

从城市的角度看，会展建筑在所处区域的经济发展和城市建设中扮演着日益重要的角色，极大地发挥了会议展览活动的经济功能。

会展建筑又称会展中心，是指以展览空间为核心空间，会议空间作为相对独立的组成部分，并结合其他辅助功能空间（包括办公、餐饮、休憩等）的大型展览建筑综合体。根据不同的环境和市场需求，其各部分功能空间在配置和比例上有所不同。通常，展区作为会展建筑的主体部分，其面积占总建筑面积的比例约为 1/3 ~ 2/3。

为适应多功能、综合性展览的使用要求，会展建筑的专业展厅一般设计成大跨度无柱空间，跨度为 60 ~ 70m，展厅高度为 17 ~ 18m，辅助展厅的跨度为 6 ~ 12m，高度在 6m 左右。

会展建筑所承担的展事多为临时性展会。展会通过实物、照片、模型、电影、多媒体等手段传递信息，促进交流与发展。

# 11.1 会展照明的特点

## 11.1.1 会展照明

会展照明主要解决的问题是构筑承载灯具的结构体系，采用合理的照明方式，尤其是优质的重点照明表现被展示物，以独特而鲜明的情景照明吸引观众，以期给观众留下深刻而美好的印象。如图 11-1-1 ~图 11-1-3 所示。

会展照明分为：

（1）一般照明：对于展会而言，一般照明是指展厅上空的照明。

（2）局部照明：为突出局部展品而设计的照明。

（3）值班照明：在非展览时间内值班使用的照明。

（4）应急照明等。

图 11-1-1　展区中的艺术造型与局部照明相结合

图 11-1-2　展区中的局部照明

图 11-1-3　展区中通常是一般照明和局部照明等多种照明方式结合使用

## 11.1.2　会展照明的特点

（1）鉴于专业展厅内部空间较高，会展展品一般在 6m 左右，照明设计除考虑上空用于展厅的一般照明外，还要考虑为突出展品的特点而设计的局部照明。

（2）因为展厅跨度大，空间较高，使用的灯具多为深照型且单灯容量较大。

## 11.1.3　电气照明设计要求

（1）会展建筑展厅的照明光源宜采用高显色荧光灯、小型金属卤化物灯和反射型白炽灯，并应限制紫外线对展品的不利影响。当采用卤钨灯时，其灯具应配以抗热玻璃或滤光层以吸收波长小于 300nm 的辐射线。

（2）壁挂式展示品，在保证必要照度的前提下，应使展示品表面的亮度在 25cd/$m^2$ 以上，同时应使展示品表面的照度保持一定的均匀性，通常最低照度与最高照度之比应大于 0.75。

（3）对于有光泽或放入玻璃镜柜内的壁挂式展示品，一般照明光源的位置应避开反射干扰区，以减少反射眩光。为了防止镜面映像，应使观众面向展示品方向的亮度与展示品表面亮度之比小于 0.5。

（4）对于具有立体造型的展示品，为获得实体质感效果，宜在展示品的侧前方 40° ～ 60° 处，设置定向聚光灯，其照度宜为一般照度的 3 ～ 5 倍，当展示品为暗色时则应为 5 ～ 10 倍。

（5）陈列橱柜的照明，应注意照明灯具的配置和遮光板的设置，防止直射眩光。

（6）在灯光作用下易变质褪色的展示品，应选择低照度水平和采用可过滤紫外线辐射的光源；对于机器和雕塑等展品，应有较强的灯光以显示其特征。在通常情况下，弱光展示区应设在强光展示区之前，并应使照度水平不同的展厅之间有适宜的过渡照明。

（7）展厅灯光宜采用光电控制的自动调光系统，随天然光的变化自动控制或调节照明的强弱，保持照度的稳定和节约能源。

（8）展厅的每层面积超过 1500$m^2$ 时应设有应急照明。重要藏品库房宜设有警卫照明。

（9）藏品库房和展厅的照明线路应采用铜芯绝缘导线暗配线方式。藏品库房的电源开关应统一设在藏品库区内的藏品库房总门之外，并装设防火剩余电流动作保护装置。藏品库房照明宜分区控制。

### 11.1.4 会展照明的标准

展览馆展厅照度标准值见表 11–1–1，当有特殊要求时照度值可以适当提高。

表 11–1–1 展览馆展厅照度标准值

| 房间或场所 | 参考平面及其高度 | 照度标准值（lx） | *UGR* | $R_a$ |
|---|---|---|---|---|
| 一般展厅 | 地面 | 200 | 22 | 80 |
| 高档展厅 | 地面 | 300 | 22 | 80 |

## 11.2 会展照明设计

图 11–2–1 会展照明的灯具选择需结合空间体量

图 11–2–2 会展照明的灯具安装结合室内的网架结构

图 11–2–3 会展空间的戏剧化效果

图 11–2–4 结合多媒体互动的会展照明设计

### 11.2.1 一般照明光源的选择

会展建筑空间高，照明光源要从显色指数、寿命、光色、光效、启动性能、工作的可靠性、稳定性及价格因素综合考虑，适合于这种建筑的光源有卤钨灯、高压钠灯、金属卤化物灯，一般采用较多为金属卤化物灯。

### 11.2.2 灯具的选择

（1）按安装方式选择：当高度在6m左右有吊顶空间，可以采用嵌入式安装，对于高大空间，屋面为网架结构，可以采用杆式利用网架的球节点安装。

（2）不同的光束角度投射距离不同，灯具的选择应以灯具光束角度为参考依据。

（3）按灯具的结构选择：由于展厅高度不同，灯具的检修方式不同，灯具分开启式、封闭式，所以选择灯具时要考虑方便更换光源。

### 11.2.3 布灯方式

高大空间展厅的布灯方式可以考虑下列几种形式。

（1）按柱网内均匀布置。

（2）按柱网布置组合灯。

（3）按工艺展要求布灯。

（4）高空间长廊式布灯。

如图11-2-1、图11-2-2所示。

### 11.2.4 局部照明

局部照明设计的方案应按照各参展商的产品特点、各自品牌的设计理念及展位的位置由参展单位自行设计，并应满足各种参展单位电源的使用要求，电源应就地取至展位箱。

局部照明设计尤其应该注重照明设计理念的创新，应努力结合高新照明技术充分展现展品的魅力。局部照明的显色性指数应大于80，灯具位置的确定应灵活并可调节照明方向，以便应对现场可能出现的突发情况。灯具上还要安装外附式遮光器以减少眩光干扰。对于反射系数较高的展品，可采用反光板扩大光照范围。

现代展示设计已经跨越单纯塑造展品形象的阶段，越来越注重有现场体验感、有主题剧情的综合展示活动。局部照明可以根据展品的特点适当考虑采用有一定视觉冲击力的彩色光、动态光、多媒体互动光影艺术等手段以加强展区的戏剧性体验效果。如图11-2-3、图11-2-4所示。

## 11.3 会展中心照明控制方式

### 11.3.1 照明的供、配电设计

展厅一般照明为二级负荷，应急照明为一级负荷。应急照明作为在应急情况下保证展览能正常进行，应由两路独立电源供电。应急电源也可以取自柴油发电机。

局部照明为增加展品的最佳效果，为一路电源配电即可，可以由就地为展位设备配电的配电箱取电。

值班照明可以按正常照明的一部分考虑。

### 11.3.2 照明的控制方式

（1）会展建筑为人员密集的公共区域，为展厅服务的照明控制开关应集中单独控制。

（2）当配电回路较少时可以采用面板集中控制；当配电回路较多时，应采用智能灯光控制系统，既方便管理又减少公共区域的误操作。

（3）智能灯光控制设备应考虑既能集中控制又能在系统出现故障状态下各控制器独立工作。

（4）控制器能接受应急信号，接受信号后自动转入执行应急命令。

（5）分区控制灯光要考虑值班照明的需求。

### 11.3.3 线路敷设

（1）由于照明配电回路多，对于高大空间较长配电线路，布线宜采用线槽，沿不影响建筑及办展效果的位置（墙或柱）敷设引至展厅上空。

（2）一般照明线路与应急照明线路应分线槽敷设，当无条件需共槽时，要采取分隔及防火处理。

（3）一般照明线路采用线槽敷设时可采用阻燃线缆，应急照明线路采用线槽敷设时可采用耐火线缆。

### 11.3.4 灯具的检修与维护

（1）采用马道检修灯具，马道要结合展厅上空的特点沿灯具布置，当采用金属网架时要结合网架造型有规则地设置。

（2）采用升降机检修灯具时，需考虑升降机的储藏位置。

（3）可采用电动升降式灯具。

# 第12章 医院室内照明设计

医院是指以向人提供医疗护理服务为主要目的的医疗机构。其服务对象不仅包括患者和伤员，也包括处于特定生理状态的健康人（如孕妇、产妇、新生儿）以及完全健康的人（如来医院进行体格检查或口腔清洁的人）。最初设立时，是供人避难，还备有娱乐节目的地方，使来者舒适，有招待作用。后来，才逐渐成为收容和治疗病人的专门机构。

医院包括综合医院、专科医院、教学医院、诊所等。医院为治疗各类患者，会按照疾病和身体异常情况进行分科分流。医院通常包括门诊部门、急诊部门、住院部门、支持部门及其他部门等，对照明的要求复杂多样且日趋专业。

由于现代医疗技术的专业性和复杂性，医院，尤其是组织庞大、功能齐全的综合性医院的室内照明设计正接受越来越专业化的挑战，因此，照明设计者必须熟悉医院的工作流程，了解各医疗部门的运作特点、工作性质和照明要求。同时，医院的室内照明设计不仅要满足医疗技术的要求，充分发挥医院医疗设备的功能，有效地为医疗服务，而且还应考虑为病患及医务工作者创造一个宁静祥和的照明环境，有益病患的治疗和康复。

医院照明灯具有极高的功能性、清洁性和精密性。

# 12.1 医院室内照度标准及光源的选择

## 12.1.1 医院室内照度标准

我国医院照度标准值应符合表12-1-1所规定。我国医院建筑照明功率密度值不应大于表12-1-2的规定。当房间或场所的照度值高于或低于本表规定的对应照度值时，其照度功率密度值应按比例提高或折减。表12-1-3是国际照明委员会照明标准（S 008—2001）中关于医院照度标准的相关规定。

表12-1-1　医院建筑照明标准值

| 房间或场所 | 参考平面及其高度 | 照度标准值（lx） | *UGR* | $R_a$ |
|---|---|---|---|---|
| 治疗室 | 0.75m水平面 | 300 | 19 | 80 |
| 化验室 | 0.75m水平面 | 500 | 19 | 80 |
| 手术室 | 0.75m水平面 | 750 | 19 | 80 |
| 诊室 | 0.75m水平面 | 300 | 19 | 80 |
| 候诊室、挂号厅 | 0.75m水平面 | 200 | 22 | 80 |
| 病房 | 地面 | 100 | 19 | 80 |
| 护士站 | 0.75m水平面 | 300 | — | 80 |
| 药房 | 0.75m水平面 | 500 | 19 | 80 |
| 重症监护室 | 0.75m水平面 | 300 | 19 | 80 |

表 12-1-2　　医院建筑照明功率密度值

| 房间或场所 | 照明功率密度（$W/m^2$） | | 对应照度值（lx） |
| --- | --- | --- | --- |
| | 现行值 | 目标值 | |
| 治疗室、诊室 | 11 | 9 | 300 |
| 化验室 | 18 | 15 | 500 |
| 手术室 | 30 | 25 | 750 |
| 候诊室、挂号厅 | 8 | 7 | 200 |
| 病房 | 6 | 5 | 100 |
| 护士站 | 11 | 9 | 300 |
| 药房 | 20 | 17 | 500 |
| 重症监护室 | 11 | 9 | 300 |

表 12-1-3　　国际照明委员会照明标准（S 008—2001）（医院部分）

| 室内作业或活动种类 | $E_m$（lx） | $UGR_L$ | $R_a$ | 备注 |
| --- | --- | --- | --- | --- |
| 健康中心 | | | | |
| 等待室 | 200 | 22 | 80 | 地板平面照度 |
| 走廊（白天） | 200 | 22 | 80 | 地板平面照度 |
| 走廊（夜间） | 50 | 22 | 80 | 地板平面照度 |
| 白天房间 | 200 | 22 | 80 | 地板平面照度 |
| 职员办公室 | 500 | 19 | 80 | |
| 职员房间 | 300 | 19 | 80 | |
| 病房 | | | | |
| 一般照明 | 100 | 19 | 80 | 地板平面照度 |
| 阅读照明 | 300 | 19 | 80 | |
| 单独检查 | 300 | 19 | 80 | |
| 检查治疗 | 1000 | 19 | 80 | |
| 夜间照明、观察照明 | 5 | 22 | 80 | |
| 病人淋浴房、洗手间 | 200 | 19 | 80 | |
| 一般检查室 | 500 | | 90 | 局部检查照明 |
| 耳科、眼科检查 | 1000 | 16 | 90 | |
| 视力表阅读和颜色测试 | 500 | 19 | 90 | |
| 图像增强超声扫描仪和电视系统 | 50 | 19 | 80 | |
| 透析室 | 500 | 19 | 80 | |
| 皮肤病室 | 500 | 19 | 80 | |
| 内窥镜室 | 300 | 19 | 80 | |
| 石膏室 | 500 | 19 | 80 | |
| 药浴室 | 300 | 19 | 80 | |
| 按摩和放疗 | 300 | 19 | 80 | |
| 预症、恢复室 | 500 | 19 | 80 | |
| 手术室 | 1000 | 19 | 90 | |
| 手术舱 | 特殊 | | | $E_m$=10000 ~ 100000 lx |
| 加强监护室 | | | | |
| 一般照明 | 500 | 19 | 90 | 照明必须对病人无眩光 |
| 病人处 | 1000 | | 90 | 局部检查照明灯具 |
| 手术舱 | 5000 | | 90 | 可能需要高于 5000 lx |
| 牙齿漂白匹配 | 5000 | | 90 | $T_{CP}$ ≥ 6000K |

续表

| 室内作业或活动种类 | $E_m$（lx） | $UGR_L$ | $R_a$ | 备注 |
|---|---|---|---|---|
| 颜色检查（实验室） | 1000 | 19 | 90 | $T_{CP}\geqslant 5000K$ |
| 杀菌室 | 300 | 22 | 80 | |
| 消毒室 | 300 | 22 | 80 | |
| 尸体解剖室和太平间 | 500 | 19 | 90 | |
| 解剖台 | 5000 | | 90 | 可能需要高于 5000 lx |

表 12-1-4 列出了法国、德国、英国、美国、日本与中国关于医院照明的照度标准。

表 12-1-4　　各国医院各部门的推荐照度表

| 照度（lx）＼国别 | | 法国 | 德国 | 英国 | 美国 | 日本 | 中国 |
|---|---|---|---|---|---|---|---|
| 病房 | 一般 | 70 | 80 ~ 120 | 150 | 220 | 100 ~ 200 | 15 ~ 30 |
| | 床头 | 300 | 200 | 30 ~ 50 | 320 | | |
| | 傍晚 | 15 | 5 ~ 20 | 5 | 22 | | |
| | 深夜 | | | 0.1 | 5 ~ 15 | | 0.1 |
| 手术 | 一般 | 500 ~ 300 | 1000 | 400 | 2200 | 750 ~ 1500 | 200 |
| | 手术视野 | 特别 | 20000 ~ 100000 | 特别 | 26900 | 20000 以上 | 2000 ~ 10000 |
| 检查 | 一般 | 500 | 500 ~ 1000 | 500 | 540 | 200 ~ 500 | 50 ~ 200 |
| | 局部 | 500 | 1000 上 | 500 | 1100 | 750 ~ 1500 | 50 ~ 200 |
| 监护室 | 一般 | | 80 ~ 500 | 30 ~ 50 | 320 | 300 ~ 750 | |
| | 局部 | | 1000 | 400 | 1100 | 300 ~ 750 | |
| 诊察处置 | 一般 | 500 | 500 | 300 | 540 | 300 ~ 750 | |
| | 局部 | 500 | 1000 | 500 | 1100 | 300 ~ 750 | |
| 走廊（病房） | 白天 | 70 | 250 | 300 | 220 | | 10 ~ 15 |
| | 晚上 | 70 | 30 | 150 ~ 200 | 32 | 50 ~ 100 | 10 ~ 15 |
| | 深夜 | 70 | 30 | 50 ~ 10 | 32 | 1 ~ 2 | 10 ~ 15 |

## 12.1.2　光源的选择

医院的照明设计中，光源和周围环境色彩的关系不可忽视。

光源与色彩对于医护工作者很重要，要对病人做出诊断时，需要正确地认识病人皮肤的颜色，对于处理室和检查室、化验室等，也需要正确辨认物体本色，所以，有关诊疗的场所（检查室、病房、手术室、监护中心等）均应选用显色性较高的光源。

色彩对于病患则起着重要的心理辅助治疗的作用，合理利用自然光，光源与室内设计巧妙地配合，将有助于创造一种促进病患康复的氛围。

在不同地区的医院中，非诊疗场所的环境照明，可根据地区的气候特点对光源色温有所区别地选配：气候较寒冷地区的医院宜选用暖白色（低色温）光源，以给环境带来温暖的感觉；热带地区的医院则宜选用冷白色（高色温）光源，以给环境带来凉爽的感觉。

照明光源应选择高效节能，光效高、显色性好的光源。医院大多数房间及应用场所应选用细管径直管荧光灯，配高品质的电子镇流器或节能电感镇流器。

## 12.1.3　照明负荷等级

医院各部门的照明负荷等级，见表 12-1-5。

表 12-1-5 医院各部门的照明负荷等级

| 负荷等级 | 部门名称 |
|---|---|
| 一级 | 手术室、产房、血库、监护病房、CT 诊断室、核磁共振诊断室、血液病房的净化室、血液透析室、急诊室、疏散照明及疏散标志等。 |
| 二级 | 普通病房、门诊诊室、X 线放射科、治疗室、婴儿室等<br>辅助用房：营养部、供应室、解剖室、太平间、洗衣房等<br>附属用房：变配电室、热力站、锅炉房、集中供氧房等 |
| 三级 | 一级、二级外的建筑 |

# 12.2 医院室内照明设计

## 12.2.1 医院照明的特点

图 12-2-1 所示为医院室内照明设计，医院照明是为了能充分发挥医院的功能，直接或间接地为医疗服务。在进行照明设计时，必须考虑以下三点：

（1）医院是许多工种的人按不同的目的在各个工作场所活动的地方，为此，照明要求很不相同，例如，在极端清洁的手术室中进行精细手术时需要 100000lx 的照度，而在夜间病房中的看护观察却只需 10lx 的照度。

（2）在医院中，既要考虑功能性照明，也要考虑环境氛围照明。如住院部的病房与门诊部的候诊室等空间，其照明往往不仅要满足功能照明的要求，还应尽量营造出舒适宁静的氛围。

（3）医院各部门室内空间的使用时间各有不同，对照明要求也就不尽相同。病房与急诊部是 24h 生活与工作的地方，需要综合考虑 24h 照明要求。门诊部与管理部门仅是白天 8h 工作的地方，因此，门诊部的照明是以白天为主，重点考虑与自然光保持一定平衡的问题。

图 12-2-1 医院室内照明设计

## 12.2.2 门诊部照明设计

门诊部是医院的中枢，其照明设计应以诊疗科室为单位来选择照明的方式和确定照度标准。门诊部多在白天使用，故进行照明设计时必须考虑与自然光的结合。

### 12.2.2.1 大厅

大厅通常综合门厅、挂号厅、取药厅、候诊厅等功能场所，该场所功能繁多、交通流线复杂、人员较为集中。病患在大厅中要经历挂号、候诊、诊疗、交费、取药等诸多流程，必然在此花费较长的时间，因此，照明设计应力求给病患创造一种有助于稳定情绪的安静的气氛，不宜选择亮度过高及造型过复杂的豪华类装饰灯具，应以简洁明快、照度适中的灯具为主。大面积的功能性照明宜采用荧光灯，灯具数量较多时，应采用三相配电或电子镇流器，克服荧光灯的频闪现象和噪声。有条件的场所应尽量充分利用自然光，并设计照明节能控制。如图12-2-2所示。

图12-2-2 门诊大厅

当大厅室内照明与自然采光相结合时，要注意照度分布和克服眩光等问题，日落后整个大厅照度的均匀性也是在照明设计起初时就必须考虑周全的，大厅内无论白天黑夜都不应有太大的照度差异。采用自然采光顶棚的大厅，在采光顶棚的相应位置应按需均匀布置照明灯具。室内层高较高的大厅，光源维护较困难，应采用类似陶瓷金属卤化物灯等寿命较长的光源。

大厅必须设置导向照明，方便病患根据指示牌的引导，明确快捷地找到正确的导向信息，迅速到达目的地（诊疗室、检查室或收费处等）。

大厅中的宣传栏内可设置内照式荧光灯具，灯具的设置不应产生眩光。

### 12.2.2.2 候诊室

候诊室是病患等待诊疗的空间，病患在候诊期间往往会有焦虑、不安、痛苦、无奈等不良情绪伴随，室内设计和照明设计都应该考虑到这一心理因素，并尽力运用专业的技术和艺术手段创造出空间合理、通风良好、照明舒适的高品质环境，以帮助缓和病患的情绪，使病患能够耐心、惬意地候诊。如图 12-2-3 所示。

### 12.2.2.3 通道

医院走廊里不可横向安装灯具，以避免横向安装方式导致地面上产生均匀起伏的铁轨状光影变化，使病人在心理上产生道路坎坷等不良的感受。高亮度和低亮度的交替变化引起的视觉骚扰，不利于病人心理情绪的稳定。如图 12-2-4 所示。

通常，通道顶棚上的灯具都须带罩，以保证运输车运送病患经过通道时可以防止眩光。如图 12-2-5 所示。

图 12-2-3 候诊室照明设计

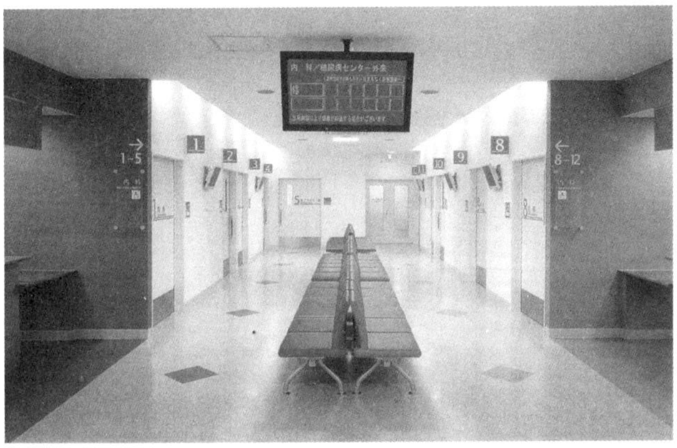

图 12-2-4 走廊采取加强纵深感的照明方式

图 12-2-5 走廊照明采取间接照明的方式，可以避免眩光

### 12.2.2.4 取药房、挂号厅及病案室

药房中，一般照明灯具应与药品架走向相配合。药品架上的垂直照度不能低于 30lx，旋转取药架的照度为 500lx。取药窗口内及有天平秤的位置，要有局部照明，但不宜用可能妨碍工作的台灯，宜采用下反射型壁灯或顶灯方式，照度要求在 300lx 以上。

挂号厅采用一般照明方式与局部照明相结合的方式。局部照明要避免产生眩光，避免在电脑屏幕上产生光斑。

病案室的照明灯具应与病案架排列的同方向布置。

### 12.2.2.5 一般诊疗室

多数诊疗室依靠自然采光或照明与自然光配合使用，室内一般照明通常靠安装荧光灯具实现。医生的诊疗桌采用台灯提供局部照明。一般诊疗室中，在病患脸朝上的场合（诊疗床等）不可在病员头上安装高亮度的灯具。如图 12-2-6 所示。

### 12.2.2.6 眼科诊室

眼科诊室分为明室和暗室。明室照度一般低于其他

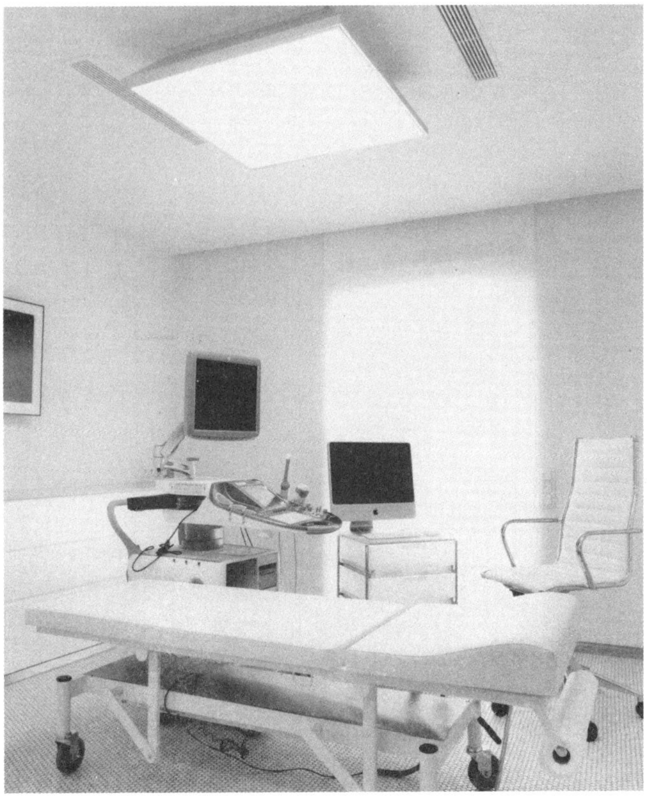

图 12-2-6 一般诊疗室示例

诊室，建议照度值为200lx左右，明室视力测试表及检查仪器设备均配备照明光源或照明灯具，在检查仪器设备位置预留2～3个电源插座。暗室一般需要连续调光照明，使病患的视觉有一个明暗适应的过程，调光应是连续平滑的，避免出现频闪现象。

### 12.2.2.7 耳鼻喉科诊室

耳鼻喉科除听力检查室外，对照明没有特殊要求。听力检查室内建议照度值为100lx左右，听力检查室内绝对不能有噪声。因此，一般采用白炽灯，如采用荧光灯时，应将节能电感镇流器安装在室外或采用电子镇流器。

诊室内的每个诊位处，应设置2～3个供检查治疗仪器使用的插座以为检查治疗设备配备的照明工作灯提供电源。

### 12.2.2.8 急诊室

急诊室是对各种疾病患者施行紧急诊断处置和进行简单手术的综合诊室，应按需要设置施行小手术的照明设备及各种检查急救用的应急照明设备。

不同规模与类型的医院对门诊急救的处理方法各有不同，照明设计应事先充分做好专业调研，并充分尊重医院有关部门的意见。

### 12.2.2.9 放射室

为避免设备给病患可能造成的压抑感，放射室的照明设计除工作照明外，还可附加一些装饰性照明，以缓和气氛，稳定情绪。X光透视室在机械维修、调整时需200lx照度；在透视阶段进出房间时需50lx。透视时可用脚踏开关，将红灯从20lx调到0。室内绝对不许装荧光灯具，因为关灯后残余荧光会妨碍工作。X线诊断室、加速器治疗室、核医学科扫描室和Y照相机室等房间，应该设置防止误进入的LED红色信号灯标志，其电源信号应与机组连通，开机工作时红色信号灯标志同时亮起。

放射线室的灯具一般在设备的四周均匀布置，并注意避免给病患造成的眩光，灯具不应布置在机器的正上方。

放射线室的暗室（洗片室）除了设置顶灯外，还应设置暗室红色工作灯。红色工作灯一般设在冲片池的上部，多采取壁装方式，安装高度距地面1.6～1.8m，灯具的金属外壳应可靠接地。暗室的门外上部应设置LED红色信号灯。

### 12.2.2.10 核磁共振检查室

核磁共振检查室是强磁场室。为了防止电磁感应影响仪器的图像和片子质量，照明灯具一般应采用卤钨灯，灯体为非磁性材料，如铜、铝、工程塑料等。

核磁共振检查室的照明电源一般应采用直流电源，如果采用交流电源供电方式，金属外壳应集中一点接地。灯具应采取屏蔽措施，可采用直径为0.8mm、网眼为5～10mm的磷青铜丝网将灯具罩上，并将铜网接到等电位的接地母线上。

在检查机器病人头部一侧的上方，距地面1.2～1.4m处，一般都设有闭路电视摄像机，在摄像机的两侧设置照明灯具，照度应满足摄像机的要求。摄像机及灯具的金属外壳应采用大于2.5mm$^2$的软铜线可靠接地。

室内照度值建议为150lx左右。

控制室的灯光应连续可调，机器在病检时，控制室内灯光需要有级的或无级的连续调光，照度为100～300lx。

## 12.2.3　病房的照明设计

病房楼是病患进行诊治康复的场所，主要包括各类病室、病房走廊及护理站等组成部分。

### 12.2.3.1　病房

病房照明应满足治疗、护理及病患康复的要求（图 12-2-7、图 12-2-8）：

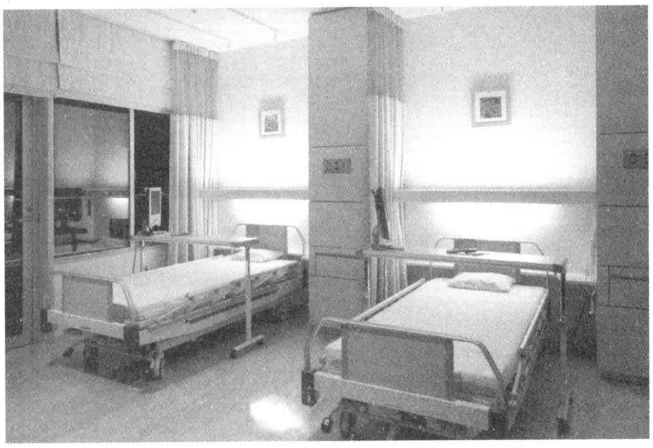

图 12-2-7　病房照明设计一

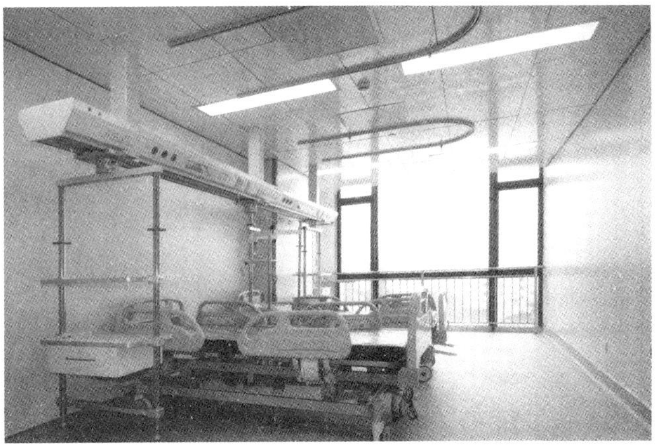

图 12-2-8　病房照明设计二

（1）病房一般照明为 40 ~ 100lx 左右，两排病床之间的部分的照度值稍高些，病人床头的照度值稍低些（40 ~ 50lx），这样的照度既能满足病人醒时的视觉需要，又能使病人欲休息时不受到干扰。

（2）病房值班照明，可用墙壁与顶棚的长夜灯，也可用地脚灯（一般在查房时用长夜灯，不查房时用地脚灯）。地脚夜灯，一般距地面 0.3 ~ 0.5m，供夜间医护人员查房护理时或病患夜间使用，光源应采用白光 LED。

（3）设置局部照明灯，应采用一床一灯的方式，灯具一般安装在病患床头的上方，距地面 1.4 ~ 1.6m 的高度。电源宜为低压电源，如果采用交流 220V 电源时，接地应可靠，配电线路应设置漏电保护装置。

病患床头灯具分固定式和活动式两种，亦可将灯具与医疗服务设备组合在一起，如监测器、呼唤信号装置、医用气体装置及电源插座等。如将给氧管道也组装在一起，则应采取隔离防火措施。如图 12-2-9 所示。

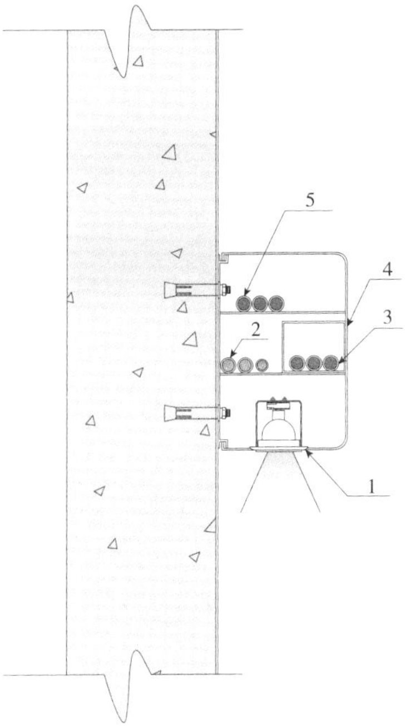


图 12-2-9　病号床头综合装置剖面图

1—床头灯；2—弱电线路；3—强电线路；4—电源插座；5—医用气体管道

（4）设置治疗和护理用的照明灯光不应对病患产生眩光。病床单侧排列的病房，在护理通道上设置顶灯，病床双侧排列的病房，在中央通道设置顶灯。

（5）设有滑动式围帘的病房，除了设置床头灯外，通道及病床的上方应分别设置顶灯。如果采用荧光灯照明，灯具应采用吊链安装。吸顶安装时，灯具底板可垫 4 ~ 6mm 厚的橡皮垫圈，以减少镇流器的振动噪声，或采用电子镇流器，克服噪声对病患的不良影响。

（6）重症病监护室应在病床的附近设置活动臂检查灯，灯的臂长 1 ~ 1.5m。当设置闭路电视监视系统时，灯光照度应满足闭路电视摄像要求。如图 12-2-10 所示。

（7）儿科病房的灯具应选择适合儿童心理特征的灯具与光源，室内照度也可适当提高一些。

#### 12.2.3.2 病房走廊

走廊的照度不应低于病房照度的 70%，以避免人们通过走廊进入房间时感到明显的照度差异和不适。走廊的灯具应布置在两病房门之间，不应布置在正对门和门上方的位置。夜间走廊的灯光不能射入病房内，影响病患的休息。夜间使用走廊地脚夜灯，光源应采用白光 LED。

为避免对躺在病患推车上的病患通过走廊时产生眩光的烦躁感，走廊内的灯具宜布置在走廊的侧面，较宽的走廊可采用双侧布灯的方式。如图 12-2-11 所示。

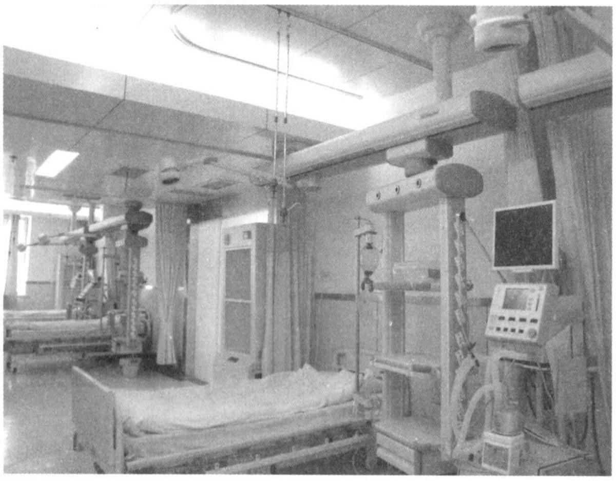

图 12-2-10 重症监护配备活动臂检查灯

图 12-2-11 病房走廊及护理站照明设计

#### 12.2.3.3 护理站

护理站是诊断、治疗、护理准备和处理日常医疗事物的场所，也是护理人员与病患联系的枢纽，照明应为人们塑造明亮清洁的光环境。除一般照明外，还应针对工作台面设置局部照明，以保证护理人员的正常工作照度需要。在护理工作台上方或侧墙上设置夜间工作灯。如图 12-2-12、图 12-2-13 所示。

图 12-2-12 护理站工作面照明设计

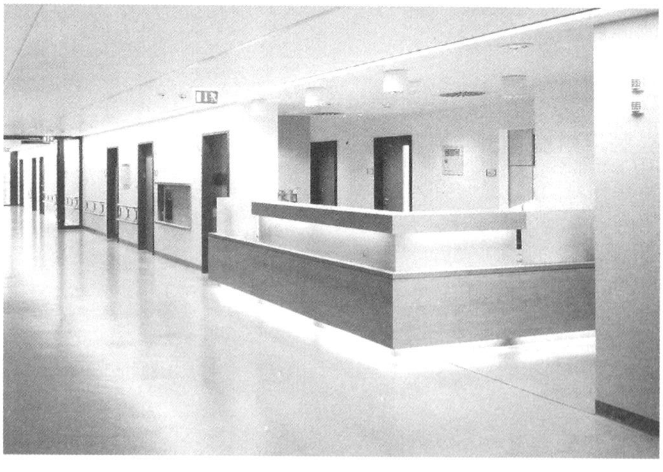

图 12-2-13 护理站照明设计

### 12.2.4 手术室

从手术室到准备室通道为止的范围内，一般照明的照度要高，要求照明灯具扩散性好、带罩、结构牢固和不落尘。

在手术室中，医生、护士的工作持续时间长，操作精细，精神高度紧张，照明必须考虑减轻医护人员疲劳的问题。所以，手术室中的照明质量及照度要求比较高，一般照明的照度为 750lx。手术室提供一般照明的光源的色温应在 4500K 左右，可选显色指数 $R_a$ 大于 95 的直管荧光灯。

手术室的一般照明灯具在手术台四周布置，应采用不积灰尘的洁净型灯具，有吊顶的手术室，灯具应嵌入顶棚安装，每个灯具内至少有两根灯管以上，也可与通风口组合在一起设置。

高净化级别的手术室设有空气净化设备，灯具的设置不应对净化空气的层流产生影响。灯具位置的确定和选型应与空调、室内设计专业密切配合。

手术台是手术室的照明核心区域，采用手术无影灯提供专业照明，手术台的照度应在 10000lx 以上。手术无影灯的灯具安装位置应与其他固定安装的设备相协调，不应影响这些设备的使用功能。灯具应能灵活地进行水平和垂直调节，且可旋转 360°，并可固定在任何需要的位置。灯具安装应坚固牢靠，施工时在灯位上应预埋好固定螺栓。如图 12-2-14 所示。

对于观摩教学的手术室、观摩室所设置的灯具不应在手术台的位置直接看见。设有闭路电视教学系统的，照明应满足电视摄像机的照度要求。如图 12-2-15 所示。

手术室室内装修的材料及颜色不应影响光源的效果，空间各界面不宜选用深色系也不宜选用白色、黄色等高反射比的涂料，以免反射光干扰医生对于病人的肤色及组织颜色的判断。手术室墙面宜采用浅绿、淡蓝等反射比为 0.5 ~ 0.6 的颜色，顶棚宜用乳白色或其他浅颜色的饰面。

手术室必须有应急照明，所提供的照明水平和质量应等于或近似于正常工作的水平与质量。

手术室的门口上方应设置光源为 LED 的“正在手术”字样的红色信号灯。

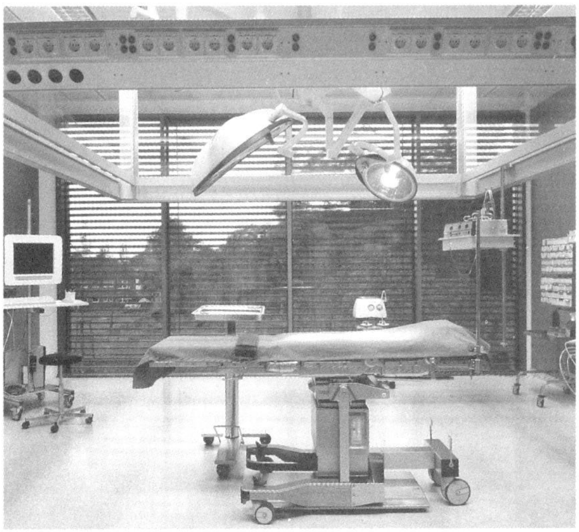

图 12-2-14 手术室用手术无影灯提供核心工作区域的照明

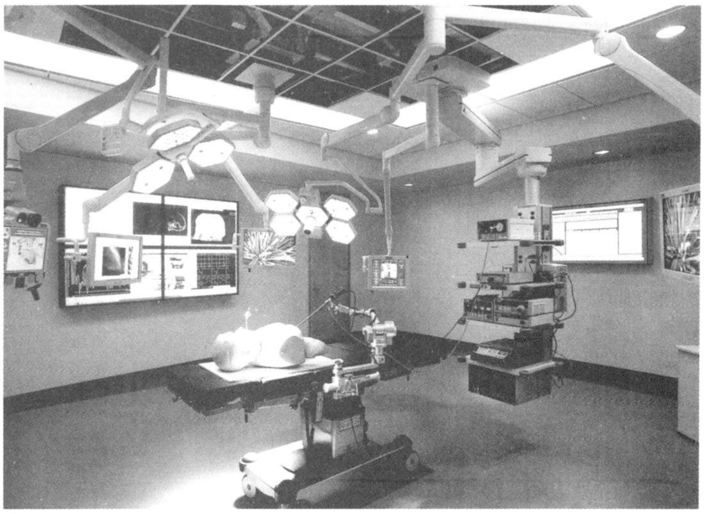

图 12-2-15 观摩教学用的手术室中一般照明和局部照明相互配合

## 12.2.5 紫外杀菌灯及看片灯

### 12.2.5.1 紫外杀菌灯

紫外杀菌灯对杀灭空气中的有害细菌最为有效、方便。紫外杀菌灯分固定式和移动式两种，在医院内各诊疗科室的应用比较普遍。

紫外杀菌灯具应安装在空气容易对流循环的位置，同时还应避免紫外光线直射病患伤及眼睛。

人员正在活动的场所，亮灯时间应采用延时控制，亮灯延时开关的时间可定为10min左右。传染病的诊室及活动场所在无人时可进行杀菌灯的直接照射，照射时间由人工根据需要控制。按照一般卫生要求，房间中紫外杀菌灯具安装高度不大于2.7m。

#### 12.2.5.2 看片灯

看片灯在医院中应用比较广泛，均为定型产品。看片灯箱发光面亮度要均匀，光源色温应大于5600K。灯箱光源不能有频闪现象，箱内的荧光灯应采用电子镇流器。

# 第13章 观演建筑室内照明设计

观演建筑通常包括有礼堂、电影院、剧场及其类似的厅堂建筑，其主要观演类别有音乐、戏剧、歌舞、会议和电影等，属于多功能的厅堂建筑。

图 13-0-1 所示是以电影院为例的观演建筑室内空间组成关系示意。

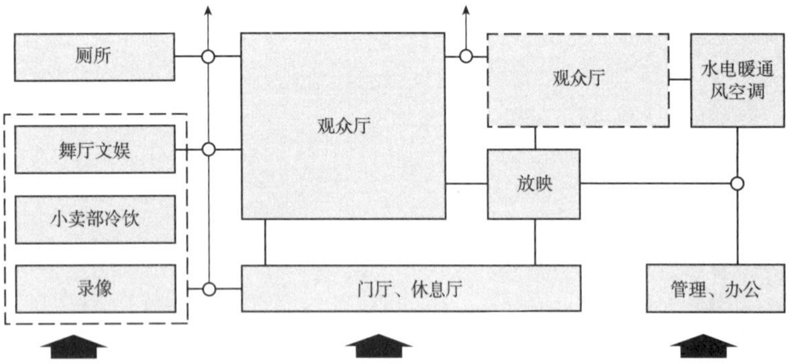


图 13-0-1 电影院室内空间组成关系示意

剧场是观演建筑的一种重要类型，按照演出类型分为：

（1）歌剧剧场：以演出歌剧、舞剧为主。舞台尺度较大，容纳观众较多，视距可以较远。

（2）话剧剧场：以演出话剧为主。音质清晰度要求较高，观众应能看清演员细微动作和面部表情，规模不宜过大。

（3）戏剧剧场：以演出地方戏曲为主，具有歌剧和话剧的特点，舞台表演区较小。

（4）音乐厅：以演奏音乐为主，音质要求较高。

（5）多功能剧场：演出各个剧种，亦可满足音乐、会议使用。

剧场建筑主要由观众使用部分和演出部分组成。此外，还有技术设备部分和行政管理部分等辅助用房。观众使用部分包括观众厅、门厅、休息厅及存衣间、小卖部、盥洗间、观众餐厅等。演出部分包括舞台、后台（化妆室、演员休息室、乐队休息室、候场室、道具室等）和乐池等。技术设备部分包括灯光控制室、电声控制室、效果间、变电室、空调机房、冷冻机房、锅炉房，以及同声传译、广播、电视转播用房，如需兼放电影，还设有放映机房等。行政管理部分包括办公室、售票室、值班室，会议室等。图 13-0-2 所示为剧场室内空间组成关系示意图。

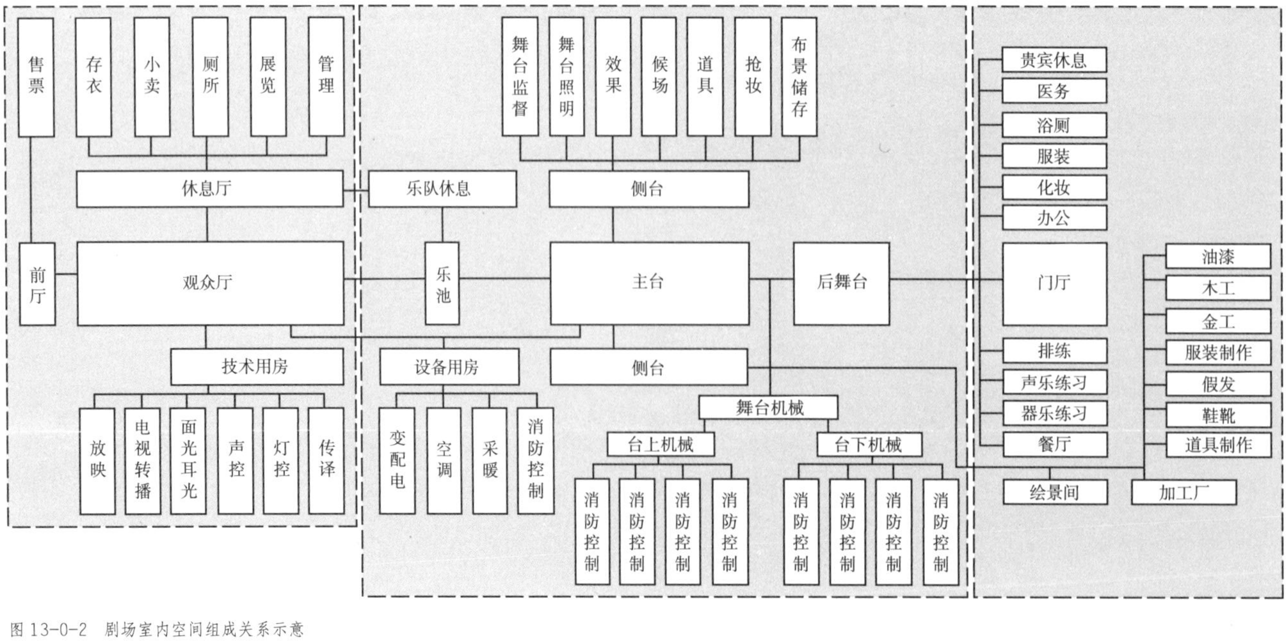


图 13-0-2 剧场室内空间组成关系示意

常规剧场舞台的组成通常包括以下部分：

我国常用的舞台形式多为镜框台口箱型舞台，由台口、主台、侧台、台唇、乐池、天桥、栅顶、台仓、后舞台和面光桥、耳光室、灯控室和声控室等演出技术用房组成。

（1）幕。幕的种类大致有：防火幕、水幕、前檐幕、装饰幕、大幕、场幕、台口纱幕、边幕、檐幕、远景纱幕、画幕、网幕、天幕等。

（2）假台口。为适应各种不同演出，需要调整台口大小的装置。假台口是舞台不可缺少的设备，由3个钢制框架组合而成。上框的升降用来调整台口的高低。位于台口内侧的两个侧框，应按需要分为若干层。假台口朝观众一面，应饰以大幕相同的面层，用来融入原台口。

（3）吊杆。吊杆是舞台上悬吊各种幕布、景物、灯具、甚至演员的设备，用手动、电动或流压等形式起动。

（4）耳光室。耳光室是设置在观众厅两侧的灯光设施。耳光室位置应使光轴经台口边缘射向表演区，与舞台中轴线的水平夹角以45° 为宜。

（5）远距离追光室。专业剧场除面光桥，耳光室，假台口上追光外，还可在观众厅后部设远距离追光室，效果良好，我国已有射程达40 ~ 80m的远程追光灯。

（6）灯控室。自从灯光控制采用微机控制后，多将灯控室布置在观众厅后部。

（7）声控室。声控室最后也布置在观众厅后部，一般与灯控室左右对称。

（8）主台、侧台。台口宽度、高度、进深、净高均视演出剧种，观众厅容量和舞台设备，以及参演人数来定。侧台主要用途是存放和迁换景物，大型机械最好布置在主台两侧的前部。

（9）台唇。箱型舞台的台唇主要用于报幕、谢幕和换景时演过场戏。

（10）乐池。乐池位于台唇和观众席之间，局部伸向台唇下面。乐池剖面形式有：①半封闭式；②半开敞式，适用于中、小型多用途剧院；③开敞式等。

（11）天桥。天桥是舞台上部的建筑设施，通常沿主台四周墙面布置，一般设2 ~ 3层，多的可以设置4 ~ 6层。一层主要用于装侧光灯，侧光光轴射到舞台轴线与台面夹角大于42° ，宽度约1.8m，栏杆应考虑装灯的要求。

二层天桥，主要用于装吊杆的控制设备，约高于一层天桥2.5 ~ 3m。

最上层天桥，主要用于安装吊杆卷扬机或堆放配重块。

各层天桥与栅顶之间，应设两个非燃烧体的工作梯，并有连续坚实的扶手，还可设置电梯。

（12）栅顶。栅顶是舞台上部漏空的工作层，通常用钢筋混凝土构造，设置各种滑轮梁和机具平台等设施。

（13）台仓。台仓设在台面以下，主要是为舞台安装升降乐池，升降台，车台和转台的使用空间。

（14）后舞台。后舞台也是表演区和远景区的延伸部分。还可以在后舞台用放映机加广角镜头或专用幻灯，向半透明天幕反射远景画面，效果非常好。

（15）面光桥。面光桥是设置在观众厅顶棚上的灯光设施。应使光能射到台口线与台面成45° ~ 50° 夹角为好。

图 13-0-3 面光桥和耳光室的示例

面光桥必须有方便的通道与耳光室和主台天桥相连。当一道面光桥不能满足使用时，应增设面光桥。图 13-0-3 所示为面光桥和耳光室。

当专业剧院演出时，宜在楼座观众席后面增加远距离追光室。

观演建筑室内空间的功能划分相对简洁明快，但是照明设计要求却比较高，一般包括普通空间的一般照明设计和专业性较强的舞台照明设计。

## 13.1 观演建筑室内照度标准

表 13-1-1 是国标 GBJ—133—90《民用建筑照明设计标准》中关于“影院剧场建筑照明的照度标准值”。表 13-1-2 是国内外影院剧场建筑照度标准值的比较。

表 13-1-1 影院剧场建筑照明的照度标准值

| 类别 | | 参考平面及其高度 | 照度标准值（lx） | | |
|---|---|---|---|---|---|
| | | | 低 | 中 | 高 |
| 门厅 | | 地面 | 100 | 150 | 200 |
| 门厅过道 | | 地面 | 75 | 100 | 150 |
| 观众厅 | 影院 | 0.75m 水平面 | 30 | 50 | 75 |
| | 剧场 | 0.75m 水平面 | 50 | 75 | 100 |
| 观众休息厅 | 影院 | 0.75m 水平面 | 50 | 75 | 100 |
| | 剧场 | 0.75m 水平面 | 75 | 100 | 150 |
| 贵宾室、服装室、道具间 | | 0.75m 水平面 | 75 | 100 | 150 |
| 化妆室 | 一般区域 | 0.75m 水平面 | 75 | 100 | 150 |
| | 化妆台 | 1.1m 高处垂直面 | 150 | 200 | 300 |
| 放映室 | 一般区域 | 0.75m 水平面 | 75 | 100 | 150 |
| | 放映 | 0.75m 水平面 | 20 | 30 | 50 |
| 演员休息室 | | 0.75m 水平面 | 50 | 75 | 100 |
| 排演厅 | | 0.75m 水平面 | 100 | 150 | 200 |
| 声、光、电控制室 | | 控制台面 | 100 | 150 | 200 |
| 美工室、绘景间 | | 0.75m 水平面 | 150 | 200 | 300 |
| 售票房 | | 售票台面 | 100 | 150 | 200 |

表 13-1-2 国内外影院剧场建筑室内照明照度标准值比较表 单位：lx

| 序号 | 类别 | 照度标准 | | | 国内实测可以或满意照度 | 英国 IES 规范 | 澳大利亚室内照明规范 | 日本资料 | 建筑电气设计技术规程 JGJ16—83 | 参考平面及其高度 |
|---|---|---|---|---|---|---|---|---|---|---|
| | | 低 | 中 | 高 | | | | | | |
| 1 | 门厅 | 75 ~ 100 ~ 150 | | | 40 ~ 141 | 75 | 100 | 150 ~ 300 | 50 ~ 100 | 0.75m 水平面 |
| 2 | 观众厅（剧院） | 50 ~ 75 ~ 100 | | | 30 ~ 139 | 100 | | 上演时 2 ~ 5 | 20 ~ 50 | |

续表

| 序号 | 类别 | 照度标准 | | | 国内实测可以或满意照度 | 英国IES规范 | 澳大利亚室内照明规范 | 日本资料 | 建筑电气设计技术规程JGJ16—83 | 参考平面及其高度 |
|---|---|---|---|---|---|---|---|---|---|---|
| | | 低 | 中 | 高 | | | | | | |
| 3 | 观众厅（影院） | 30 ~ | 50 ~ | 75 | 30 ~ 139 | 50 | 50 | 150 ~ 300 | 20 ~ 50 | |
| 4 | 观众休息厅（剧院） | 75 ~ | 100 ~ | 150 | 112 | | | | 75 ~ 150 | |
| 5 | 观众休息厅（影院） | 50 ~ | 75 ~ | 100 | 112 | | | | 75 ~ 150 | |
| 6 | 贵宾室 | 75 ~ | 100 ~ | 150 | 135 | | | | | |
| 7 | 演员休息室 | 50 ~ | 75 ~ | 100 | 45 ~ 12 | | | | | |
| 8 | 排演厅 | 100 ~ | 150 ~ | 200 | | | | | | |
| 9 | 服装室 | 75 ~ | 100 ~ | 150 | | | | | | |
| 10 | 道具间 | 75 ~ | 100 ~ | 150 | 133 | | | | | |
| 11 | 化妆台 | 150 ~ | 200 ~ | 300 | 台面 315 ~ 495 垂直面 154 ~ 354 | | | | 50 ~ 100 | 1.1m 水平面 |
| 12 | 化妆室 | 75 ~ | 100 ~ | 150 | | | | | | 0.75m 水平面 |
| 13 | 放映室 | 75 ~ | 100 ~ | 150 | 50 ~ 172 | 150 | | 75 ~ 150 | 20 ~ 50 | 0.75m 水平面 |
| | 放映时 | 20 ~ | 30 ~ | 50 | | | 200 | 10 ~ 30 | | |
| 14 | 声、光控制室 | 100 ~ | 150 ~ | 200 | 100 ~ 375 | 150 | | | | 控制台 |
| 15 | 美工室、绘景室 | 150 ~ | 200 ~ | 300 | 500 | | 400 | | 75 ~ 150 | 0.75m 水平面 |
| 16 | 售票房 | 100 ~ | 150 ~ | 200 | 79 ~ 319 | 300 | | 300 ~ 700 | | 售票台面 |
| 17 | 治安办公室 | 75 ~ | 100 ~ | 150 | | | | | | 0.75m 水平面 |

## 13.2 照明及其设备的选择

观演建筑室内照明设计所涉及的范围极广，内容也很多，其核心是舞台的照明设计。因此，照明设计师不仅要掌握照明设计的相关技术，还应掌握和了解舞台建筑结构、舞台艺术及与其相关的知识。

舞台照明是一种独特的灯光造型艺术，用现代照明和多媒体手段将四季晨昏的自然景象以及人物的感情等形象逼真地表现出来。舞台照明设计应能够满足各演出剧种、舞蹈、音乐、会议、电影等功能的要求。

### 13.2.1 演出内容与照明方式

各种功能要求的照明方式是根据舞台的演出内容不同而异，各种演出内容的照明方式如表 13-2-1 所示。

表 13-2-1　　各种演出内容的照明方式

| 演出种类 | 照 明 方 式 |
|---|---|
| 歌舞 | 以均匀的白色光为主，有较少的灯光变化 |
| 古典芭蕾 | 背景较多，部分均匀照明。为突出立体感进行多方向照射，有较多的照明变化 |
| 歌剧 | 立体舞台照明。以局部照明为主，要求光量丰富 |
| 现代舞 | 立体舞台照明。以局部照明为主，明暗变化多，变化迅速 |
| 音乐会 | 音响效果第一，照明次之，以均匀的白色光为主 |
| 讲演及会议 | 以均匀的白色光为主，对讲台进行照明 |
| 短剧 | 舞台装置多，照明效果要求高，使用多种照明器具，较多的灯饰配合演出变幻 |

舞台灯光选择时，还应注意以下 4 点：

（1）表演区照明灯光的光源一般应采用 2000 ~ 3200K 的溴钨灯泡，以提高色光的浓度、纯度及白光的透明度。

（2）采用造型灯，提高舞台表演区灯光的可控性和灯光的造型性。

（3）部分灯具加装换色器，以提高灯光变化的自由性。

（4）选择强光灯，如回光灯和螺纹灯，增强侧光和逆光的作用，来体现人物造型和意境。

## 13.2.2　舞台照明的设计程序

舞台照明设计应严格按既定设计程序有条不紊地开展，科学合理的设计程序是提高设计效率，保障设计质量，创作设计精品的重要手段。舞台照明设计程序如图 13-2-1 所示。

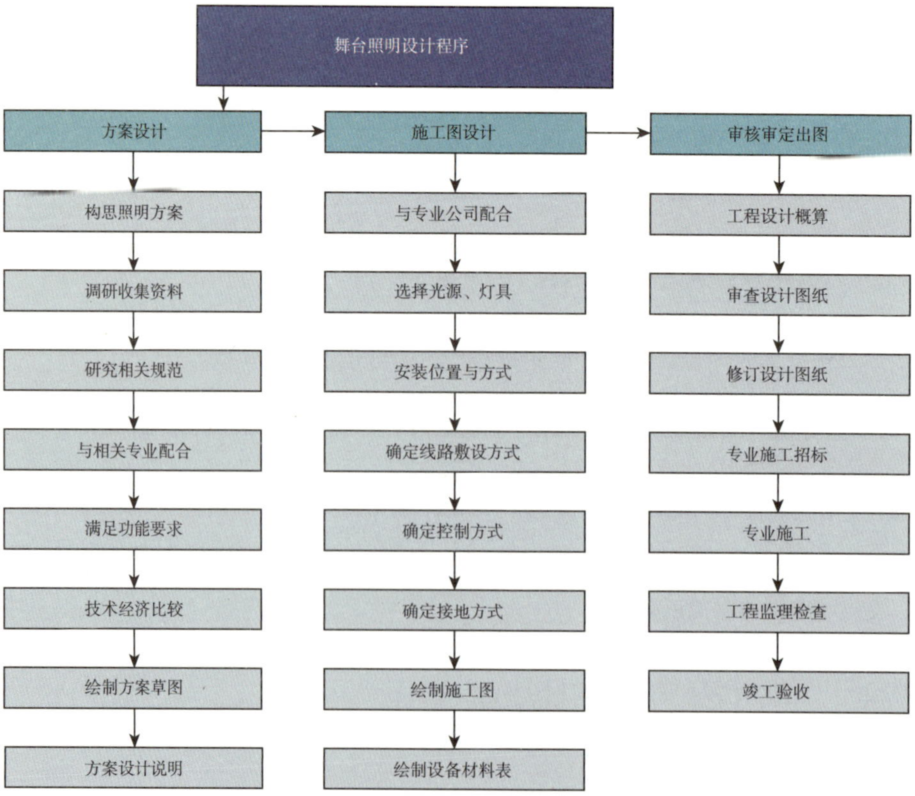


图 13-2-1　舞台照明设计程序示意图

## 13.2.3 舞台的灯光配置

图 13-2-2 ~ 图 13-2-4 所示为灯光布置的几个案例。

### 13.2.3.1 面光的配置

面光主要用于照亮舞台前部表演区，对舞台表演者起到正面照明的作用，供表演者造型用或使舞台上的物体呈现立体效果。主要采用灯具有聚光灯、成像灯、回光灯等。为了满足一些综合性歌舞晚会对面光的要求，需要配上换色器，演出通常需要四种颜色，如深蓝、淡蓝、暖色及白光。因此，配上换色器是很必要的，而且还可以满足其他颜色的需要。

图 13-2-2 舞台的灯光配置

第一道面光光轴与大幕线夹角应为 50°，射至表演区中心为 30° ~ 45°。第二道面光光轴与大台唇前沿夹角为 50° ~ 60°。面广桥净高不小于 2m，射光口 800 ~ 1200mm，设保护网，网孔对角线为 35 ~ 45mm，铁丝直径为 1.5mm。桥内应地面平整，绝缘，防火，饰面应为深色，不反光，工作时不发生抖动，活荷载大于 2.5kN/m$^2$（如设置大型追光应适当增加）。面广桥应有方便通道与耳光室、天桥、灯控室相通。

图 13-2-3 中国国家大剧院音乐厅照明

图 13-2-4 音乐厅室内照明

### 13.2.3.2 耳光的配置

从舞台两侧耳光室投向舞台的灯光，作为舞台前侧方向的造型光，用以加强人物和景物造型的立体感，形成前侧面的照明效果。在歌剧演出中，耳光的光束控制非常重要。主要采用的灯具有聚光灯、成像灯、回光灯等。配上换色器更方便、灵活地满足演出的需要。

耳光光轴应能射至表演区中心线的 2/3 处，或大幕线后 6m 处。耳光室应分层设置，最下层应高出地面 2.5m。每层净高应大于 2.1m，射光口与层高同高，置护网。内墙面应为深色，不反光。各层间有运灯具的通道。

### 13.2.3.3 侧光的配置

侧光从台口两侧照射表演区，用以补充面光、耳光的不足，形成光的方向感，可以作为演员面部的辅助照明，加强舞台层次。侧光采用的灯具有小功率聚光灯、成像灯、柔光灯、回光灯等。

在建筑台口内侧，或者假台口侧框上可设置台口内侧光。如无假台口设施则在台口两侧设梯光架架设内侧光，梯光架可做成活动的或固定的。

天桥侧光光轴与舞台中心线夹角应在 35° ～ 50° 之间，从侧幕间射出。大型舞台专用灯光吊笼或支架，可前后上下移动，也可用天桥扶手装设桥光灯。

#### 13.2.3.4 顶光的配置

视剧场大小灯光可设置 2 ～ 5 道。大剧场射灯光渡桥，一般剧场用吊杆。

顶光设在舞台上空，每隔几米设置一道顶灯，电源从舞台顶棚由多芯软电缆下垂供电，灯的吊杆两侧设有容纳电缆的缆线篮，灯具吊挂在灯吊杆的下边，其作用是对舞台纵深的表演空间进行照明，灯具可根据不同演出的需要配置。主要采用的灯具有聚光灯、成像灯、回光灯、散光灯等。

第一道顶光通常设置在台口内上部或假台口上框上，一般为通道或渡桥型，宽度应大于 1m。设置在台口内上部时应注意使其不妨碍沿幕或提升式大幕升降。

镜框式舞台设大台唇，大台唇作为重要表演区时，应设置外顶光。

#### 13.2.3.5 天幕区灯光配置

天幕区灯光包括天排灯光与地排灯光。

天排光是以散光投光灯具由上向舞台天幕的上半部分投光，多用于表现天空和渲染背景色彩，也可以运用幻灯制作各种图案效果，有后舞台的也可以采用背投式。主要采用的灯具有散光灯、泛光灯、投影幻灯等。

地排灯是以散射投光灯具由下向上照射舞台天幕的下半部分，多用于渲染背景色彩，使色彩变化更为丰富优美，多与天排光配合使用。地排灯光多隐藏于宽 0.8 ～ 1m 深约 1m 的槽内，方便操作者通行其中，不用时可加盖，与舞台平齐。地排灯主要有散光灯、泛光灯等。

#### 13.2.3.6 追光灯的配置

安装在特制的支架上面，用于追随演员的移动照明，提高观众的注意力。通常设置在观众席后面的两侧，也可以根据需要设置在第一道面光的光槽内。

#### 13.2.3.7 流动光的配置

流动光的灯具安装在移动支架上，根据需要设在舞台两侧的位置，目的是加强气氛，角度可以随时改变，从侧面照射演员。主要采用的灯具有聚光灯、回光灯、柔光灯等。

流动光可根据需要临时设置，为便于供电，应在台侧设加盖的电源盒。

#### 13.2.3.8 灯光控制室

常设置于能够完整地看到舞台上的演出效果的位置，必须有便利的通道与各灯位、机房相通。控制室的窗口应宽大。控制室面积视控制的回路数及设备型号而定。室内不应反光、吸音、有完整的监控与通讯设备，地面平整、绝缘。灯光控制室不应与音响控制室同置一室。

#### 13.2.3.9 岛式、突出式舞台照明

岛式、突出式舞台为开敞式舞台，观演均在同一空间，其照明有别于镜框式舞台。基

本上采用聚光灯群，在舞台上空及观众厅的上空设置灯桥或灯穴，或露明布灯，也可在后墙、侧墙、挑台等处设置灯位。投光角度以 35° ～ 55° 为宜。岛式、突出式舞台布灯时应该考虑避免舞台照明引起观众眩光。

## 13.2.4 舞台灯光的种类

舞台照明是根据舞台的演出内容和性质而分类的，舞台灯光的分类及使用要求见表 13-2-2。

表 13-2-2　　舞台灯光分类及使用要求

| 编号 | 分类 | 安装场所 | 照明目的 | 灯具名称 | 灯泡功率（W） | 使用状态 |
|---|---|---|---|---|---|---|
| 1 | 顶光 | 舞台前部可升降的吊杆或吊桥上 | 对天幕、纱幕、会议照明 | 泛光灯、聚光灯 | 400 ～ 1000 | 可移动 |
| 2 ～ 4 | 顶光 | 舞台前部可升降的吊杆或吊桥上 | 对舞台均匀整体照明，是舞台主要照明灯光 | 无透镜聚光灯、近程轮廓聚光灯、泛光灯 | 300 ～ 1000 | 可移动 |
| 5 | 天排光 | 舞台后天幕上部的吊杆 | 上空布景照明，表现自然现象，要求光色变换 | 泛光灯、投影幻灯 | 300 ～ 1000 | 固定 |
| 6 | 地排光 | 舞台后部地板槽内 | 仰射天幕，表现地平线上的自然现象 | 地排灯、泛光灯 | 400 ～ 1000 | 固定<br>移动 |
| 7 | 侧光 | 舞台两侧天桥上 | 作为面光的补充，演出者的辅助照明，并可加强布景层次透视感 | 无透镜回光灯、聚光灯、柔光灯、透镜聚光灯 | 500 ～ 1000 | 固定<br>移动 |
| 8 | 柱光 | 舞台大幕内两侧的活动台口或铁架上 | 投光照明，投光范围和角度可调节，照明表演区的中后部，弥补面光耳光之不足 | 近程轮廓聚光灯、中程无透镜回光灯 | 500 ～ 1000 | 固定<br>移动 |
| 9 | 流动光 | 舞台口两翼边幕处塔架上 | 追光照明，投光范围和角度可调节，加强表演区局部照明 | 舞台追光灯、低压追光灯 | 750 ～ 1000 | 固定<br>移动 |
| 10 | 一道面光 | 观众厅的顶部 | 投射舞台前部表演区，投光范围和角度可调节 | 轮廓聚光灯、无透镜聚光灯、少数采用回光灯 | 750 ～ 1000 | 固定 |
| 11<br>12 | 二、三道面光 | | | | | |
| 13 | 中部聚光灯 | 观众厅后部 | 主要投射表演者 | 远程轮廓聚光灯 | 750 ～ 2000 | 固定 |
| 14 | 耳光 | 安装于大幕外靠近台口两侧的位置 | 照射表演区，加强舞台布景、道具、人物的立体感 | 轮廓聚光灯、无透镜回光灯、透镜聚光灯 | 500 ～ 1000 | 固定 |
| 15 | 脚光 | 舞台前沿台板处 | 演出者的辅助照明和大幕下部照明，弥补顶光和测光的不足 | 泛光灯 | 60 ～ 200 | 固定 |
| 16 | 成像灯 | 观众厅一层后部 | 表现雨、雪、云、波涛等自然现象的照明器具 | 投影灯 | 70 ～ 1200 | 固定 |
| 17 | 紫外光 | 舞台上空 | 表现水中景象等 | 长波紫外线 | 300 ～ 500 | 移动固定 |
| 18 | 激光 | 舞台两侧 | 可呈现文字图形等千变万化的特技效果，增强艺术魅力 | 激光器 | | 固定 |
| 19 | 电脑灯光 | 舞台两侧 | 任意设定程式<br>任意改变颜色 | | 150 ～ 1200 | |

图 13-2-5 舞台照明灯具的配备

## 13.2.5 照明灯具配备的依据

舞台照明没有一定的模式，因剧种和艺术风格而异。灯具的配备差别也很大，只要条件允许，应尽可能将灯种配足，舞台台面的平均照度不低于500lx。设计方法是先量出各灯位至投射区的射距，根据需要确定光斑的直径，然后查出所需的光束角，据此选择合适的灯具，求出该灯在此射距时的照度。如果单灯的照度不够，可采用多灯叠加的组合形式，如能配备3个组以上的灯具，则能满足一般演出的需要。如图13-2-5所示。

## 13.2.6 照明灯具的配备

### 13.2.6.1 泛光灯

泛光灯具有光利用率高，光照范围广，光线柔和均匀的特点，配上滤色片可获得所需颜色的光。舞台照明用的泛光灯一般设计成一排灯，进行大面积照明。舞台的局部效果照明，采用可调角度的单独灯具。泛光灯在舞台照明的范围内不能有光斑和显著的光斑边缘痕迹。泛光灯可用作顶光排灯、脚光灯、天幕灯等。

（1）顶光排灯多在舞台上部吊式安装，灯具可组成数列。为了维修和调整色片的方便，一般都采用电动或手动升降方式，升降机构由工厂的定型产品配套供应。顶光排灯最适合舞台整体均匀照明，是表现剧情的必要设备。因此，一般剧场在舞台上部布置数列，特别是舞剧、音乐、短剧、会议等作为整体均匀照明，多采用此类灯具照明。

（2）脚光灯是嵌入在舞台前部地面的照明器具。平时盖板关闭，脚光灯隐蔽设置在舞台地面内，演出需要时将盖板打开，灯具旋转出地面，作为辅助光从下部进行照射，弥补顶光、侧光之不足，消除演员前方的阴影，闭幕时投向大幕，改变大幕颜色，并达到均匀照明的目的。特别是歌舞等剧种，对表演者的面部和服饰进行照明，增强艺术效果。

（3）天幕灯多用来对舞台天幕背景进行均匀地照明，是剧情纵深场面的重要照明设备。通过天排光和地排光的灯具向天幕进行照明。配上灯光换色器，可对剧情的四季变化，朝、昼、夕、夜等的一天的变化，对天气的自然景象具有重要的表现作用。

### 13.2.6.2 聚光灯

聚光灯是舞台基本灯具，其投光范围比泛光灯窄，在投光范围内可以调节光线的强弱，其光斑中间亮、边缘暗，俗称“软光斑”。调节分为光源移动式和透镜移动式两种，通过调节改变投光面的照度变化，获得局部投光效果。聚光灯一般用于面光、耳光、侧光、柱光、顶光、追光等照明。

### 13.2.6.3 柔光灯

用螺纹透镜，光斑均匀，散光较大，常配用挡光板，适合短距离使用，如台口内的各个灯位。

#### 13.2.6.4 造型灯

光分布均匀，光斑边缘清晰，可采用造型板、造型片来改变光斑的形状。用于需要对光进行严格控制的场合，较难于衔接。

#### 13.2.6.5 追光灯

是舞台上最亮、最重、结构最复杂的灯具。具有光斑软、硬可调，孔径形象可变，色彩可换等功能。小型的用于台口内，大型的用于台口外各灯位，直至剧场的最末端。

#### 13.2.6.6 效果照明器具

效果照明是表现雨、雪、云、波涛、火焰等现象的照明器具，也可为歌舞、戏剧的背景进行效果照明，是现代舞台非常重要的照明手段。效果照明器与一般的幻灯机不同，它体积大、亮度强，可以进行投影，是舞台专用的投影器具。其原理与普通的投影器相同。

#### 13.2.6.7 配线器具

舞台灯具容量一般为. 500 ~ 2000W，个别灯具为3000 ~ 5000W。舞台灯具一般均采用专用插座的方式配电。舞台上部一般采用固定式插座箱，将专用插座固定在箱内或走线槽上。

#### 13.2.6.8 移动灯具的配线

舞台上部吊装的照明器具及其他移动灯具应采用多芯移动电缆，伴随着灯具移动。

## 13.3 观演建筑辅助空间室内照明设计

### 13.3.1 观众厅、前厅、休息厅及其他场所的照明

#### 13.3.1.1 观众厅照明

观众厅内照明灯具的布置形式繁多，应配合室内设计选配灯具，使观众厅内获得均匀照度和装饰效果，满足各种功能需求（图13-3-1 ~ 图13-3-3）。同时，还应注意如下两点。

（1）演出开始时，调光灯光渐渐暗下来，演出结束时，调光灯光渐渐亮起来，这两个过程一般采用自动控制。但应注意演出过程中观众厅光源的亮度要低，观众不能有眩目感，尤其是对楼上就座的观众更应注意，以免影响观看效果。

（2）光源不能在观众的视野内。观众厅内的灯光可设调光和非调光两部分。调光光源一般应采用白炽灯及卤钨灯比较容易实现，且一次投资少。非调光部分宜采用总线式控制方式，工作人员可随时随地进行控制，演出时自动切换到调光控制。厅内的照明器具应能从顶棚内进行检查维修，更换光源。

图13-3-1 观众厅照明一

观众厅两侧的墙壁上可设置壁灯，既可加

强两侧通道的照度，又可起到装饰点缀的作用，壁灯光源应采用调光控制，与顶灯同时操控。两侧墙的下部离地面300mm处应设置安全电压的脚光灯和排号指示灯，此类照明显示灯可采用发光二极管或电场致发光板等低照度、低能耗、长寿命显示光源。厅内各出口设置疏散出口标志灯，在通向前厅及两侧的对外出口的通道、走廊、楼梯通道的上部或侧墙壁应设置疏散指示照明灯，供应急时疏散观众用，疏散指示照明灯可采用发光二极管光源。在观众厅的前面还应设置固定的中文显示屏，显示屏可采用发光二极管，发布有关告示。

图 13-3-2 剧院观众厅照明二

图 13-3-3 电影院观众厅照明三

#### 13.3.1.2 前厅、休息厅照明

前厅、休息厅是空间艺术的主要表现场所，照明设计应根据室内设计风格及照度标准的要求选择灯具和光源，常以组合灯饰为主，多采用节能控制，一般应采用集中与分散控制相结合的方式，有条件的建筑可采用总线式控制方式或利用调光总线系统进行控制。

前厅是观众进入观众厅的过渡场所，白天进场有一个暗适应过程，出场有一个明适应过程，作为过渡厅，应注意控制灯光的照度，不应使相邻空间有太大的照度落差。

#### 13.3.1.3 其他场所的照明

舞台的两侧、舞台后面的通道、大道具放置场所、舞台下部地下室等及其他与舞台无隔墙的场所，所设置灯具的光线不能有较大的眩光，以免妨碍舞台的演出效果。舞台的两侧、下部地下室的照明器具应在两处以上的地方进行控制。

观众厅的出入口一般不宜设置照明灯，可设置低照度的地脚灯，避免在演出中光线射入观众眼界。

多功能的影剧院还应设置舞台会议灯，当作为会议使用时，除开少量的顶光灯、面光灯外，很少开舞台调光灯。因此，舞台会议灯的控制箱一般设在舞台内侧，便于操作的位置。

## 13.3.2 调光系统及调光装置

#### 13.3.2.1 调光系统

目前，舞台调光系统均采用可控硅调光器。可控硅调光装置体积小、操作方便、控制灵活简便。近几年基本上采用计算机网络控制技术，总线传输控制方式，操作更为灵活，调节精度也大为提高，并可实现智能控制。

1. 系统的主要功能和特点

（1）简化控制线路，布线简单，操作方便。

（2）硬件结构组合灵活，有软件可编程。

（3）具有场景控制、时钟控制、程序控制、现场程序修改、灯光调节功能。

（4）具有良好的开放性，可与其他控制系统联网。

（5）延长光源使用寿命，系统具有软启动功能。

2. 系统控制方式的组合及选择

可根据工程的实际情况，采用如下3种方式：

（1）强电互补式手动调光系统。该系统适用于回路较少、规模较小的多功能小厅、小型影剧院。

（2）强电补充式记忆调光系统。该系统适用于以演剧为主的大剧场、一般小剧场、音乐厅、餐厅剧场等。

（3）数字调光系统。这种方式除了在记忆装置中储存调光数字外，还具有一些辅助功能，均采用计算机控制，这种全数字的控制方式可以实现高精度的调光，而且控制设备体积小，操作方便灵活，使用于各类性质、规模的剧场，是未来调光控制的方向。

### 13.3.2.2　调光装置

调光装置是舞台灯光设备的核心。调光回路的多少一般是根据舞台规模的大小而定。

### 13.3.2.3　灯光网络系统

灯光网络系统由高速网络与智能数字控制设备组成。采用以太网与DMX网并存的设计方式，双信号灯光系统既满足了当前的使用要求，又为将来的系统升级换代和新技术发展留有充分的余地。

双信号灯光系统可以提供信息交流平台，它覆盖剧场及管理部门，各场所之间的网络既相对独立，又可整体控制，也可以方便地与互联网连接。

采用以太网灯光信号控制系统，可以充分利用人力、物力资源，使软、硬件资源共享成为可能。不仅实现管理一体化，有效降低经营成本，而且为设备今后更新换代提供一个极为实用的平台，其特点如下：

（1）布线统一，维护方便。超五类线可以同时传输TCP/IP、DMX等多种数字信号，速度快，缆线间采用网络集线器连接，系统升级简便。

（2）通过网络达到资源共享，主、备灯控台同步实时运行，最大限度地保障演出。利用局域网和互联网可进行数字化的模拟显示及编辑等，节省装台、布光、彩排时间，提高剧院的使用效率。

（3）监控系统功能强大。有别于传统的模拟和其他数字检测系统，以太网络可以接受庞大的信息量，所传输的信息不仅速度快，而且类型丰富，如图像、音乐、数据等，图文并茂。通过用户等级配置（含多级密码保护功能），可全方位地实施异地检测、监视、修改和控制。

（4）降低运营成本，提高经济效益。

（5）DMX512和以太网线缆统一，系统升级只需要更换集线器，资源共享，使用相应软件可对所有硬件实施监控，还可实现远程或离线编辑，完成灯光创意设计，缩短装台时间，提高灯光系统的使用率，更加合理地提高设备的利用率。

#### 13.3.2.4 调光设备位置的选择

调光设备的各种配电盘之间及到灯具的配线应力求最短，因此，合理地选择位置是很重要的。调光操作控制室一般设在观众厅的侧面或后面，高于舞台且容易观察舞台演出的位置。控制室前视野应宽阔，一般设置大玻璃观察窗。调光配电室与照明控制室之间有较多的控制线，因此两室之间应尽量就近设置，降低线路传输距离。而调光配电室应在舞台最近的地方设置，因为从调光柜至舞台灯具的管线极多，两处越近，线路传输距离越短，线路损耗越小，工程造价越经济。

当主配电盘、调光柜、分配电盘之间的配线较多且较集中时，应采用电缆桥架或地槽集中敷设，同槽敷设的强弱电之间应采用隔板隔离。

# 第14章 室内设计中的应急照明

应急照明作为室内照明设施的一部分，同人身安全和建筑物、设备安全密切相关。目前，国家和行业规范对应急照明都有明确规定。

# 14.1 应急照明的分类

按 CIE 出版物《应急照明指南》及我国 GBJ 133—90《民用建筑照明设计标准》、GB 50034—92《工业企业照明设计标准》的规定，应急照明分为以下三类。

## 14.1.1 备用照明

正常照明因故障熄灭后，需确保正常工作或活动继续进行的场所，应设置备用照明。备用照明的照度值除另有规定外，不低于该场所一般照明照度值的 10%；备用照明还应视继续工作或生产、操作的具体条件、持续性和其他特殊需要，选取较大的照度。如医院手术室内的手术台，由于其操作的重要性和精细性，而且持续工作时间较长，就需要和正常照明相同的照度；又如国家的大会堂、国际会议厅、贵宾厅、国际体育比赛场馆等，由于其重要性，需要和正常照明相等或接近的照度。在这些情况下，往往是利用全部正常照明，在电源故障时自动转换到应急电源供电。

### 14.1.1.1 需要装设的场所

（1）由于照明熄灭而不能进行正常生产操作，或生产用电同时中断，不能立即进行必要处置，可能导致火灾、爆炸或中毒等事故的生产场所。

（2）由于照明熄灭不能进行正常操作，或生产用电同时中断，不能进行必要的操作，处置，可能造成生产流程混乱，或使生产设备损坏，或使正在加工、处理的贵重材料、零部件损坏的生产场所。

（3）照明熄灭后影响正常视看和操作，将造成重大政治、经济损失的场所，如重要的指挥中心、通信中心、广播中心、电视台、区域电力调度中心、发电与中心变配电站。供水、供热、供气中心，铁路、航空、航运等交通枢纽。

（4）照明熄灭影响活动的正常进行，将造成重大政治、经济影响的场所，如国家级大会堂、国宾馆、国际会议中心、展览中心、国际和国内比赛的体育场馆、高级宾馆、重要的剧场和文化中心。

（5）照明熄灭将影响消防工作进行的场所，如消防控制室、消防泵房、应急发电机房等。

（6）照明熄灭将无法进行营运、工作和生产和较重要的地下建筑和无天然采光建筑，如人防地下室、地铁车站、大中型地下商场、重要的无窗厂房等。

（7）照明熄灭可能造成较大量的现金，贵重物品被窃的场所，如银行、储蓄所的收款处，重要商场的收款台、贵重商品柜等。

（8）疏散楼梯（包括防烟楼梯间前室）、消防电梯及其前室，合用前室，高层建筑避难层（间）等。

（9）照明熄灭后可能会产生严重交通事故的特殊场所，如较长隧道的照明等。

（10）需要继续进行和暂时进行生产或工作的其他重要场所。

#### 14.1.1.2 装设要求

（1）利用正常照明的一部分以至全部作为备用照明，尽量减少另外装设过多的灯具。

（2）对于特别重要的场所，如大会堂、国宾馆、国际会议中心、国际体育比赛场馆、高级饭店，备用照明要求等于或接近正常照明的照度，应利用全部正常照明灯具作备用照明，正常电源故障时能自动转换到应急电源供应。

（3）对于某些重要部位，某个生产或操作地点需要备用照明的，如操纵台、控制屏、接线台、收款处、生产设备等，常常不要求全室均匀照明，只要求照亮这些需要备用照明的部位，则宜从正常照明中分出一部分灯具，由应急电源供电，或电源故障时转换到应急电源上。

### 14.1.2 安全照明

正常照明因故障熄灭后，需确保处于潜在危险中的人员安全的场所，应设置安全照明。安全照明的照度值不低于该场所一般照明照度值的5%。

#### 14.1.2.1 需要装设的场所

（1）照明熄灭，可能危及操作人员或其他人员安全的生产场地或设备，应设安全照明。

（2）高层公共建筑的电梯内。

（3）医院的手术室、抢救危重病人的急救室等。

#### 14.1.2.2 装设要求

安全照明往往是为某个工作区域或某个设备需要而设置，一般不要求整个房间或场所具有均匀照明，而是重点照亮某个或几个设备、工作区，根据情况，可利用正常照明的一部分或转为某个设备、区域而单独装设。

### 14.1.3 疏散照明

正常照明因故障熄灭后，需确保人员安全疏散的出口和通道，应设置疏散照明。疏散通道的疏散照明的照度值不低于0.5lx。

#### 14.1.3.1 疏散照明的功能

（1）明确、清晰地标示疏散路线及出口或应急出口的位置。

（2）为疏散通道提供必要的照明，保证人员能安全向出口或应急出口行进。

（3）能容易看到沿疏散设置的火警呼叫设备和消防设施。

#### 14.1.3.2 需设疏散照明的室内空间

应该根据建筑物的层数，规模及复杂程度，更应考虑建筑物内聚集的人员多少，以及这些人员对该建筑物的熟悉程度等因素综合确定。以下各类建筑物设置疏散照明：

（1）人员密集的公共建筑，如大会堂、剧场、电影院、文化宫、体育场馆、展览馆、博物馆、美术馆、候机楼、大中型候车厅、大中型商场、大中型医院、学校等。

（2）大中型饭店、旅馆及餐饮建筑。

（3）高层建筑，特别是高层公共建筑。

（4）地下建筑和无天然采光建筑，如地铁车站、地下商场、地下旅馆、地下娱乐场所、人防建筑及其他地下公共建筑，大面积无天然采光工业厂房等。

（5）特别重要的、人员众多的、大型工业生产厂房等。

（6）公共建筑内的疏散走道和居住建筑内长度超过20m的内走道；当疏散距离最近安全出口大于20m或不在人员视线范围内时，应设置疏散指示标志照明。

### 14.1.3.3 疏散照明的布置

1. 出口标志灯的布置

（1）装设部位：建筑物通向室外的出口和应急出口处；多层、高层建筑的各楼层通向楼梯间那一侧；公共建筑中人员聚集的观众厅、会堂、展览厅、休息厅的出门口等。

（2）装设要求：出口标志灯应装在上述出口门的内侧，楼梯间那一侧。消防电梯的前室的出口门处；比赛馆、展览厅等通向疏散通道或前厅、侧标志面应朝向疏散通道，而不应朝向室外；通常装设在出口门的上方，当门上方太高时，宜装在门侧边；安装离地面高度2.2～2.5m为宜；出口标志灯的标示面的法线应与沿疏散通道行进的人员的视线平行；出口标志灯一般在墙上明装，如标志面与出口门所在墙面平行（或重合），建筑装饰有需要时，宜嵌墙暗装。

2. 指向标志灯的布置

（1）装设部位：凡在疏散通道的各个部位，如不能直接看到出口标志者，或距离太远，难以辨认出口标志者，应在疏散通道的适当位置装设指向标志灯，以指明疏散方向；当人员疏散到指向标志处时，应能看清出口标志，否则要再增加指向标志灯。因此，指示灯通常安装在疏散通道的拐弯处或交叉处；当疏散通道太长时，中间应增加指向标志，指向标志的间距不宜超过20m。高层建筑的楼梯间，还应在各层设指示楼层层数的标志。指向标志灯尽量和疏散照明灯结合考虑，可兼作疏散照明灯之用。

（2）装设要求：指向标志灯通常安装在疏散通道的侧面墙上，通道拐弯处，外侧墙上。安装高度离地面1m以下，亦可装在2.2～2.5m高处。安装在1m以下时，灯外壳应有防止机械损伤措施和防触电的措施；标志灯应嵌墙安装，突出墙面不宜超过50mm，并应有圆角。

3. 疏散照明灯的布置

（1）疏散通道的疏散照明灯通常安装在顶棚下，需要时也可安装在墙上。

（2）应与通道的正常照明结合，一般是从正常照明分出一部分以至全部，作为疏散照明。

（3）灯的离地安装高度不宜小于2.3m，但也不应太高。

（4）疏散照明在通道上的照度应有一定的均匀度，通常要求沿通道中心线的最大照度不超过最小照度的40倍。为此，应选用较小功率灯泡（管）和纵向宽配光的灯具，适当减小灯具的间距。

（5）疏散楼梯，消防电梯的疏散照明灯应安装在顶棚下，并保持楼梯各部位的最小照度。

（6）灯的装设位置要注意能使人们看到疏散通道侧的火警呼叫按钮和消防设施。

一般疏散标志灯的布置原则如图14-1-1所示。应急灯如图14-1-2~图14-1-5所示。应急照明实例如图14-1-6和图14-1-7所示。

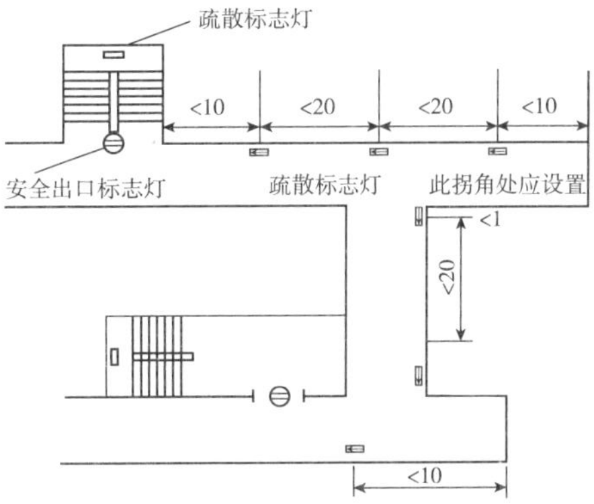


图14-1-1 一般疏散标志灯的布置原则（单位：m）

图14-1-2 应急照明组件、应急标志灯、应急照明灯

图14-1-3 应急标志灯

图14-1-4 应急照明灯

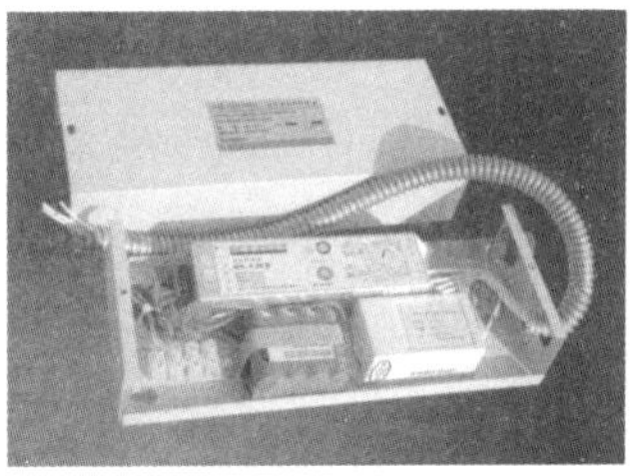

图14-1-5 应急照明组件

注：图14-1-3、图14-1-4、图14-1-5中是“三雄·极光”消防应急照明系列产品中的部分产品。图14-1-3是一款应急标志灯PAK-Y01-106S01，该产品的特性是采用进口高亮度的LED，特别省电，整灯耗电仅为2.5W；采用优质镍－镉电池，电池容量大，可连续充放电500~1000次；集成电路控制，有完善的过充电、过放电保护；采用开关电源电路设计、性能稳定，产品能适用宽松电压环境；采用进口阻燃塑料，氧指数符合国标要求，消防安全有保障。

图14-1-6 应急照明实例一

图14-1-7 应急照明实例二

# 14.2 应急照明的设备

## 14.2.1 应急照明的光源

应急照明的光源一般使用白炽灯、荧光灯、卤钨灯、LED、电致发光光源，其中，白炽灯和卤钨灯适用于非持续运行的安全照明，而荧光灯、LED、电致发光光源等因为较符合节能要求，多用于持续运行的应急照明。应急照明不应使用高强气体放电灯。

## 14.2.2 应急照明的灯具

### 14.2.2.1 应急照明的灯具应该符合国家标准 GB 17945—2000《消防应急灯具》的规定

国家标准 GB 17945—2000《消防应急灯具》中将应急照明的灯具作了如下的分类。

1. 按供电形式分类

（1）自带电源型。

（2）集中电源型。

（3）子母电源型。

2. 按用途分类

（1）标志灯。

（2）照明灯。

（3）照明标志灯。

3. 按工作方式分类

（1）持续型。

（2）非持续型。

4. 按实现方式分类

（1）独立型。

（2）集中控制型。

（3）子母控制型。

### 14.2.2.2 疏散标志的图形、文字、颜色、尺寸

疏散标志灯的标志面的背景应使用绿色，图形、文字使用白色。如果因为室内装饰的需要，或为了和室内空间中的其他标志相协调时，也可采用绿色图形、文字白色背景。

颜色的深浅，应遵守 GB 2893《安全色》和 GB 2894《安全标志》的规定。

标志面板的图形、文字呈现的最低亮度不应小于 15cd/m$^2$，最高亮度不应超过 300cd/m$^2$，同时，要求任何一个标志面上的最高亮度不应超过最低亮度的 10 倍。

应急照明灯具规格及要求应符合国家 GB 17945—2000《消防应急灯具》的规定。

疏散指示灯的推荐尺寸可参见表 14-2-1。

### 14.2.2.3 疏散标志灯的结构要求

疏散标志灯的面板应为阻燃材料制作，面板以外的其他部分应使用金属或其他难燃材

料制造，且牢固可靠。外壳不得预留多余空隙。

表 14-2-1　　疏散指示灯的推荐尺寸

| 灯型 | 文字标志尺寸（mm） | | 面板尺寸（mm） | | 文字笔画宽（mm） | 视距（m） |
|---|---|---|---|---|---|---|
| | A | B | C | D | E | |
| 特大型 | 270 | 按设计要求 | 380 | > 1000 | 32 | ⩾ 36 |
| 大型 | 185 | | 270 | 1000 ~ 500 | 22 | 27 |
| 中型 | 125 | | 185 | 500 ~ 350 | 15 | 18 |
| 小型 | 85 | | 125 | < 350 | 10 | 12 |

## 14.2.3　应急照明的供电

1. 供电电源

应急照明为供正常照明电源故障时使用，因此应由与正常照明电源分开的独立电源供电，可以选用以下几种方式的电源：

（1）来自电力网有效地独立与正常电源的馈电线路，如分别接自两个区域变电所，或接自有两回路独立高压线路供电的变电所的不同变压器引出的馈电线。

（2）专用的应急发电机组。

（3）蓄电池组，包括集中或分区集中设置的，或灯具自带的蓄电池组。

（4）上述三种方法中两种以至三种电源的组合。

对于不特别重要的场所，上述独立的馈电线路难以实现时，允许根据使用条件适当放宽要求，可将应急照明电源与正常照明电源接自不同变压器乃至同一变压器引出的不同低压馈线。

2. 各种供电电源的特点和选用原则

（1）独立的馈电线路，特点是容量大，转换快，持续工作时间长，但重大灾害时，有可能同时遭受损害。这种方式通常是由工厂或该建筑物的电力负荷或消防的需要而决定的。工厂的应急照明电源多采用这种方式，重要的公共建筑也常使用这种方式，或该方式与其他方式共同使用。

（2）应急发电机组，特点是容量比较大，持续工作时间比较长，但转换慢，需要常维护。一般是根据电力负荷，消防及应急照明三者的需要综合考虑，单独为应急照明而设置往往是不经济的。对于难以从电网取得第二电源又需要应急电源的工厂及其他建筑，通常采用这种方式，高层或超高层建筑通常是和消防要求一起设置这种电源。

（3）蓄电池组，特点是可靠性高，灵活、方便，但容量较小，持续工作时间短。选用原则如下：

1）特别重要的公共建筑，除有独立的馈电线路作应急电源外，还可设置或部分设置蓄电池作疏散照明电源。

2）重要的公共建筑或金融建筑，商业建筑中的安全照明或要求快速点亮的备用照明，当来自电网的馈电线作电源可靠性不够时，可增设蓄电池电源。

3）中小型公共建筑、电力负荷和消防没有应急电源要求，而自电网取得备用电源有困难或不经济时，应急照明电源宜用蓄电池。

4）对于已有来自电网的独立馈线作应急电源的工业建筑和其他建筑，其备用照明应接自电力负荷的应急电源线路，通常不采用蓄电池，如消防泵房。

5）工厂的备用照明电源，除有特殊要求者外，一般不采用蓄电池。

（4）两种以上电源组合的方式，通常只限于在重要的或特别重要的公共建筑，超高层建筑中使用，由于其建筑费用高，必须根据其重要性和特殊要求确定。

3. 转换时间和转换方式

（1）转换时间：按 CIE 规定，当正常照明电源故障后，转换到由应急电源供电点亮的时间要求如下。

疏散照明：不大于 15s。

安全照明：不大于 0.5s。

备用照明：不大于 15s，对于银行，大中型商场的收款台，商场贵重物品销售柜的备用照用；不大于 1.5s。

（2）转换方式：采用独立的馈电线路或蓄电池作应急照明电源时，正常照明电源故障时，对于安全照明，必须自动转换；对于疏散照明和备用照明，通常也应自动转换。采用应急发电机组时，机组应处于备用状态，并有自动启动装置。正常电源故障时，能自动启动并自动转换到应急系统。

4. 持续工作时间

用来自电网的馈电线作应急照明电源，通常能保证足够的持续工作时间；用应急发电机时，应根据应急照明、特别是备用照明持续工作时间要求和电力负荷要求，备足燃料；用蓄电池时，则应按持续工作时间要求，确定蓄电池的容量。

持续工作时间如下：

（1）疏散照明：按 GBJ 45—82《高层民用建筑设计防火规范》规定，应急持续工作时间不应小于 20min。但对于特别重要的建筑、超高层公共建筑等，不宜小于 30min，甚至更长时间。

（2）安全照明和备用照明：其持续工作时间应根据该场所或生产操作的具体需要确定。如生产车间某些部位的安全照明，一般不小于 20min 可满足要求；而医院手术室的备用照明，持续时间往往要求达 3 ~ 8h；生产车间的备用照明，作为停电后进行必要的操作和处理设备停运的，可持续 20 ~ 60min，按操作复杂程度而定，作为持续维持生产的，应持续到正常电源恢复；对于通信中心，重要的交通枢纽，重要的宾馆等，要求持续到正常电源恢复。

# 第15章 绿色照明与节能

目前，中国的建筑总面积达400多亿$m^2$，预计到2020年还将新增建筑面积约300亿$m^2$。而现有建筑中的99%属于高耗能建筑，其中写字楼的平均能耗更是欧洲国家的7～8倍，是日本的10倍。如果不以节能为导向，新增的能源需求将达到11亿t煤，相当于4.5个三峡发电站的发电量。而建筑耗能中的用电大户——照明，大约占了全球用电量的19%。全球如果都使用节能照明设备，一年中就可以节省1200亿欧元的开支，相当于可以节省18亿桶石油，从二氧化碳排放量上说可以减少6.3亿t。全球就可减少相当于中国二氧化碳排放总量的1/5，美国的1/9。

绿色照明与节能势在必行。

# 15.1 绿色照明与节能

## 15.1.1 绿色照明与节能的概念

### 15.1.1.1 绿色照明

人口、资源和环境是当前世界各国普遍关注的重大问题，它关系到人类社会经济的可持续发展，而其中的资源和环境与照明关系最为密切。

20世纪70～80年代，全球面临能源危机，国际上环境保护浪潮兴起，节约能源，保护全球环境即成为全人类的共识。能源危机引起国际社会特别是一些发达国家对照明节能的重视，一些国家相继提出诸多照明节能的原则并积极采取相应措施。“绿色照明（Green Lights）”、“绿色照明计划（Green Lights Program）”等全新理念和举措就是在这样的背景下，于1991年，由美国环保局（EPA）率先提出，其后，大批绿色照明工程采用民间合作的方式被积极推进和实施，成效良好，这很快得到联合国等国际组织机构的关注和支持，联合国及诸多国家相继制定照明节能政策和照明节能标准以及具体技术对策。目前，绿色照明工程在一些国家已取得越来越大的社会、经济和环境效益。绿色照明实质上是全球兴起的节约能源，保护环境的绿色行动的组成部分。绿色照明的前景广阔，有巨大的发展潜力。大力度、全方位实施绿色照明是我国今后照明科技的长远发展目标。

绿色照明是节约能源、保护环境，有利于提高人们生产、工作、学习效率和生活质量，促进身心健康的照明。绿色照明要以人为本，为人们创造舒适、安全、有益身心健康的光环境。

绿色照明是指通过科学的照明设计，采用效率高、寿命长、安全和性能稳定的照明电器产品（电光源、灯用电器附件、灯具、配线器材以及调光控制和控光器件），改善人们工作、生活、学习条件和质量，从而创造一个高效、舒适、安全、经济、有益的环境，充分体现现代文明的照明。

#### 15.1.1.2 节能

《中华人民共和国节约能源法》中所称“节能”，是指“加强用能管理，采取技术上可行、经济上合理以及环境和社会可以承受的措施，减少从能源生产到消费各个环节中的损失和浪费，更加有效、合理地利用能源”。

该法强调“国家鼓励、支持节能科学技术的研究和推广，加强节能宣传和教育，普及节能科学知识，增强全民的节能意识。”在该法中规定了“任何单位和个人都应当履行节能义务，有权检举浪费能源的行为。”

《中华人民共和国节约能源法》规定有关节能的国家标准是由国务院标准化行政主管部门制定的。

《中华人民共和国节约能源法》还规定对尚无国家标准的，国务院有关部门可以依法制定有关节能的行业标准，并报国务院标准化行政主管部门备案。制定有关节能的标准应当做到技术上先进，经济上合理，并不断加以完善和改进。

国务院管理节能工作的部门会同国务院有关部门对生产量大面广的用能产品的行业加强监督，督促其采取节能措施，努力提高产品的设计和制造技术，逐步降低本行业的单位产品能耗。

我国的节能的认证工作由中国节能产品认证管理委员会管理。该委员会是根据《中华人民共和国产品质量认证管理条例》和《中华人民共和国节约能源法》的有关规定成立的。又是国家质量监督检验检疫总局授权国家经贸委牵头组建的，代表国家对节能产品实施认证的唯一机构。管理委员会按照国家有关法律、法规和规章及有关国际公约、惯例，结合节能工作特点进行认证活动，采用国内统一、国际上通用的第三方认证制度。

我国的节能产品的标志由“能”的英文“energy”的第一个字母“e”构成一个圆形图案，中间包含了一个变形的汉字“节”，寓意为节能，如图 15-1-1 所示。凡带有这种标识的产品均为节能产品，节能照明产品上也有这种标识。

图 15-1-1 我国节能产品的标志

目前我国对许多照明产品进行了节能认证。节能产品认证是依据相关的标准和技术要求，经节能产品认证机构检测确认并通过颁布节能产品认证证书和节能标志，证明某一产品为节能产品的活动。企业可根据自愿的原则，向国家节能产品认证中心申请节能产品认证。

开展照明产品节能认证是我国绿色照明工程促进项目的重要组成部分。目前，已经开展认证的照明产品包括：自镇流荧光灯、单端荧光灯、双端荧光灯、高压钠灯、金属卤化物灯、管形荧光灯用镇流器、高压钠灯用镇流器和金属卤化物灯用镇流器。今后还将陆续开展发光二极管 (LED) 等其他照明产品的节能认证工作。

## 15.1.2 实施绿色照明的必要性

人口、资源和环境是世界各国普遍关注的问题，它对人类经济社会的可持续发展有深远的影响。我国改革开放 30 多年来，经济快速发展，但能源资源短缺、环境污染的矛盾也日益突出。贯彻落实科学发展观，节能减排，建设节约型社会，促进经济又好又快发展，已成为全国当前和今后相当长一个时期确立的发展战略。

绿色照明的宗旨是提高照明质量，节约能源，保护生态环境，以获得显著的经济效益、社会效益和环境效益。实施绿色照明正是建设节约型社会的一项重要措施。

中国于 1996 年开始实施《中国绿色照明工程实施方案》，2001 年，原国家经贸委与国际组织合作开发的中国绿色照明工程促进项目，已圆满完成，成效显著。

中国目前已制定常用照明光源及其镇流器能效标准，住宅、公共建筑以及工业建筑的照明节能标准，开展了国家实验室照明电器产品的一致性比对，强化了测试能力，以多种形式和渠道宣传绿色照明的意义和好处，努力提高国民的节能环保意识。组织了专业性及绿色照明教育和培训，开展节能认证和标识工作。通过开展大宗采购、供需侧（DSM）照明节能试点和质量承诺等活动，为照明节电积累了宝贵经验，为节电产品推广奠定了良好的基础。（供需侧也称需求侧管理，英文名称：Demand Side Management。DSM 是指在政府法规和政策的支持下，采取有效的激励和引导措施以及适宜的运作方式，通过发电公司、电网公司、能源服务公司、社会中介组织、产品供应商、电力用户等共同协力，提高终端用电效率和改变用电方式，在满足同样用电功能的同时减少电量消耗和电力需求，达到节约资源和保护环境，实现社会效益最好、各方受益、最低成本能源服务所进行的管理活动。）

#### 15.1.2.1 实施绿色照明是节能的需要

人工照明主要来源于由电能转换为光能，而电能又大多来自于化石燃料的燃烧。据目前估算，地球上的石油、天然气和煤炭的可采年限有限，世界能源不容乐观。节约能源，对于地球资源的保存，延长其枯竭年限，实现人类社会可持续发展具有重大意义。

我国照明用电约占全国发电量的 13%，目前已达到每年 3000 多亿 kWh，约为 3 个三峡电站的总发电量。据统计，2001 ~ 2010 年全国绿色照明工程已经累计节电 1033 多亿 kWh，实现照明节能 10% 左右，成效可喜。

但令人担忧的是，我国人均照明用电量平均只有 180kWh，与发达国家年人均照明用电量约为 1200kWh 相比较，明显处于处于严重偏低水平，因此照明总用电量每年都在不断增长，未来用电需求量大的惊人，足见节约能源任务之艰巨。

#### 15.1.2.2 实施绿色照明是环保的需要

电是一种二次能源，它必须消耗一次能源（煤炭、石油、天然气、水力、核能等）以火力发电、水力发电、核能发电等方式才能获得。在我国，火力发电装机容量约占总装机容量的 75 %，并且主要以煤炭为发电原料。用此方式，在发电过程中，会产生大量二氧化硫、氮氧化物等有害气体以及粉尘等污染物，造成地球的臭氧层破坏、地球变暖、酸雨以及粉尘污染等问题。地球变暖的因素中，50% 是由二氧化碳形成的，而地球上大约 80% 的二氧化碳来自煤炭等化石燃料的燃烧。美国有专业资料显示，每节约 1kWh 的电能，可减少大量大气污染物，参见表 15-1-1 所示。由此可见，节约电能，对于环境保护的意义重大。通过绿色照明工程，节约照明用电量，就可以相应减少发电过程中污染物的排放量。

采用新型高效光源，还可以减少灯管内汞的含量，减少破碎废弃照明产品向环境排放的有毒物质，也可以达到环境保护的目的。

实施绿色照明，抑制光污染，可以保护人们的生活环境，保护动植物，保护生态环境。

表 15-1-1　　每节约 1 kWh 的电能，可减少的空气污染物的传播量

| 燃料种类＼空气污染物 | $SO_2$ (g) | $NO_x$ (g) | $CO_2$ (g) |
|---|---|---|---|
| 燃煤 | 9.0 | 4.4 | 1100 |
| 燃油 | 3.7 | 1.5 | 860 |
| 燃气 | — | 2.4 | 640 |

#### 15.1.2.3　实施绿色照明是提高照明品质的需要

提高照明品质，应以人为本，有利于生产、工作、学习、生活和保护身心健康。人类长期在自然光下生活，人眼对自然光的适应性好，自然光条件下的视觉灵敏度高于人工光的 5% ~ 20% 以上。实施绿色照明，充分利用自然光，采用高效优质的照明电器产品，有利于构建舒适、安全的光环境，提高人们的工作和生活质量。具体体现在照明的照度应符合该场所视觉工作的需要，而且有良好的照明质量，如照度均匀度、良好的眩光限制和光源的显色性以及较长使用寿命等。

节约能源和保护环境必须以保证数量和质量为前提，创造有益于提高人们生产、工作、学习效率和生活质量，保护身心健康的绿色照明，为达此目的，采用高光效的光源、灯具和电器附件以及科学合理的照明设计是至关重要的。

### 15.1.3　照明节能原则

照明节能是一项系统工程，要从提高整个照明系统的效率来考虑。照明光源的光线进入人的眼睛，最后引起光的感觉，这是复杂的物理、生理和心理过程，欲达到节能的目的，必须从组成节能系统的各个因素加以分析考虑，以提出节能的技术措施。

当前国际上认为，在考虑和制订节能政策、法规和措施时，所遵循的原则是，必须在保证有足够的照明数量和质量的前提下，尽可能节约照明用电，这才是照明节能的唯一正确原则。照明节能主要是通过采用高效节能照明产品，提高质量，优化照明设计等手段，达到受益的目的。

为节约照明用电，国际照明委员会（CIE）特提出 9 条节电原则：

（1）根据视觉工作需要，决定照明水平。

（2）得到所需照度的节能照明设计。

（3）在考虑显色性的基础上采用高光效光源。

（4）采用不产生眩光的高效率灯具。

（5）室内表面采用高反射比的材料。

（6）照明和空调系统的热结合。

（7）设置不需要时能关灯或灭灯的可变装置。

（8）不产生眩光和差异的人工照明同天然采光的综合利用。

（9）定期清洁照明器具和室内表面，建立换灯和维修制度。

### 15.1.4　中国涉及照明节能的现行标准和规范

1999 年 11 月 1 日我国第一个照明产品能效标准 GB 17896—1999《管形荧光灯镇流

器能效限定值及节能评价值》由国家技术监督局正式批准和发布。随后，我国又先后发布和实施了涉及照明节能规定的关于光源和镇流器等照明产品的标准和规范分别有:《普通照明用双端荧光灯能效限定值及能效等级》、《普通照明用自镇流荧光灯能效限定值及能效等级》、《单端荧光灯能效限定值及节能评价值》、《高压钠灯能效限定值及能效等级》、《高压钠灯镇流器能效限定值及节能评价值》、《金属卤化物灯镇流器能效限定值及能效等级》和《金属卤化物灯能效限定值及能效等级》等。

以上这些标准分别对产品的能效限定值和节能评价值（能效等级、目标能效限定值）作了规定。所谓能效限定值就是产品的能效应不低于此数值，否则就不可以进入市场。所谓节能评价值（能效等级、目标能效限定值）是希望产品所应具有的能效数值。

我国已发布的能效标准皆为强制性国家标准。涉及照明节能规定的关于照明设计的标准和规范有:《建筑照明设计标准》、《城市道路照明设计标准》、《城市夜景照明设计规范》等。

我国的照明设计标准中所规定的各类建筑在不同场所的照明照度数值或亮度数值，是经过大量科学实验验证并经过实践证明的合理结果。按照这样的标准来进行设计就能够满足功能需要。若再要无限制提高标准，对视觉功能没有什么太大的作用，反而会造成能源浪费。

但是，现在很多场所的照明往往超过照明标准所规定的数值，例如，某些办公大楼、商场、道路、广告、景观等照明，就有设计照度值超过照度标准值的现象，造成能源浪费。另外，因照明方式的选择不合理也有可能造成能源浪费。例如，在同一场所的不同区域有不同照度要求时，为贯彻照度有高有低的原则，采用分区一般照明，使整体的能耗很高。所以正确执行照明设计标准是实施照明节能的前提，实施照明节能与执行照明设计标准不是对立的。

作为照明节能的评价标准，以上几个标准分别规定了被照明房间、场所、建筑物立面夜景照明的照明功率密度值（现行值和目标值），即被照明房间、场所、建筑物立面单位面积上所消耗的照明电功率上限。

照明功率密度值（LPD 是英文 Lighting Power Density 的缩写），是在上述照明设计标准中采用的一个重要评价指标。该标准规定了我国 7 类建筑主要照明场所的最大功率密度值（LPD），即每平方米建筑面积照明用电功率限定指标。这 7 类建筑包括居住、办公、商业、旅馆、医院、学校和工业建筑。

除居住建筑外，其他 6 类建筑照明场所的功率密度值，在标准中被规定为强制性照明节能评价指标。该标准的颁布充分反映了为满足我国全面建设小康社会的新形势和新要求，有必要把照明水平和照明质量提升到一个新的水准，同时反映了照明用电必须致力于提高能效，最大限度地节约电能，促进资源和环境的保护，以适应我国的能源形势和经济社会的可持续发展的总要求。

## 15.2 实施照明节能的技术措施

根据《国务院关于加强节能工作的决定》要求，要充分认识加强节能工作的极端重要性和紧迫性，用科学发展观统领节能工作，加快构建节能型产业体系，着力抓好重点领域的节能工作，大力推进节能技术进步，加大节能监督管理力度，建立健全节能保障机制，加强节能管理队伍建设和基础工作，切实加强节能工作的组织领导。政府、城市照明主管部门等应认真贯彻国务院的决定，建立完善的监管制度和措施，密切配合，协调联动；照明行业、照明设施用户、社会各界以至广大市民，也应增强节约用电、保护环境的意识，共同促进照明的绿色与节能工作，以满足人民群众需要，实现全面建设小康社会和国民经济的可持续发展。

## 15.2.1 绿色节能照明的主要内容

从绿色照明工程系统的观点来看，绿色节能照明包括了完善的法规政策和管理体制、合理规范的照明专项规划、高效节能的照明电器产品、先进科学的现代照明技术、节能环保的照明系统等主要内容。

（1）完善的法规政策和管理体制是绿色照明工程的保证。

（2）合理规范的照明专项规划是实施绿色照明工程的依据。

照明规划确定了照明发展的目标和主题，规定了照明建设和管理的基本原则，是节约能源、保护生态、提高照明质量、改善人居环境的前提条件，是实施照明工程建设的基础和依据。

（3）高效节能的照明电器产品是绿色照明工程的基础。

没有高效节能的照明电器产品，绿色照明工程就是一句空话。劣质的节能灯和电子镇流器等照明电器产品，在使用过程中不能达到光效、寿命等相关的技术指标，既不节能，也不节约；损坏以后如果处理不当，还会成为电子垃圾，并可能造成汞等有害物质对环境的污染，不仅不能实现绿色照明，还可能带来严重的隐患，结果适得其反。

（4）科学的照明技术是实施绿色照明工程的手段；实现绿色照明，要有好的光源质量，还要有科学的照明技术，两者缺一不可。科学的照明技术应符合以下要求：消除眩光，控制污染；照度合理，分布均匀；根据照明环境，实现照明目的；充分合理地利用天然光；科学的维护管理设计。

（5）绿色与节能必须贯穿于整个系统。

绿色照明工程是一个完整的系统，照明建设和管理全过程的每一个方面、每一个环节都必须坚持绿色照明、节能环保的理念。

## 15.2.2 照明节能的主要技术措施

照明节能是一项系统工程，要从提高整个照明系统每个环节的效率来考虑问题。

照明节能的主要技术措施如下所述。

### 15.2.2.1 正确确定照明标准

GB 50034—2004《建筑照明设计标准》中的低、中、高3档照度范围值，综合诸多条件因素，参照国际照明委员会（CIE）照度标准的规定，其照度值基本与国际标准接轨。为了节约电能，在照明设计时，应根据工作、生产、学习和生活对视觉的要求确定照度，具体说要根据识别对象大小、亮度对比以及作业时间长短、识别速度、识别对象是静态和动态、视看距离、年龄大小确定照度。在新照明标准中，根据视觉工作的特殊要求以及建筑等级和功能的不同，不论满足几种条件，可按照度标准值分级只能提高或降低一级的规定，即选用的照度值，贯彻该高则高或该低则低的原则。此外，还规定了设计的照度值与照度标准可有 ±10 的误差，使照度标准值的选择具有一定灵活性。

#### 15.2.2.2 合理选择照明方式

（1）尽量采用混合照明。照明设计中尽量采用混合照明方式，有益于被照物的光色主次分明，视觉效果虚实相生，空间延展感良好，也有益于节约能源，在技术经济方面是合理的。

（2）采用分区一般照明。在同一场所不同区域有不同照度要求时，为节约能源，贯彻所选照度在该区该高则高和该低则低的原则，就应采用分区一般照明方式。

（3）采用加强照明。在高大的房间或场所可采用一般照明与加强照明相结合的方式，在上部设一般照明，在柱子或墙壁下部装壁灯照明，比单独采用一般照明更节能。

（4）内透光照明方式有利于同时解决夜间室内和室外的照明需要，有利于节约投资和节约电能。

#### 15.2.2.3 合理使用高光效照明光源

光源光效由高向低排序为低压钠灯、高压钠灯、金属卤化物灯、三基色荧光灯、普通荧光灯、紧凑型荧光灯、高压汞灯、卤钨灯、普通白炽灯。

除光效外，当然还要考虑显色性、色温、使用寿命、性能价格比等技术参数指标合适的基础上选择光源。

为节约电能，合理选用光源的主要措施如下。

1. 要尽量减少白炽灯的使用量

白炽灯因其安装使用方便，价格低廉，目前在国际上以及我国的生产和使用量仍占照明光源的首位，但因其光效低、寿命短、耗电高，应尽量减少其使用量。一般情况下，室内外照明不应采用普通照明白炽灯，在特殊情况下需采用时，不应采用 100W 以上的白炽灯泡。最好采用光效稍高的双螺旋白炽灯、充氪白炽灯、涂反射层白炽灯或小功率卤钨灯。双螺旋灯丝型白炽灯的光通量比单螺旋灯丝型白炽灯的提高约 10%。在防止电磁干扰、开关频繁、照度要求不高、点燃时间短和对装饰有特殊要求的场所，可采用白炽灯。

2. 推广使用细管径（≤ 26mm）的 T8 或 T5 直管形荧光灯或紧凑型荧光灯

目前，T8 荧光灯管与传统的 T12 荧光灯相比，节电量达 10%。T5 荧光灯管与 T8 荧光灯管相比，不但管径小，大大减少了荧光粉、汞、玻管等材料的使用，而且普遍采用稀土三基色荧光粉发光材料，并涂敷了保护膜，光效明显提高。如 28WT5 荧光灯管光效约比 T12 荧光灯提高 40%，比 T8 荧光灯提高约 18%。

细管径直管形荧光灯光效高、启动快、显色性好，特别是要推广使用稀土三基色荧光灯。T5 灯在欧洲的一些国家的应用已占荧光灯的 70%。选用细管径荧光灯比粗管径荧光灯节电约 10%，选用中间色温 4000K 直管形荧光灯比 6200K 高色温直管形荧光灯约节电 12%。紧凑型荧光灯光效较高、寿命长、显色性较好，安装简便。随着生产技术的发展，已有H形、U形、螺旋形和外形接近普通白炽灯的梨形产品，使其能与更多的装饰性灯具通用。用它取代白炽灯，可节约电能。

3. 积极推广高光效、长寿命的金属卤化物灯等灯具品类

金属卤化物灯是光效较高（75 ~ 95lm/W）的高强气体放电灯，同时它的寿命长（8000 ~ 20000h），显色性好，因而其应用量日益增长，特别适用于有显色性要求的较大空间。可广泛应用于工业照明、城市景观工程照明、商业照明和体育场馆照明等领域。

4. 逐步减少高压汞灯的使用量

因高压汞灯光效较低、寿命也不太长、显色指数不高，所以今后不宜大量推广使用。不应采用光效低的自镇流高压汞灯。

5. 扩大发光二极管（LED）的应用

LED的特点是寿命长、光利用率高、耐振、温升低、低电压、显色性好和节电。适用于装饰照明、建筑夜景照明、标志或广告照明、应急照明及交通信号灯等。目前5W的LED，其光效达30 ~ 401m/W，具有广阔的应用前景。

6. 选用符合节能评价值的光源

目前我国已制定了双端荧光灯、单端荧光灯、自镇流荧光灯、高压钠灯以及金属卤化物灯的能效标准，在选用照明光源时，应选用符合节能评价值的光源，以满足节能的要求。

### 15.2.2.4　合理选用高效率节能灯具

1. 选用高效率灯具

在满足眩光限制、配光要求、减少光污染的条件下，荧光灯灯具效率不应低于：开敞式的为75%、带透明保护罩的为65%、带磨砂或棱镜保护罩的为55%和带格栅的为60%。高强度气体放电灯灯具效率不应低于：开敞式的为75%、格栅或透光罩的为60%、泛光灯具不应低于65%。间接照明灯具（荧光灯或高强度气体放电灯）的效率不宜低于80%。高强度气体放电灯的投光灯具效率不应低于55%（带格栅或透光罩的灯具）。

2. 选用控光合理灯具

根据使用场所条件，采用控光合理的灯具，使灯具出射光线尽量照在照明场地上。如蝙蝠翼式配光灯具、块板式高效灯具等，块板式灯具可提高灯具效率5% ~ 20%。

3. 选用光通量维持率好的灯具

应选用光通量维持率高的灯具和灯具反射器表面的反射比高、透光罩的透射比高的灯具。如选用涂二氧化硅保护膜、反射器采用真空镀铝工艺和蒸镀银光学多层膜反射材料以及采用活性碳过滤器等，以提高灯具效率。

4. 选用灯具光利用系数高的灯具

使灯具发射出的光通量最大限度地落在工作面上，利用系数值取决于灯具效率、灯具配光、室空间比和室内表面装修色彩等。

5. 尽量选用不带附件的灯具

灯具所配带的格栅、棱镜、乳白玻璃罩等附件引起光输出的下降，灯具效率降低约50%，电能消耗增加，不利于节能，因此最好选用开敞式直接型灯具。

6. 采用照明与空调一体化灯具

采用此类灯具的目的在于在夏季时将灯所产生的热量可排出50%～60%，以减少空调制冷负荷20%；在冬季利用灯所排出的热量，以降低供暖负荷。利用此类灯具，约可节能10%。

#### 15.2.2.5 正确选择光源附件

1. 应选择功耗低、性能好和安全可靠的镇流器

目前，在我国绝大多数气体放电灯使用传统型电感镇流器，其优点是寿命长、可靠性高和价格相对低廉，而其缺点是体积大、重量重、自身功率损耗大，约为灯功率的20%～25%，有噪声、功率因数低、灯频闪等，是一种不节能的镇流器。

电子镇流器的优点是节能，其自身功耗低，只有3～5W的功耗、高功率因数、灯光效率高、重量轻、体积小、启动可靠、无频闪、无噪声、可调光、允许电压偏差大等。缺点是目前生产成本较高导致产品价格相对较高。从长远利益来看，电子镇流器值得大力推广应用。

节能型电感镇流器是采用低耗材料，其能耗介于传统型和电子型之间，在我国有较普遍的应用。有条件时尽量采用节能型电感镇流器或电子镇流器，以节约电能。

2. 气体放电灯配电感镇流器时，应设置电容补偿

气体放电灯配电感镇流器时，所设置的电容补偿功率因数应不小于0.85。有条件时，宜在灯具内装设补偿电容，以降低线路能耗和电压损失。

#### 15.2.2.6 正确选择照明控制方式

（1）室内、道路照明、广场和庭院照明应采用自动控制，如采用光控、时控、程控或几种控制相结合的控制方式。

（2）建筑与景观夜景照明可采用平日、一般节假日和重大节假日的分挡照明控制方式。

（3）道路照明可采用双光源灯，下半夜关掉一盏灯，也可采用下半夜能自动降低灯泡功率的镇流器，以降低灯泡消耗的功率。

（4）采用低电压供电时，宜用控制线或单电源控制方式。

（5）控制灯列与窗平行，有利于利用天然光：按车间、工序分组控制，方便使用，可以按需关闭不需要的灯光；报告厅、会议厅等场所，是为了在使用投影仪等设备时，关闭讲台和邻近区段的灯光。

（6）每个开关控制的灯具数量宜少一些，有利于节能，也便于维修。通常，较小的房间每个开关可控1～2支灯泡（管），中等大小房间每个开关可控3～4支灯泡（管），较大房间每个开关可控4～6支灯泡（管）。

（7）在一些智能建筑或者档次较高的场所，条件允许时，可以采用调光、调压等自控措施，有利节约电能。

#### 15.2.2.7 加强照明维护与管理

（1）定期进行照明维护，换下非燃点光源或光衰较大的光源。

（2）定期清洗灯具，以保证有较高的光通量输出。

#### 15.2.2.8 合理设计照明的供配电系统

（1）配电箱位置应尽量设在靠近负荷中心，并靠近电源侧。

（2）三相配电干线的各相负荷应分配平衡，最大相负荷不应超过二相负荷平均值的115%，最小相负荷不应小于平均值的 85%。

（3）照明负荷宜采用三相供电，当负荷很小时，可采用单相供电，线路负荷电流值不宜超过 30A。

（4）照明单相分支回路负荷不宜超过 16A，当采用大功率气体放电灯时，不宜超过30A。

（5）照明配电干线的功率因数不宜低于 0.9；气体放电灯宜装设补偿电容，功率因数不宜低于标准值。

（6）功率在 1000W 以上的高强度气体放电灯宜采用电压为 380V 的灯泡。

（7）应有独立的配电线路供电，中间不宜连接其他用电负荷。

（8）公共建筑和工业建筑的公共场所，宜采用集中控制，为了节能，宜按建筑使用条件和天然光状况分区、分组控制。体育馆、影剧院、候机厅、报告厅等公共场所应采用集中控制，并按需要采取调光或降低照度的控制措施。天然采光良好的场所，应按场所照度自动开关灯或调光。大中型建筑可采用集中或集散、多功能或单一功能的自动控制系统。大中型建筑的配电设计，应预留独立的供夜景照明配电回路。

分户计算用电量，有利于节电。建立照明运行和维护管理控制。

（9）照明配电干线和分支线应采用铜芯绝缘导线或电缆，分支线截面不应小于 1.5 $mm^2$，有利于用电安全，提高可靠性，同时降低线路电能损耗。

（10）照明配电线路的截面积应满足载流容量和允许电压损失的要求。从配电变压器到灯头的电压损失值不宜大于额定电压的 5%。

过高的电压将使照度过分提高，会导致光源使用寿命降低和能耗过分增加，不利节能；而过低的电压，使照度降低，影响照明质量。照明灯具的端电压不宜大于其额定电压的 105%，一般工作场所不宜低于其额定电压的 95%。

（11）照明单相回路及两相回路，其中性线截面应和相线截面相等；主要供电给气体放电灯的三相配电线路，中性线截面不应小于相线截面。

#### 15.2.2.9 建筑环境与节能

太阳能是无污染的可再生资源，每天送到地球表面的辐射能大约相当于 2.5 亿万桶石油。在可能条件下，应尽可能积极利用天然光能，以节约电能，其主要措施如下：

（1）房间的采光系数或采光窗地面积比应符合《建筑采光设计标准》的规定。

（2）室内的天然光照度，随室外天然光的变化，宜自动调解人工照明照度。

（3）在经济技术条件允许的情况下，宜采用各种导光装置，如导光管光导纤维等，将光引入室内进行照明。或采用各种反光装置，如利用安装在窗上的反光板和棱镜等使光线折向房间的深处，提高照度，节约电能。

图 15-2-1 中所示就是光纤采光系统将自然的太阳光在不进行能量转换的前提下，经聚光采光器高效汇集后直接由传光光纤传输至使用场所采光的示意图。光纤采光系统运用光电传感技术，精密跟踪太阳，灵敏性高、无探

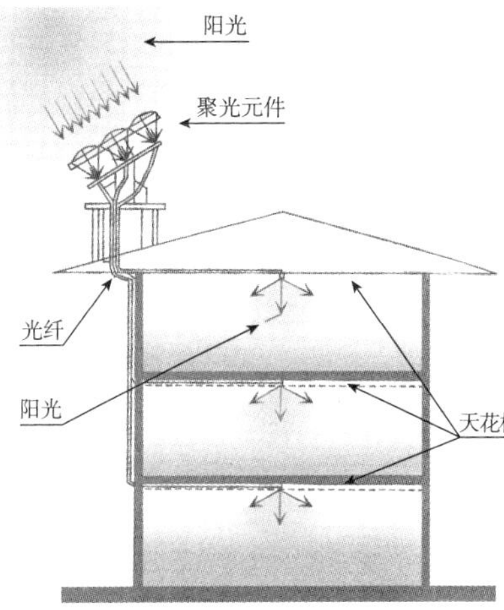

图 15-2-1 光纤采光系统安装与传输示意图
（图片改绘自：张文进. 开发天然采光新技术 推进绿色照明新发展 [K]. 中国照明工程年鉴，2011）

测盲区。光纤采光系具有体积小、采光传输距离远（超过100m）、采光面积大（目前单套系统采光面积最大已经做到20$m^2$以上。）、借助于光纤可以形成比较丰富的照明方式、对建筑结构破坏性小、现场施工可操作性强等优点。

（4）有条件时宜利用太阳能作为能源。太阳能取之不尽、用之不竭，虽一次性投入大但是维护和运行费用低，符合节能和环保要求。太阳能利用技术与市场的发展，对于缓和愈演愈烈的一次性能源的危机，减少环境污染，已经产生积极的经济和社会效益。

（5）提高室内外各表面的反射比，以提高照度，节约电能。

# 附　录

# 附录 1

## 照明设计常用术语

1. 辐射

能量以电磁波或离子形式发射或传播的过程。这些电磁波或离子形式亦称辐射。

2. 光

任何可能直接引起视觉的辐射，亦称可见辐射。它的光谱范围没有明确的界线，一般波长 $\lambda$ 为 380 ~ 780nm（$10^{-9}$m）之间。

3. 绿色照明

绿色照明是节约能源，保护环境，有益于提高人们生产、工作、学习效率和生活质量，保护身心健康的照明。

4. 视觉作业

在工作和活动中，对呈现在背景前的细部和目标的观察过程。

5. 光通量

根据辐射对标准光度观察者的作用导出的光度量，对于明视觉有

$$\Phi = K_m \int_o^{\infty} \frac{d\Phi_e(\lambda)}{d\lambda} \upsilon(\lambda) d\lambda$$

式中 $\frac{d\Phi_e(\lambda)}{d\lambda}$——辐射通量的光谱分布；

$\upsilon(\lambda)$——光谱光（视）效率；

$K_m$——辐射的光谱（视）效能的最大值，单位为流明每瓦特（lm/W）。在单色辐射时，明视觉条件下的 $K_m$ 值为 683lm/W（$\lambda_m$=555nm 时）。

该量的符号为 $\Phi$，单位为流明（lm），1lm=1cd·1sr。

6. 流明

光通量的 SI 单位，符号为 lm。1lm 等于均匀分布 1cd 发光强度的一个点光源在一球面度（sr）立体角内发射的光通量。

7. 发光强度

发光体在给定方向上的发光强度是该发光体在该方向的立体角元 d$\Omega$ 内传输的光通量 d$\Phi$ 除以该立体角元所得之商，即单位立体角的光能量共公式为

$$I = \frac{d\Phi}{d\Omega}$$

该量的符号为 $I$，单位为坎德拉（cd），1cd=1lm/sr。

8. 坎德拉

发光强度的 SI 单位，符号为 cd。它是国际单位制 7 个基本量值单位之一。

9. 亮度

由公式 $d\Phi/(dA\cos\theta d\Omega)$ 定义的量，即单位投影面积上的发光强度，其公式为

$$L = d\Phi / (dA\cos\theta d\Omega)$$

式中 $d\Phi$——由给定点的束元传输的并包含给定方向的立体角 d$\Omega$ 内传播的光通量；

$dA$——包括给定点的射束截面积；

$\theta$——射束截面法线与射束方向间的夹角。

该量的符号为 $L$，单位为坎德拉每平方米（cd/m$^2$）。

10. 亮度因数

在规定的照明和观察条件下，表面上某一点在给定方向的亮度因数等于该方向的亮度与同一照明条件下，全反射或全透射的漫射体的亮度之比。

11. 照度

表面上一点的照度是入射在包含该点的面元上的光通量 $d\Phi$ 除以该面元面积 $dA$ 所得之商，即

$$E=\frac{d\Phi}{dA}$$

该量的符号为 $E$，单位为勒克斯（lx），$1lx=1lx/m^2$。

12. 维持平均照度

规定表面上的平均照度不得低于此数值。它是在照明装置必须进行维护的时刻，在规定表面上的平均照度。

13. 照度比

给定表面的照度与作业面上一般照明的照度之比。

14. 参考平面

测量或规定照度的平面。

15. 作业面

在其表面上进行工作的参考平面，也是规定和测量照度的平面。

16. 水平面照度

水平面上一点的照度。

17. 垂直面照度

垂直面上一点的照度。

18. 亮度对比

视野中识别对象和背景的亮度差与背景亮度之比，即

$$C=\frac{\Delta L}{L_b}$$

式中 $C$——亮度对比；

$\Delta L$——识别对象亮度与背景亮度之差；

$L_b$——背景亮度。

19. 识别对象

识别的物体和细节（如需识别的点、线、伤痕、污点等）。

20. 维护系数

照明装置在使用一定周期后，在规定表面上的平均照度或平均亮度的该装置在相同条件下新装时在同一表面上所得到的平均照度或平均亮度之比。

21. 利用系数

作业面（或另外规定的参考平面）上接受的光通量与光源发射的额定光通量之比。

22. 照明方式

照明设备按其安装部位或使用功能构成的基本制式。

23. 一般照明

为照亮整个场所而设置的均匀照明。

24. 分区一般照明

对某一特定区域，如进行工作的地点，设计成不同的照度来照亮该区域的一般照明。

25. 局部照明

特定视觉工作用的、为照亮某个局部而设置的照明。

26. 混合照明

由一般照明与局部照明组成的照明。

27. 正常照明

在正常情况下使用的室内外照明。

28. 应急照明

因正常照明的电源失效而启用的照明。应急照明包括疏散照明、安全照明、备用照明。

29. 疏散照明

作为应急照明的一部分，用于确保疏散通道被有效地辨认和使用的照明。

30. 安全照明

作为应急照明的一部分，用于确保处于潜在危险之中的人员安全的照明。

31. 备用照明

作为应急照明的一部分，用于确保正常活动继续进行的照明。

32. 值班照明

非工作时间，为值班所设置的照明。

33. 警卫照明

用于警戒而安装的照明。

34. 障碍照明

在可能危及航行安全的建筑物或构筑物上安装的标志灯。

35. 频闪效应

在以一定频率变化的光照射下，观察到物体运动显现出不同于其实际运动的现象。

36. 光强分布

用曲线或表格表示光源或灯具在空间各方向的发光强度值，也称配光。

37. 光源的发光效能

光源发出的光通量除以光源功率所得之商，简称光源的光效。单位为流明每瓦特（lm/W）。

38. 灯具

将一个或多个光源发射的光线重新分布，或改变其光色的装置，包括固定和保护光源以及将光源与电源连接所必需的所有部件，但不包括光源本身。

39. 调光器

能改变照明装置中灯的光通量，并调节照度水平的装置。

40. 灯具效率

在相同的使用条件下，灯具发出的总光通量与灯具内所有光源发出的总光通量之比，也称灯具光输出比。

41. 照度均匀度

表示给定平面上照度变化的量。通常用最小照度与平均照度之比表示；有时指最小照度与最大照度之比。

42. 眩光

由于视野中的亮度分布或亮度范围的不适宜，或存在极端的对比，以致引起不舒适感觉或降低观察细部或目标的能力的视觉现象。

43. 直接眩光

由视野中，特别是在靠近视线方向存在的发光体所产生的眩光。

44. 不舒适眩光

产生不舒适感觉，但并不一定降低视觉对象的可见度的眩光。

45. 统一眩光值

它是度量处于视觉环境中的照明装置发出的光对人眼引起不舒适感主观反应的心理参量，其值可按 CIE 统一眩光值公式计算。

46. 眩光值

它是度量室外体育场和其他室外场地照明装置对人眼引起不舒适感主观反应的心理参量，其值可按 CIE 眩光值公式计算。

47. 反射眩光

由视野中的反射引起的眩光，特别是在靠近视线方向看见反射像所产生的眩光。

48. 光幕反射

视觉对象的镜面反射，它使视觉对象的对比降低，以致部分地或全部地难以看清细部。

49. 灯具遮光角

光源最边缘一点和灯具出口的连线与水平线之间的夹角。

50. 显色性

照明光源对物体色表的影响，该影响是由于观察者有意识或无意识地将它与参比光源下的色表相比较而产生的。

51. 显色指数

在具有合理允差的色适应状态下，被测光源照明物体的心理物理色与参比光源照明同一色样的心理物理色符合程度的度量。符号为 $R$。

52. 特殊显色指数

在具有合理允差的色适应状态下，被测光源照明 CIE 试验色样的心理物理色与参比光源照明同一色样的心理物理色符合程度的度量。符号为 $R_i$。

53. 一般显色指数

八个一组色试样的 CIE1974 特殊显色指数的平均值，通称显色指数。符号为 $R_a$。

54. 色温度

当某一种光源（热辐射光源）的色品与某一温度下的完全辐射体（黑体）的色品完全相同时，完全辐射体（黑体）的温度，简称色温。符号为 $T_c$，单位为开（K)。

55. 相关色温度

当某一种光源（气体放电光源）的色品与某一温度下的完全辐射体（黑体）的色品最接近时完全辐射体（黑体）的温度，简称相关色温。符号为 $T_{cp}$，单位为开 (K)。

56. 色品

用色品坐标或主波长和纯度表示的颜色性质。

57. 色表

与色刺激和材料质地有关的颜色的主观表现。

58. 同色异谱

具有同样颜色而光谱分布不同的两个色刺激。

59. 光源量维持率

灯在给定点燃时间后的光通量与其初始光通量之比。

60. 光谱能量分布

用某些辐射量的相对光谱分布描述辐射的光谱特性。光源的光谱能量分布通常是指作为波长的函数的光源光度量（光通量、发光强度等）的光谱密集度。

61. 反射比

在入射辐射的光谱组成、偏振状态和几何分布给定状态下，反射的辐射通量或光通量与入射的辐射通量或光通量之比，符号为 $\rho$ 。

62. 照明功率密度

单位面积上的照明安装功率（包括光源、镇流器或变压器），单位为瓦特每平方米（$W/m^2$）。

63. 室形指数

表示房间几何形状的数值，其计算式为

$$RI=\frac{ab}{h(a+b)}$$

式中 $RI$——室形指数；

$a$——房间宽度；

$b$——房间长度；

$h$——灯具计算高度。

64. 室空间比

北美采用的表示房间几何形状的数值，以符号 $RCR$ 表示，其计算式为

$$RCR=\frac{5\times h(L+W)}{LW}$$

65. 距高比

照明装置中两个相邻灯具中心之间的距离与灯具至工作面的悬挂高度之比。

66. 光污染

人工光对人体健康和人类生存环境造成的不利影响的总称。

67. 视野

当头和眼睛不动时，人眼能观察觉到的空间范围。

68. 视觉作业

在工作和活动中，必须观察的呈现在背景前的细节或目标。

69. 视觉环境

视野中除视觉作业以外的所有部分。

70. 视角

被识别的物体或细节对观察点所形成的张角，通常以弧分来度量。

71. 视觉敏锐度

人眼区分物体或细节的能力，以眼睛刚好可以分辨的两个相邻物体（点或线）的视角的倒数定量表示。

72. 采光系数（昼光因数）

在室内给定平面的一点上，由直接或间接地接受来自天空漫射光产生的照度与同一时刻该天空半球在室外无遮拦水平面上产生的天空漫射光照度之比。

73. 干扰光

由于户外照明设施的溢散光强度、方向或光谱不适当引起人们烦恼、分心或视觉能力下降的光线。

# 附录 2

## 常用电气图形符号

| 名　称 | 图形符号 |
|---|---|
| 球形灯 | |
| 局部照明灯 | |
| 矿山灯 | |
| 安全灯 | |
| 防爆灯 | |
| 防水防尘灯 | |
| 深照型灯 | |
| 广照型灯 | |
| 天棚灯、吸顶灯 | |
| 花灯（吊灯） | |
| 弯灯（马路弯灯） | |
| 壁灯 | |
| 投光灯 | |
| 聚光灯 | |
| 泛光灯 | |
| 荧光灯（日光灯） | 荧光灯一般符号<br>双管灯<br>3 管灯 |
| 防爆荧光灯 | |
| 定时器（限时装置） | |
| 定时开关 | |
| 钥匙开关 | |
| 按钮 | 普通型<br>密闭型<br>防爆型 |
| 单相插座 | |
| 暗插座 | |
| 防水（密闭）插座 | |
| 防爆插座 | |
| 带保护接点的插座（三孔） | 单相插座 |
| 暗装带保护接点的插座 | |
| 防水带保护接点的插座 | |

| 名　称 | 图形符号 |
|---|---|
| 事故照明灯 | |
| 自带电源的事故照明灯（应急灯） | |
| 开关一般符号 | |
| 单极开关 | 明装开关<br>暗装开关<br>防水（密闭）开关<br>防爆开关 |
| 双极开关 | 明装双极开关<br>暗装双极开关<br>防水双极开关<br>防爆双极开关 |
| 三极开关 | 明装三极开关<br>暗装三极开关<br>防水三极开关<br>防爆三极开关 |
| 单极拉线开关 | 暗<br>明 |
| 单极双控拉线开关 | |
| 单极即时开关 | |
| 双控开关（单极三线） | |
| 具有指示灯的开关 | |
| 多拉开关（如用于不同照度） | |
| 调光开关 | |
| 插座箱、插线板、多功能插座 | |
| 多个插座（多功能插座，图中表示 3 个插座） | 形式 1<br>形式 2 |
| 具有保护板的插座 | |
| 具有单极开关控制的插座 | |
| 具有连锁开关的插座 | |
| 具有隔离变压器的插座 | |

续表

| 名　称 | 图 形 符 号 | 名　称 | 图 形 符 号 |
|---|---|---|---|
| 带保护接地插孔的三相插座 | 明装<br>暗装<br>防水<br>防爆 | 电信插座<br>（多媒体插座） | 用下列文字符号区分：<br>TP—电话　PC—电脑<br>TX—电传　TV—电视<br>M—传声器　FM—调频<br>喇叭 |
| 吊扇 | | 抽油烟机排风扇 | |
| 热水器 | | 电阻加热装置 | |
| 感应加热炉 | | 电话有线分路站 | |
| 架空线路 | | 中性线、零线 | |
| 保护线 | | 保护线和零线共用 | |
| 向上配线<br>（由此向上布线） | 如：由 1 楼向 2 楼 | 向下配线<br>（由此向下布线） | |
| 电杆的一般符号 | | 带照明灯的电杆 | 一般符号<br>指出投光方向<br>示出灯具 |
| 动力—照明配电箱 | | | |
| 照明配电箱（屏） | | 信号板、信号箱、信号屏 | |
| 落地配电箱 | | 架空配电箱 | |
| 直流配电屏 | | 多种电源配电箱 | |
| 分线盒 | 可加注：$\frac{A-B}{C}D$<br>A—编号　B—容量<br>C—线序　D—用户线 | 交流配电屏 | |
| | | 室内分线盒 | 内容同上 $\frac{A-B}{C}D$ |
| 室外分线盒 | 内容同上 $\frac{A-B}{C}D$ | 分线箱 | 内容同上 $\frac{A-B}{C}D$ |
| 壁龛分线箱 | 内容同上 $\frac{A-B}{C}D$ | 天线 | |
| 电话 | | 电缆中间接线盒 | |
| 电缆分支接线盒 | | 二分配器 | |
| 三分配器 | | 电缆穿管保护 | 可加注文字符号<br>表示规格数量 |
| 配电室（表示 1 根进线，5 根出线） | | 示出配线照明引出位置 | 一般符号<br>墙上引出 |
| 36V 以下的线路 | | 控制及信号线路 | |
| 挂在钢索上的线路 | | 避雷线（网） | |
| 电源引入线 | | 接地或接零线路<br>（包括避雷接地网） | |
| 接地装置（有接地极） | | 阀型避雷器 | |
| 电铃操作盘 | | 刀开关 | |
| 杆上变压器 | | 安装或敷设标高<br>（m） | 用于室内平面、剖面 ±0.000<br>用于总平面图上的室外地面 ±0.000 |
| 地面出线盒 | | 配电盘编号 | |
| 电钟 | | 配电盘支路编号 | |
| 变电所 | | 移动用电设备的配电箱或插接箱 | |

# 附录 3

## GB/T 9468—2008 灯具分布光度测量的一般要求（摘录）

1. 范围

本标准规定了光度测试的标准条件，并推荐了测试程序，同时为光度实验室的试验和灯具性能数据的表达提供指导。对于实际测试条件不同于标准测试条件的灯具，标准给出了修正系数的测量要求。

本标准适用于大部分类型灯具的光度测试。为极其专业的设施设计的特殊灯具类型，对测量和数据表达有特殊要求时，本标准不能覆盖其特性，应使用补充标准。这些补充标准在本标准适当章条内引 用，并在必要时定义特殊要求和测量条件。

2. 规范性引用文件

下列文件中的条款通过本标准的引用而成为本标准的条款。凡是注日期的引用文件，其随后所有的修改单（不包括勘误的内容）或修订版均不适用于本标准，然而，鼓励根据本标准达成协议的各方研究使用这些文件的最新版本。凡是不注日期的引用文件，其最新版本适用于本标准。

GB/T 2900.65—2004　电工术语　照明（IEC 60050—845：1987，MOD）

GB/T 7002—2008　投光照明灯具光度测试

IEC 60188　高压汞灯　性能要求

IEC 60923　灯的附件　气体放电灯（管形荧光灯除外）用镇流器　性能要求

CIE 43—1979　投光灯的光度特性

CIE 69—1987　照度计和亮度计的方法和特性

CIE 70—1987　绝对光强分布的测量

CIE 84—1989　光通量的测量

3. 术语和定义

GB/T 2900.65—2004 确定的以及下列术语和定义适用于本标准。

3.1　关于灯具的定义

3.1.1　灯具 luminaire

对一个或多个光源发出的光线进行分配、透出或转换的一种器具，它包括支承、固定和保护光源所必需的部件（但不包括光源本身），以及连接电源与光源所必需的电路辅助装置。

3.1.2　（灯具）设计姿态 design attitude（of luminaire）

应用中的倾斜 tilt normal in application

灯具设计的工作姿态（参考制造商的使用说明或常用方式来确定）。

3.1.3　（灯具）测试姿态 measurement attitude（of luminaire）

测量中的倾斜 tilt normal in measurement

灯具测试时的姿态。

注：如果没有特别指出，采取与设计一致的姿态。

3.1.4　（光源）光中心　light center（of a source）

用作光度测试和计算的原点。

3.1.5 光度中心 photometric center

灯具或光源上的一点，从这一点出发在最大光强方向上运用光度学距离法则最精确。

注：此术语广泛用于关于灯具光度学的国家标准规范中。对裸光源来说，此定义等同于国际照明词汇定义的光中心。

3.1.6 （灯具）第一根轴 first axis ( of a luminaire )

基准轴 reference axis

穿过光度中心的轴，在光度测量中作为一个基准方向用于校正光度测试中的灯具姿态。

3.1.7 （灯具）第二根轴 second axis ( of a luminaire )

助轴 auxiliary axis

穿过光度中心的轴，垂直于第一根（基准）轴，与具体灯具有关，并且和第一根轴一起用来定义灯具的姿态。

注：制造商应定义第一根轴和第二根轴（助轴），如果没有定义，应由光度实验室定义。第三根轴同样用于定义灯具的姿态，这根轴穿过光度中心且垂直于前两根轴。

3.1.8 实际使用的镇流器 practical ballast

被测灯具和光源适用的镇流器产品范围中的代表性镇流器。

3.2 关于灯具测试参量的术语

3.2.1 每1000lm（光源光通量）的灯具数据 luminaire data per 1000 lm ( of lamp flux )

灯具光度数据折换成灯具中所有光源的理论光通量总和为1000lm时的值，这些光源在基准条件下用相同的镇流器在灯具外点亮。

3.2.2 （灯具）光强分布 luminous intensity distribution ( of a luminaire )

各个方向上的光强分布。光强分布可以用数字表格或图形表示，通常以坎德拉每1000lm光源光通量为单位。

3.2.3 镇流器流明系数 ballast lumen factor ; *BLF*

基准光源与实际使用镇流器在镇流器的额定电压下工作时出射的光通量，与相同光源在基准镇流器下工作时出射的光通量的比值。

3.2.4 （灯具）光输出比 light output ratio ( of a luminaire ); *LOR*

灯具效率（美国）luminaire efficiency ( USA )

在规定使用条件下，使用其自身的光源和设备所测得的灯具光通量与在灯具外使川相同的光源、在规定条件下、使用相同的设备测得的单个光源光通量之和的比值。

注：规定使用条件一般是B.2描述的标准试验条件。如有不同，应对使用条件作出规定。灯具外的光源光通量是从公布的光源样本中规定的光源位置和光源工作温度下得到的。

3.2.5 （灯具）有效光输出比 light output ratio working ( of a luminaire ); *LORW*

在规定使用条件下，使用其自身的光源和设备测得的灯具光通量与相同光源在灯具外、在基准条件下、使用基准镇流器测得的单个光源光通量之和的比值。

注：$LORW=LOK \times BLF$；因为大多数灯具可以与不同BLF特性的镇流器配套交付，所以选择*LOR*比选择*LORW*好。

3.2.6 （灯具）上射光通 upward flux fraction ( of a luminaire ); *UFF*

灯具出射的总光通量中在灯具光度中心水平面以上的部分。

3.2.7 （灯具）下射光通 downward flux fraction ( of a luminaire ); *DFF*

灯具出射的总光通量中在灯具光度中心水平面以下的部分 .

3.2.8 （灯具）上射光输出比 upward light output ratio ( of a luminaire ); *ULOR*

灯具光输出比和上射光通部分的乘积。该光输出比可以是光输出比，或者适当时是有效光输出比。

3.2.9 （灯具）下射光输出比 downward light output ratio（of a luminaire）; *DLOR*

灯具光输出比和下射光通部分的乘积。该光输出比可以是光输出比，或者适当时是有效光输出比。

3.2.10 （灯具）平均亮度 average luminance（of a luminaire）

在灯具给定方向上，单位投影发光面积的光强。

3.2.11 使用转换系数 service conversion factor

当使用条件不同于标准测试条件时，将标准测试条件下的光度数据转换成使用条件下数据的系数。

3.3 关于测量的定义

3.3.1 绝对法 测量 absolute measurement

以适当的 SI 单位度量的测量。

3.3.2 相对法测量 relative measurement

用任意单位相同类型的两个量值的比率进行的测量，或者相关于特定裸光源光通量的 SI 单位制的测量。

裸光源测量　bare lamp measurement

为了确定光输出比或每 1000lm 光源光通的灯具数据，独立于灯具、单独对光源进行的光度测量。

3.3.4 （灯具）基准条件 reference conditions（luminaire）

根据本标准附录 B 的要求进行灯具光度测量的条件

3.3.5 （光源）基准条件 reference conditions（lamps）

根据 IEC 光源相关标准测量光源光通量的条件。

3.3.6 基准镇流器 reference ballast

为镇流器测试提供一个比较标准而设计的一种电感型镇流器，用来选择基准光源和在标准条件下测试常规的光源产品。

注：每种光源类型的基准镇流器的电气参数在相关的 IEC 光源标准中给出，而电气要求则在相关的 IEC 镇流器标准中给出。

3.4 关于测试设备的术语

3.4.1 光度计 photometer

测量光度量值的设备。

3.4.2 测角光度计 goniophotometer

分布光度计 distribution photometer

测量光源、灯具、媒质和表面的定向光分布特征的光度计。

3.4.3 光度探头 photometer head

包括光度计本身（通常是一个带有光谱探测响应修正滤色器的硅光二极管）在内的分布光度计部 件，同样可以包括光的方向件评估方法（例如，漫射窗口、透镜和光圈）。光度计将入射光量转化为电量。

3.4.4 照度计 illuminance meter

用于测量照度的光度计。

### 4. 一般试验要求

略。

### 5. 光度测定方法和实际试验程序

5.1 总则

光度测定可以使用绝对测量和相对测量。灯具光度测量由主要光度测量和辅助测量组成，灯具其他光度数据可以通过导出得到。

5.1.1 绝对法测量

绝对法测量使用以适当 SI 单位校准过的设备的测量。

分布光度计本身应被校准。在测量光强分布时，可以用一个校准过的光强标准灯或一个校准过的照度计测量照度，然后用光度距离法则转换成光强。

5.1.2 相对法测量

通常灯具的绝对光度测量不是必须的。

灯具的光输出经常相对于光源的光输出来确定，两者都用任意单位在相同的分布光度计上、用灯具的镇流器（如有）点亮灯进行测量。测量结果可用每 1000lm 的光源光通量表示。

这种用比率的表示办法可以用于所有的光度测试，测试使用任意单位导出：如果使用相同的测试设备测量灯具和裸光源的光输出，就消除了设备的标尺比例以及许多测量误差。

5.1.3 灯具光度测量

5.1.3.1 主要光度测量

a）光输出比（*LOR*）。要测量灯具和裸光源的光通量。可以用光度积分器确定或者用分布光度计测量光强分 布来导出。

b）光强分布（相对法）。用分布光度计测量。不需要测量裸光源。

c）光强分布（单位 cd）。与 b）相同，但要用校准过的分布光度计，结果用坎德拉表示。

d）光强分布（单位：cd/1000lm 光源光通量）。用分布光度计（不需要校准）测量，但也要求测量裸光源。

e）灯具亮度（单位 $cd \cdot m^{-2}$ 或 $cd \cdot m^{-2}$/1000lm 光源光通量）。亮度可以测量或按照 5.5 以光强和特定方向上的投影发光面积来计算。

f）照度分布（单位 lx 或 lx/1000lm 光源光通量）。按照 5.6 测量一个面或一组面上的照度。

5.1.3.2 辅助测量

可能要求以下辅助测量。

a）测量修正系数。为了把非标准条件的测量与标准试验条件下的测量联系起来，修正非标准条件下所作测量的系数。

b）工作转换系数。将标准数据转换到非标准工作条件的系数。

c）镇流器流明系数。考虑特定镇流器对灯具产生影响时，通常要求该系数。它可以用主要光度测量设备来确定。

5.1.3.3 导出数据

灯具的其他光度特性可以通过 5.1.3.1 和 5.1.3.2 列出的主要和辅助光度测量来推导。特定的区域光通量可以用绝对法或相对光强分布来推导。

标准格式的等光强数据或等照度数据等导出数据同样得到广泛的应用。

5.1.4　总的测量要求

应在 B.2 所述的标准测试条件下，并按照本标准的相关要求测量灯具和光源。应按照 C.1 的要求处置光源。

灯具或光源光度稳定后才能开始测量。测量设备在使用前也应稳定。

应以固定的时间间隔（如每 5min）进行测量检查（例如：光强），光度稳定的准则是 15min 内的光强 变化小于 1%。

在读数据前应检查杂散光，并遮盖光度头检查零位。

在测试以及所有会影响测试结果的预备过程中，电源电压和环境温度应按照 B.2 和 C.1 的要求严 格控制。如果 AC 电源有反馈电路，还应检查电源的频率。

之后的测量（比如使用分布光度计）应检查稳定性的保持情况。在测量的最后（在长时间的测量过 程中定期检查）应转回至初始位置（在分布光度计的 0° 位置）检查初始光度读数误差是否在 ±1% 内。这项检查非常重要。

如果不可能得到标准测试条件，应确定一个与主要测量有关的测量修正系数。该系数应 在进一步计算前用于对读数的修正，必要时，应确定镇流器流明系数。当镇流器流明系数不是 1±0.05，就应该声明。

5.2　光强分布测量

5.2.1　分布光度计

分布光度计的基本类型在条款 A.2 中有简单地概述，光强分布测量原理和不同类型分布光度计的特性在 CIE 70—1987 中有更全面的描述。

5.2.1.1　用途

灯具光度测试中，分布光度计主要用于测量给定方向上灯具的光强，测量可以得到光学特性或者 可以转换成用于发布的图表形式，比如极坐标曲线。曲线可以是相对的（即取任意单位），或可以用 cd/1000lm 光源光通表示。

分布光度计也可以用来测试灯具的光输出比，这要求使用相同的单位测量灯具和光源。

作为选择，光输出比可以用光度积分器测量（见 5.3.2）。而相对光强分布只能用分布光度计测量。

分布光度计也可以用来确定光度修正系数和测量灯具的亮度（见 5.5）。

5.2.1.2　结构

在分布光度计的设计中，主要目标是要在可用空间里得到一个足够长的光程、并保持灯具的设计 姿态。

分布光度计应能刚性地支撑灯具，而且在所有测试方向上，从光度探头感应表面的每一点应能完整地看到分布光度计设计测量的尺寸最大的灯具。在许多分布光度计上，灯具的支撑部件会阻挡光的路径，应将这种阻挡最小化。

对于灯具相对于光度探头的位置，结构应提供精确的角度测量，测量应准确到 ±0.5° 。

分布光度计结构中使用的镜子要得到刚性支撑，且在所有正常旋转位置上应保持平展。

5.2.1.3　杂散光的挡屏

略。

5.2.1.4　测试距离（对基于光度距离法则的测量）

光度测试距离是指灯具光度中心（见 C.3.2）到光度探头表面的距离。

光强测试的距离应在可行的范内遵循反比定律。总的来说，测试距离不应小于灯具出光口面最大尺寸的 15 倍。但是，对于过灯具长轴的平面上有近似余弦分布的灯具，最小测试距离可以是垂直光源轴的发光面尺寸的15倍或者平行于光源轴的发光面尺寸的5倍。使用的最小测试距离应取两个距离的较大者。

应注在某种情况下，比如光束非常窄的灯具，即使15倍的测试距离也许仍是不够的，确定方法参见GB/T 7002—2008。

5.2.1.5　光源、镇流器和灯具的选择

略。

5.2.2　灯具的测试

5.2.2.1　安装

灯具应以其设计位置安装在分布光度计上，灯具的光度中心（见C.3.2）应与分布光度计的实际旋 转中心一致。灯具的定位应根据分布光度计的角度标尺和灯具的角度基准进行修正。

注：许多灯具的结构使之只能在其正常的安装位置进行光学测试。应做好预防措施以避免重要光学部件的下垂、变形或者移动等引起的机械性干扰。

直接安装在顶棚或墙面的灯具应固定在木质或木质纤维板的安装表面，板的尺寸不应超过灯具光滑外形的正投影。

5.2.2.2　测量

应用5.1.4的要求。

除非另有规定，应使用 $C-\gamma$ 坐标系统。$C$ 平面的数目和 $\gamma$ 角度间隔应是适宜的，使照明 计算时光强的插入能达到可接受的精度。应根据光分布的对称性或不规则性、从测试中要得到的最终结果、尤其尤是后续照明计算要求的精度来确定平面的数量。

对于灯具需要移动的测量系统，灯具应平滑地移动，没有晃动。使用对环境温度敏感的光源的灯具应足够缓慢地移动，使其对灯具热平衡干扰最小。敞开式荧光灯灯具旋转时，周围空气的流速不应超过0.2m/s。

当光源不在正常工作位置工作时，光源，特别是气体放电灯的光输出特性会发生明的变化。应使用测量修正系数。

因为光学部件存在微小变化，设计成对称分布的灯具应始终在两个对称半平面内测量。

建议做试验性的运转以找到光强的最大变化位置和变化率。

对于分布光度计支撑件和框架遮挡带来的影响，应进行测量的修正。这可能要求灯具姿态做暂时的改变。

5.2.2.3　偏振测量

对给定方向上来自灯具的光线中偏振比例（典型垂直偏振）测量，应有措施使光度探头响应水平方向或者垂直方向的偏振光线。因为偏光器所具有的光线吸收特性，必须测量垂直和水平分量以得到每个平面内偏振光的比例。

应注意的是，因为镜子本身的偏振特性，偏振测量会引入一个由分布光度计中的镜子带来的误差。

5.2.3　裸光源的测试

5.2.3.1　安装

裸光源应按其设计及光源光度数据描述的方向安装。光源工作和处置的要求见C.1。

设计成通用安装方式的光源（比如，一些高压汞蒸气光源　），可以以任意位置安装。如果可达到的光源参数与所选择的位置有关，光源的位置最好与其在灯具内的工作位置相同。这种情况下测量的光源位置应标示在试验报告中。

光源的光中心应是分布光度计旋转的实际中心（见 C.1.2）。

光源应被正确放置，一些光源，比如装有卡口灯头的光源，可要求修改灯座以提供一个足够刚性的支撑。对于白炽灯泡，为了便于进行准确的电气测量，建议使用一个特殊的四极灯座。

5.2.3.2　测量

裸光源的光强测量用来校准光度探头或计算裸光源的光通量（见 5.3.1）。

应用 5.1.4 的要求。

裸光源的测量最好应在灯具测量之前或之后立即进行。裸光源的光强测量应采用与灯具相同的测 量单位。可以进行完整的光源光强分布测量，或者在选定方向的光强与光源光通量之间建立联系，进行 简化的光强测量。

如果光程是可变的，在满足 2.1.4 的要求的条件下，为了增加光度计读数可以缩短光程。

a）完全测量。在许多方向上采集光强读数，测量程序与灯具的测量相类似（见 5.2.2.2）。

b）简化的方法。需要一个先前校准过的光源。如果谨慎处置，大多数光源的光通量 A 与选定方向上的光强 $B$ 的比值几乎保持恒定。该比例可以在上述 a）的完整测量中建立起来。在以后的测量中，仅在选定的方向上测量光强 $C$。裸光源的光通量 $\Phi$ 则可以用表达公式来确定。

$$\Phi = C \cdot A/B$$

建议 $B$ 和 $C$ 在两个方向测量，然后取平均值，选择的方向应在光强接近于最大，而且光强不随角度快速变化的区域。

通常在与光源轴线呈 90° 的两个相对的面上测量。如果光源光强随角度快速变化，读数量应成倍增加，然后取平均值，除管型荧光灯以外，所有光源的比值 $A/B$ 应定期检查。透明灯泡不推荐使用这个方法。

c）多光源灯具。对于多光源灯具，每个光源必须分别测量（需要时，每个灯使用自己的镇流器）。在工作时共用单个镇流器的所有光源应在相同环境温度条件下测量。

## 5.3　灯具光通量测试

5.3.1　总则

在灯具光度测量中，需要测量光通量来确定光输出比、总光通量或上射、下射光通以及灯具的区域光通。测量裸光源的光通量使灯具的光输出特性可以用每 1000lm 光源光通量来表示。

5.3.2　光强积分法

5.3.2.1　用途

计算环带光通、总的上射光通或下射光通需要使用这些方法。光通量由大量的光强读数决定，并用适当程序计算得出，例如直接计算法、罗素角法、环带常数法等。

5.3.2.2　分布光度计的相对定标

用光强积分法计算裸光源光通量使以任意单位进行的灯具光强分布测量能转换为坎德拉每 1000lm 裸光源光通量，条件是光源已经用相同单位测量。不必按绝对单位对系统进行定标。

略。

5.3.3　积分光度计

5.3.3.1　用途

在灯具的光度测量中，积分光度计用于裸光源光通量的绝对光度测量是方便的。它可以用于确定各种光度系数，包括镇流器流明系数。

与分布光度计测量相比，用积分光度计进行光通量的测量需要的读数较少，且灯具或光源的热稳定较容易控制。

如果光源与灯具的光强分布有很大差异，不推荐使用积分光度计来确定光输出比。

5.3.3.2　结构

相对于被测物，积分光度计应足够大，且最好是球形。

对于测试中被灯具或光源吸收的相互反射的光线，应提供一个辅助光源进行修正。

应提供措施来控制积分器内的空气温度。然而使用的系统不应在灯具工作时在其周围造成气流，经验表明，某些场合可以使用除球形以外的其他形状积分器，但它们的使用应限于比较相同类型灯具的性能或确定光度修正系数。

上述以及关于积分器设计和使用的其他方面的内容，在CIE 84—1989中有更详细的描述。

5.3.3.3　光源、镇流器和灯具的选择

应用附录C的要求。

5.3.3.4　裸光源的安装和测量

裸光源应按其设计工作位置和光度数据的规定进行定位。工作和处置的要求见C.1。

为通用安装设计的光源（比如：某些类型的高压汞灯），可以按任意位置安装，其条件是能得到所选位置的光度数据，而且所选的光源位置与其在灯具里的位置最好一致。这种情况下，光源的测量位置应在检测报告中描述。

裸光源的光中心应放置在积分器的中心。如果光源是水平工作的，其长轴应与积分器中心到光度 探头中心的连线平行，测量裸光源时，应保证直接光的挡屏位置与测量灯具时的一样。

测量按5.1.4的要求进行。

5.3.3.5　灯具的安装和测置

灯具的光度中心应放置在积分器的中心。如果灯具的外形是线型的，且水平工作，其位置应平行于积分器的中心与光度头中心的连线。应检查直接光的挡屏是否被可靠地固定，且从光度探头观察时，仅遮挡了灯具和所有的安装板。如果裸光源的工作位置与其在灯具里不同，应调整直接光的挡屏，使裸光源也被挡住。

测量按5.1.4的要求进行。

5.3.3.6　误差来源

略。

5.4　灯具光输出比

5.4.1　总则

灯具光输出比受以下因素影响：

——因工作温度的变化造成的光源光通量变化；

——因光源在灯具中的工作位置与光源光度数据使用的设计位置不同所造成的光源光通量变化；

——实际使用的镇流器提供的灯功率与基准镇流器提供的灯功率不同。

光输出比（*LOR*）：*LOR*考虑了前两个影响因素。在计算*LOR*需要确定裸光源光通量时应注意到，光源使用相同的实际镇流器在额定电压下工作，但光源的位置和工作温度是

由光源数据资料规定的。光源的位置和工作温度会非常苛刻，特别是新型节能光源。光源位置和工作温度在相关 IEC 光源标准中规定，如果没有规定，应由光源制造商声称。

注：在一些国家 *LOR* 也被称作 *LORL*（灯具光输出定量）。

有效光输出比（*LORW*）：*LORW* 考虑了所有三种影响因素。

5.4.2　推荐的光输出比

略。

5.4.3　光输出比的测量步骤

略。

## 5.5　亮度测量

5.5.1　总则

本章规定了灯具亮度测试的标准程序。

在给定方向上灯具的不均亮度测量，或者在给定方向上一个特定发光面的亮度测量，可以对这上述两种要求的一种进行测量或两种都进行测量。

除非特别指定，两类测量的方位角和垂直角的方向间隔应接近于光强测量。

两类测量都可以用 $cd \cdot m^{-2}$/1000lm 单位来校准，或者如果仅要求亮度分布形状时，它们的值可以是相对的。测量方向应按与光强测量相同、原点在灯具光度中心的坐标系统（见 C.3.2）定义。除非特别指定，两类测量的方位角和垂直角的方向间隔也都应与光强测量相同。

5.5.2　平均亮度

可以要求在单个或多个不同观察方向上进行测量。

相关方向的光强的测量依照条款 5.2。在每个方向上的光强应除以灯具所有发光面在那个方向的 正交投影面积。重要的是不发光的区域不包括在内。

5.5.3　斑点亮度

为确定一个给定方向上的最大亮度，经常用这些测量来扫描灯具的发光表面。扫描可以在不同观察方向上重复。

被测斑点的正交投影面积的尺寸通常应是 450 ~ 550$mm^2$ 之间，形状是圆形的或正方形，在某些情况下，该尺寸的面积可能不适于描述光源亮度分布的细节。对于视频显示装置上的反射眩光限制，斑点尺寸可减小至 100$mm^2$。

测量可以使用亮度仪或是分布光度计。

5.5.3.1　用亮度仪测量

亮度仪应设置成适合于测量要求的斑点尺寸。如果亮度仪形成被测区域的影像，对帮助瞄准是有利的。斑点距亮度仪入射光孔的距离应至少 100mm。灯具相对亮度仪旋转，亮度仪始终向一个方向瞄准，然而如果测试距离大于被扫描的发光面长度的 10 倍时，亮度仪可以瞄准灯具的发光中心，并可以回转亮度仪进行测量。为了覆盖所有的发光区域，可能需要对灯具扫描数次。应重复最初的测量来进行检查。

如果在近距离范围内测量光斑，可以没有旋转地将灯具的光度中心平移至光斑中心来定义坐标系统。

绝对单位制的测量可以转换成更通用的形式，即 $cd \cdot m^{-2}$/1000lm 光源光通量。与确定 *LOR* 进行的测量一样（见 5.4），这要求将测得值除以光源光通量（每 1000lm）。

适用时，应标明镇流器流明系数（*BLF*）。

5.5.3.2　用分布光度计测量

分布光度计应被设置在相关的方向。一个大的亚光黑色、开有适当尺寸孔的遮挡物，成直角地插在灯具的前面，灯具应相对孔往返转动，为了覆盖所有的发光面，往返移动可能需要数次，这样，任何位置的亮度与光强的读数成正比。

应仔细检查使得只有通过孔的光线到达光度探头。

对于温度敏感的光源，遮挡物的插入不应影响灯具的环境温度。

如果要求结果是标准形式的，应将整体灯具的单个光强值转换成 cd/1000lm 光源光通进行比较。这个光斑光强被称作 cd/1000lm 光源光通，除以以 $m^2$ 为单位的孔的面积，得到的亮度单位为 $cd \cdot m^{-2}$/1000lm 光源光通量。

5.6 照度测量

5.6.1 总则

来自单个灯具的直接照度通常用平方反比定律计算，或相对于典型工作条件的安装高度灯具尺寸偏大的情况下，用方位系数或类似面光源的公式来计算。如选择直接测量，应使用本章规定的程序。

照度的测量应在一个或多个安装高度的典型工作条件下进行。安装高度是测量平面到灯具光度中心的垂直距离。

5.6.2 总的测量要求

5.6.2.1 测量设备

应保证光度探头仅接收直接光。测量网格通常是矩形，其坐标原点应设置在灯具光度中心的垂直下方，方向与相关灯具相适应。

光度探头和相关的设备应满足 B.4 的要求。应特别注意修正倾斜入射的光线以及光度探头的接收面积。这个面应足够小，使之能感应到照度分布的急剧变化。

5.6.2.2 光源、镇流器和灯具的选择

略。

5.6.3 测量程序

略。

# 附录 4

## 灯具国家标准目录

GB 7000—2008 《灯具》
GB/T 7002—2008 《投光照明灯具光度测试》
GB 7256—2005 《民用机场灯具一般要求》
GB 9316—2007 《摄影用电子闪光装置安全要求》
GB/T 9468—2008 《灯具分布光度测量的一般要求》
GB/T 9473—2008 《读写作业台灯性能要求》
GB 12045—2003 《船用防爆灯技术条件》
GB/T 13954—2004 《特种车辆标志灯具》
GB/T 13961—2008 《灯具用电源导轨系统》
GB/T 22907—2008 《灯具的光度测试和分布光度学》
GB 24461—2009 《洁净室用灯具技术要求》
GB/T 24909—2010 《装饰照明用 LED 灯》
GB/Z 26212—2010 《室内照明不舒适眩光》
GB/Z 26213—2010 《室内照明计算基本方法》
GB/Z 26214—2010 《室外运动和区域照明的眩光评价》
GB/T 29293—2012 《LED 筒灯性能测量方法》
GB/T 29294—2012 《LED 筒灯性能要求》
GB/T 3978—2008 《标准照明体和几何条件》

# 参考文献

[1] 张绮曼，郑曙旸．室内设计资料集[M]．北京：中国建筑工业出版社，1992.
[2] 建筑设计资料集编委会．建筑设计资料集[M]：第二册．北京：中国建筑工业出版社，1995.
[3] 梁华，陈振武，任炽明，等．宾馆酒店工程设计手册[M]．北京：中国建筑工业出版社，1995.
[4] 吴硕贤，夏清．室内环境与设备[M]．北京：中国建筑工业出版社，1996.
[5] 孙建民．电器照明技术[M]．北京：中国建筑工业出版社，1998.
[6] 来增祥，陆震纬．室内设计原理[M]：上册．北京：中国建筑工业出版社，2004.
[7] 来增祥，陆震纬．室内设计原理[M]：下册．北京：中国建筑工业出版社，2004.
[8] 杜异．照明系统设计[M]．北京：中国建筑工业出版社，2005.
[9] 邓雪娴，周燕珉，夏晓国．餐饮建筑设计[M]．北京：中国建筑工业出版社，2005.
[10] 中岛龙兴．照明设计入门[M]．马俊，译．北京：中国建筑工业出版社，2005.
[11] 邹瑚莹，王路，祁斌．博物馆建筑设计[M]．北京：中国建筑工业出版社，2005.
[12] 王晓，闫春林．现代商业建筑设计[M]．北京：中国建筑工业出版社，2005.
[13] 彭妙颜．现代灯光设备与系统工程[M]．北京：人民邮电出版社，2006.
[14] 李恭慰．建筑照明设计手册[M]．北京：中国建筑工业出版社，2006.
[15] 阴振勇．建筑装饰照明设计[M]．北京：中国电力出版社，2006.
[16] 刘加平．建筑物理[M]．北京：中国建筑工业出版社，2006.
[17] 日本建筑学会．光和色的环境设计[M]．刘南山，李铁楠，译．北京：机械工业出版社，2006.
[18] 北京照明学会照明设计专业委员会．照明设计手册[M]．北京：中国建筑工业出版社，2006.
[19] 郝洛西．城市照明设计[M]．沈阳：辽宁科学技术出版社，2005.
[20] 沙伦・麦克法兰．照明设计与空间效果[M]．张海峰，译．贵州：百通集团，贵州科技出版社，2005.
[21] 叶铮．室内设计纲要——概念思考与过程表述[M]．北京：中国建筑工业出版社，2010.
[22] 陈建飞，梅洪元．会展建筑[M]．北京：中国建筑工业出版社，2008.
[23] 邹广天．建筑计划学[M]．北京：中国建筑工业出版社，2010.
[24] 中国照明学会．中国照明工程年鉴（2008）[M]．北京：机械工业出版社，2008.
[25] 中国照明学会．中国照明工程年鉴（2006）[M]．北京：机械工业出版社，2006.
[26] 中国照明学会．中国照明工程年鉴（2011）[M]．北京：机械工业出版社，2011.
[27] 周太明．光的生物效应与动感照明[J]．中国照明电器，2005（10）.
[28] 杨浩．加强绿色照明设计推进低碳经济[J]．商场现代化，2010（12）.
[29] GB 50034—2004，建筑照明设计标准[S]．北京：中国建筑工业出版社，2004.